U0322080

面向初始飞行训练的
胜任力训练评估理论与实践

欧阳霆 孙 宏 李 凡 著

西南交通大学出版社
·成 都·

图书在版编目（CIP）数据

面向初始飞行训练的胜任力训练评估理论与实践 /
欧阳霆，孙宏，李凡著. -- 成都：西南交通大学出版社，
2024. 12. -- ISBN 978-7-5774-0254-3

Ⅰ. V323

中国国家版本馆 CIP 数据核字第 2024MF1980 号

Mianxiang Chushi Feixing Xunlian de Shengrenli Xunlian Pinggu Lilun yu Shijian
面向初始飞行训练的胜任力训练评估理论与实践
欧阳霆　孙　宏　李　凡　**著**

策 划 编 辑	秦　薇
责 任 编 辑	雷　勇
封 面 设 计	墨创文化
出 版 发 行	西南交通大学出版社
	（四川省成都市金牛区二环路北一段 111 号
	西南交通大学创新大厦 21 楼）
营 销 部 电 话	028-87600564　028-87600533
邮 政 编 码	610031
网　　　址	https://www.xnjdcbs.com
印　　　刷	成都蜀通印务有限责任公司
成 品 尺 寸	185 mm × 260 mm
印　　　张	15.75
字　　　数	411 千
版　　　次	2024 年 12 月第 1 版
印　　　次	2024 年 12 月第 1 次
书　　　号	ISBN 978-7-5774-0254-3
定　　　价	120.00 元

图书如有印装质量问题　本社负责退换

版权所有　盗版必究　举报电话：028-87600562

编委会 //

主　任：欧阳霆　　马建新

副主任：孙　宏　　葛志斌　　王永根　　王聿铭

编　委：李　凡　　张雪松　　曾身殷强

　　　　胡慧昀　　黄　宏　　王裕伟

前 言//PREFACE

　　安全是民航永恒的主题，科学高效的飞行训练则是保证飞行员充分供给、提升飞行员技术水平的重要手段。近年来，民航业对飞行员的旺盛需求催生了 CCAR-141 部飞行训练学校数量和培训规模的急剧扩张，根据《中国民航驾驶员发展年度报告（2023 年版）》的数据，截至 2023 年 12 月 31 日，我国境内实施模块课程（CCAR-141 部）的驾驶员学校 51 所，实施整体课程（CCAR-141 部）的驾驶员学校 38 所（其中 34 所具有面向运输航空公司培养飞行员资质），与 2022 年底相比，训练容量达 7 587 人，现有在训学生 7 091 人。随着大批新注册飞行员训练学校进入市场，特别是培训规模的扩大，大批新飞行教员、新飞行检查员成为飞行教学的主力，他们对训练大纲要求的理解和把握，特别是在保障训练安全、防范飞行超限事件等方面还有待提升。因此，如何保持飞行训练安全高效开展、提高培训质量就成为全行业面临的问题。基于这一背景，着眼于落实民航强国建设需要，中国民航局在"关于全面深化运输航空公司飞行训练改革的指导意见"（民航发〔2019〕39 号文）中明确提出"到 2030 年，全面建成支撑有力、协同高效、开放创新的新时代中国特色飞行训练体系，为全面建成民航强国提供重要战略支点"。

　　初始飞行训练是帮助飞行学员奠定未来进入航线运输飞行所需综合能力的关键阶段。为了保证训练质量和安全，在训练过程中需要及时对飞行学员的飞行技术水平进行全方位评估，发现其能力结构上的缺陷、诊断其驾驶安全风险等级，进而有针对性地优化训练方案，因此，全面准确的训练评估是保障飞行训练安全与质量的关键。传统飞行训练评估方式局限于科目、缺乏对飞行学员综合能力的全面量化评估，而且由于不同飞行教员对实践考试标准尺度的把握存在差异、难以保证评估结果的客观性和稳定性，所以其难以胜任行业发展对航线运输飞行员核心胜任能力量化评价的要求。基于胜任力的飞行训练与评估（CBTA）已成为未来初始飞行训练模式变革的必然趋势。

　　针对民航强国建设对航线运输飞行员核心胜任能力培养的迫切需求，中国民用航空飞行学院 CBTA 研究团队在国家自然科学基金-民航联合基金项目（U2033213）的支持下，开展大数据驱动的飞行训练智能评估理论与方法研究，系统梳理初始飞行训练阶段飞行学员应具备的核心胜任能力的构成、调配模型及行为特征，形成一套面向核心胜任能力培养的初始飞行训练智能评估理论、方法与体系。本书是作者团队四年来飞行训练改革实践经验的总结和研究成果，希望本书能够为推动我国飞行训练基础理论研究提供参考，为我国飞行训练教学改革提供借鉴。

　　全书分上篇和下篇，共计十二章，上篇主要侧重介绍初始飞行训练 CBTA 理论研究，下篇主要介绍中国民用航空飞行学院在 CBTA 领域开展的飞行训练改革实践。本书的出版得到国家自然科学基金-民航联合基金重点项目（U2033213）的资助，在此深表谢意！同时，为本书撰写付出努力的胡晴晴、任丹、丁敏、周鑫、徐建航、李佳员、杨方铨、董子敬、王奇、徐学智、王日韩、杨申子等同志也一并致谢。

　　由于作者水平有限，加之时间仓促，书中难免有不妥之处，恳请各位专家及广大读者批评指正。

作 者

2024 年 2 月于中国民用航空飞行学院

目 录 // CONTENTS

上篇 CBTA 基础理论与方法

下篇 CBTA 在中飞院初始飞行训练中的应用实践

上篇
CBTA 基础理论与方法

第一章　深化飞行训练改革及 PLM 路线图

　　随着民航业的快速发展和旅客运输量的不断增加，对飞行员职业素养的要求也日益提升。飞行训练作为飞行员成长的必经之路，其训练质量的保证和评估方法的完善显得尤为重要。传统飞行训练与评估存在的问题日益凸显，已逐渐不适用于目前国内外民航运行环境，基于胜任力的飞行训练与评估（CBTA）成为未来初始飞行训练模式变革的必然趋势。本章主要介绍飞行训练体系改革的内涵，中国民航局提出的运输航空飞行员技能全生命周期管理（PLM）体系建设实施路线图，初始飞行训练阶段改革的重要意义。

第一节　飞行训练体系改革的内涵

　　自改革开放以来，我国民航始终处在高水平的发展过程之中，2023 年我国民航完成旅客运输量 6.2 亿人次。在旅客运输量不断创新高的同时，我国拥有的运输飞机数量已达 4165 架，较之于 20 世纪 80 年代初期我国拥有的 100 余架老式飞机已有天壤之别。安全始终是民航业的生命线，随着行业的安全快速发展对飞行员的高水平要求并未降低，甚至在不断提升。飞行员成长的必经之路便是飞行学员阶段，初始飞行训练是所有飞行学员成长的第一步，其训练质量的好坏直接决定其后续学习的进程和效果，飞行学员对知识的深入理解和熟练掌握程度对其成长有着重要影响。因此，为飞行学员在初始飞行训练阶段制订完善且科学的训练计划及考核方法就显得尤为重要。

　　飞行训练是一个极为系统且复杂的过程，包括对知识的学习、操纵能力的培训等，涉及到诸多要素组成如人员、设备、环境等。为了提升飞行训练效果，需要对各种理论的不断实践。完成一个阶段的训练后，需要对训练效果进行评估，以利于发现训练的不足并有针对性地完善训练方案。目前，国内对飞行学员知识能力的评估主要采用飞行教员或考试员口头评估的方式进行，具有很大的灵活性，也就意味着无法进行量化分析，不利于对飞行学员综合知识能力的准确评估。正因为如此，我国民航飞行训练体系正在经历从规章规定科目到基于系统和数据驱动过程的演进中。中国民用航空局于 2019 年颁布的《关于全面深化运输航空公司飞行训练改革的指导意见》（下文简称"指导意见"）提出"牢固树立'基于核心胜任能力实施飞行训练'的新时代训练思想，用'眼里不揉沙子'的态度对待飞行训练标准化中存在的缺陷，全面增强'严格按照训练大纲实施训练'意识，持续提升飞行训练各环节人员对以能力要素为基础的训练规程的认识深度，最大限度统一飞行教员和考试员对训考标准的掌握尺度"[1]。此外，以实际测试标准（Practical Test Standards，PTS）的考核也将进一步改革，如纳入胜任力对飞行学员进行能力的评估等。

第二节　中国民航运输飞行员 PLM 建设实施路线图

随着近年来航空公司招收飞行学员规模的持续扩大，加之航空运力需求恢复增长面临的长期挑战，在民航工作坚持"稳中求进"的总基调下，飞行员供需矛盾在一定时期内得到了有效缓解，运行和训练的矛盾趋于缓和。随着我国民航安全管理逐步进入基于绩效的系统安全管理阶段，航空公司基于行为的反应式飞行训练机制与运行环境的深刻变化之间的不协调以及航校传统飞行训练模式与航空公司飞行员准入标准之间的不匹配已经成为当前飞行训练领域内的主要矛盾。随着我国民航运输总量的持续增长，安全风险与日俱增。因此，如何在最大程度上降低人为因素不安全事件比例，显著减少机组原因导致的事故率量级，打通航校和航空公司的飞行训练及评估范式，推动民航高质量发展，是未来中国特色民航飞行训练改革的重要方向。

飞行员技能全生命周期管理体系（Professionalism Lifecycle Management System，PLM）[2]是指以岗位胜任力为核心，以实战训练为驱动，以作风建设为牵引，以核心胜任力和职业适应性心理评估的证据输入为基础，以覆盖飞行员训练全要素和全周期为特征，以持续提升飞行员防范"灰犀牛"和"黑天鹅"能力为目的，涵盖理论、人员、设备、规程和支撑系统等相关要素的一种资质管理体系。中国民航局决定按照国际民用航空组织（International Civil Aviation Organization，ICAO）的有关要求以及中国民航全面深化运输航空飞行训练改革的战略部署，组织全面实施 PLM 建设。结合我国实际情况构建 PLM 实施路线图，明确了中国民航从当前到 2030 年期间实施 PLM 建设的政策和总体工作计划。

PLM 建设是中国民航飞行训练领域的一次深刻变革，是全面建成民航强国的重要战略支点，可进一步夯实作风建设常态化、系统化和科学化的基础。充分发挥体制优势，整合全行业飞行训练相关资源，提高训练投入与高效提升安全绩效之间的关联性，输出飞行训练基础理论研究成果和训练解决方案，建立与运行规模相匹配的训练资源可持续供给机制，完善适应高度标准化训练需求的监管模式和组织架构，锻造具有国际竞争力的高素质教员和检查员人才队伍，强化支撑飞行训练体系迭代演进的大数据交互和运用能力，提升制定国际民航飞行训练规则和标准的话语权，发展引领国际民航训练发展的创新能力。

一、PLM 的内涵及意义

PLM 整合了飞行员的核心胜任力、心理胜任力和作风胜任力三个维度，基于相同的指标体系构建底层方法论，建立了以立体化、多角度、全周期、全数据为特点的"三位一体"式评估模型框架，根据中国民航的管理实践丰富了岗位胜任力的内涵，实现了逻辑自洽。中国民航 PLM 体系结构如图 1.1 所示，称为"天空之眼"，即洞悉飞行员防范及化解风险的胜任能力。图 1.1 将飞行员需应对的两种风险、三个评估维度、五个实施阶段和全生命周期五个形态进行了融合和规划。

可以看出，PLM 的三个基点即核心胜任力、心理胜任力和作风胜任力需要持续融合推进，分四个阶段稳步推进，在图 1.1 中显示为 P1~P4，主要包括：

（1）第一阶段（P1）。

初阶 EBT（Elementary Level-EL），即保留熟练检查。在运输航空飞行员定期复训和熟练检查环节，基于基础证据库，将传统检查方式与 EBT 相结合。基础证据库主要包括飞行数据、航空安全报告、事件调查分析、事故或征候调查报告等。

（2）第二阶段（P2）。

中阶 EBT（Medium Level-ML）。在初阶 EBT 的基础上扩展证据库。扩展证据库主要包括航线运行安全评估（LOSA）、模拟机训练数据、飞行员能力保持和衰退的科学研究及培训关键性分析等。完善作风胜任力指标体系建设和教员等级标准修订，夯实第一阶段的成果。

（3）第三阶段（P3）。

高阶 EBT（Advanced Level-AL）。在运输航空飞行员复训环节，基于扩展证据库和适用的作风胜任力/心理胜任力数据，实现 EBT 完全融合。

（4）第四阶段（P4）。

高阶 EBT+（Advanced Level+—AL+）。基于扩展证据库和作风胜任力、心理胜任力数据输入，将 EBT 扩展至执照和等级训练。

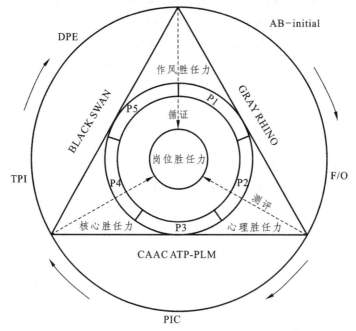

图 1.1　中国民航 PLM 体系结构图——天空之眼

飞行员职业发展的五个形态包括飞行学员（AB-initial）、副驾驶 F/O（First Officer）、机长 PIC（Pilot in Command）、机型教员 TRI（Type Rating Instructor）、检查员（Designated Pilot Examiner），是一个从零基础迈向职业化飞行员的必经阶段。通过训练不断加强飞行员应对"灰犀牛"和"黑天鹅"风险所需的核心胜任力、心理胜任力和作风胜任力。CBTA 构建了飞行员的九大核心胜任力和行为指标，令飞行员知晓职业化应有的行为。心理胜任力测评是入门控制增量以及筛选训练存量的有效工具，其首要目的是确定飞行员的固有特征符合心理胜任力所对应的社会人际能力和人格特征。作风胜任力从飞行员的个人行为规范以及个人对安全的保障和自我提升方面提出了相关的要求。

PLM 的重要意义在于，通过 PLM 的提出，明确了飞行训练领域为贯彻民航高质量发展要求的顶层制度设计。随着体系建设的逐步铺开，这一进程将在推进局方飞行员资质治理体系和治理能力与时俱进、提升行业安全发展水平方面发挥基础性和关键性的作用，具有里程碑的意义。

PLM 的提出，首次勾勒出飞行员职业化的全貌，是对过去飞行员训练和作风方面思路的凝练和创新，捋顺了飞行员训练和培养的三个维度与关系。在采用 ICAO 所推广的 CBTA 和 EBT 的基础上，结合中国飞行员管理思路，提出了实现飞行训练理念的"六个转化"：

（1）"基本功"内涵从强调手动操纵能力向兼容核心胜任力转化，确保飞行员同时具备防范"灰犀牛"和"黑天鹅"的能力。

（2）实践考试中，基于早期飞机典型科目清单的"勾选框"式判定向对应核心胜任力分值范围评估转化。

（3）复训中，由基于累加典型事件设置科目且以检查为主，向基于实证数据的"量体裁衣"式场景设置且以训练为主转化。

（4）重视结果标准化向关注过程标准化转化。

（5）吸取典型不安全事件教训向兼顾学习成功处置"黑天鹅"事件经验转化。

（6）频繁采取突击性、运动式管理方法向注重长效机制建设转化。

二、CBTA 的内涵及其与 PLM 的关系

CBTA 是以绩效表现为导向的训练和评估，强调绩效表现的标准及其衡量，按照规定的绩效标准开展训练。其中胜任力是指基于目标绩效的能力要求，核心胜任力强调如何在有效地开展工作以及熟练掌握技能的基础上如何描述与工作要求相关的一组行为能力，包括胜任力的名称、描述以及行为指标列表。核心胜任力包含技术性的和非技术性的知识、技能与态度。基于胜任力的训练和评估目的，是为了安全高效的航空运输系统培养具有胜任力的员工队伍。为了将训练和评估重点放在预期航空专业人员如何胜任开展工作方面，需要在特定的运行背景下对这方面的绩效进行再表征，形成经调整的胜任力模型及其相关的绩效标准，为受训人员是否达到理想绩效提供评估方法。

基于胜任力的训练和评估基本原则主要包括：

（1）为某一航空学科内的特定岗位明确界定相关的胜任力。

（2）胜任力与训练之间、所需岗位绩效与评估之间存在明确的联系。

（3）制订胜任力所采用的方式，确保其能够在特定航空专业或岗位的各种工作环境中得到一致的训练、观察和评估。

（4）受训人员通过满足相关的胜任力标准，成功地展示其胜任力。

（5）包括受训人员、教员、训练机构、航空公司、服务提供者和监管机构在内，此进程中的每一个利害攸关方均对胜任力标准具有共同的理解。

（6）为评估胜任力制订明确的绩效标准。

（7）胜任力的绩效证据有效且可靠。

（8）对教员和检查员的评判进行校正，以实现高水准的评分者信度。

（9）以横跨多重背景的多重观察为基础进行胜任力的评估。展示所需胜任力的综合绩效符合规定标准的个人，将被认为具有胜任力。

CBTA 和 PLM 的关系主要包括：

（1）CBTA 是基础理论，从战略层面规定了训练体系建设要基于飞行员的内化"能力"而不光是外化"技术"，为训练目标指明了方向。

（2）PLM 是对 CBTA/EBT 在中国具体实践下的深化和发展，更加全面地描述了核心胜任力、

心理胜任力、作风胜任力三个维度。

体系和方法论符合人类学习提升的认知、实践和文化认同的三个层面的要求，其主要特征主要包括：

（1）坚持 CBTA 基础理论，以岗位胜任力为核心。

（2）在 PLM 的三个维度存在交集的基础上，分类构建指标体系。

（3）扩充 EBT 中证据的来源和训练手段，并以扩展了内涵和外延后的实证驱动为指导训练的方法论。

根据中国管理特色，将传统胜任力 KSA 解构与扩展为三要素（K——知识，S——技能，A——态度），对心理胜任力和作风胜任力进行了关联引申：

$$岗位胜任力=核心胜任力（K、S、A1）+心理胜任力（A2）+作风胜任力（A3）$$
$$=K、S、A（A1+A2+A3）$$

三、PLM 实施计划时间表

中国民航 PLM 实施分为五个阶段，具体的实施时间表已明确制定，如图 1.2 所示。

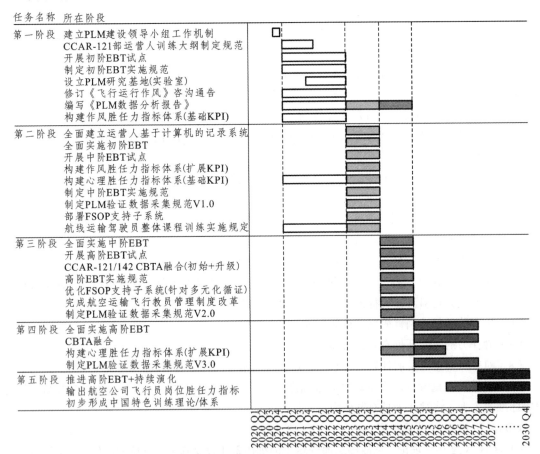

图 1.2 中国民航 PLM 实施路线图时间表

中国民航 PLM 实施路线图的实施体现了从传统训练逐步过渡到 EBT 模式，并逐步将 CBTA

纳入执照/等级训练和考试，全面整合心理胜任力和作风胜任力的量化管理，构建三位一体的PLM，这是中国民航飞行员资质管理的一次深刻变革。PLM路线图的实施是从航空公司需求及EBT复训开始，到航校融合CBTA的CCAR-141部整体课程、高性能课程、ACPC全覆盖的具体部署实施，强调了心理胜任力和作风胜任力建设的融合推进。在我国，由于航校的初始飞行训练是飞行员技能全生命周期管理体系的首要阶段，对飞行员职业技能、心理特性、个人作风的养成起到极其重要的作用，航校飞行训练的框架模式也应满足航司飞行训练改革的准入标准。因此，CCAR-141航校基于CBTA的飞行训练改革和升级，对全面、深入推进PLM实施路线图将起到关键的作用。

第三节　初始飞行训练改革意义

民航运输生产过程中，由于机组原因引起的不安全飞行事件频发，反映出现有飞行训练环节存在不足、飞行训练管理亟待改进等问题，飞行员核心胜任能力的重要性更加凸显。初始飞行训练作为飞行员核心胜任能力养成的重要阶段，教学训练理念和模式变革变得尤为迫切。特别是随着大批新注册飞行训练学校进入市场，培训规模不断扩大，大批新飞行教员和检查员迅速成为飞行教学的主力，他们对训练大纲的理解和把握，特别是保障训练安全、防范飞行超限事件等方面的能力还有待提升。为此，中国民航局明确提出要深化飞行训练改革[1]："建成支撑有力、协同高效、开放创新的新时代中国特色飞行训练体系，为全面建成民航强国提供重要战略支点"。

初始飞行训练的目的是培养飞行学员进入航线运输飞行所需的飞行技术基础[3-4]。国内现行初始飞行训练主要由单发私照、仪表等级、单发商照、多发商照、高性能或ACPC训练等课程组成，每门课程又依据飞行实施阶段划分为起落航线、机动飞行、应急程序等若干训练科目（如图1.3所示），越是高阶的课程所包含的科目越多，对飞行学员各项能力的要求也越高。为了保证训练质量和安全，在训练过程中需及时对飞行学员操纵飞机的精准性和熟练性等技术能力以及安全风险意识与驾驶舱资源管理等非技术能力进行全方位评估，发现飞行学员技术能力与非技术能力结构上的缺陷，诊断其驾驶安全风险等级，进而有针对性地优化训练方案。因此，科学的评估理念、有效的评估方法是保障飞行训练安全与质量的关键。

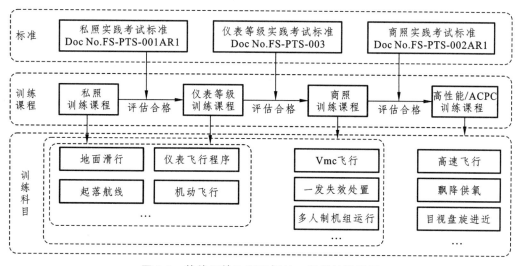

图1.3　航线运输飞行员初始飞行训练路线图

现有飞行训练评估存在的不足主要包括：

（1）评估指标缺乏全面性，评估标准设计科学性不足。

评估指标的设计"只见科目、不见能力"，只关注每个科目的完成结果，缺乏对飞行学员核心胜任能力的全面培养，无法全面反映飞行学员核心胜任能力的水平和结构特征。

评估标准主要源自长期飞行培训经验的总结，对飞行操纵的精准性和熟练性等技术能力的评估有量化标准，而对沟通、决策、协作等非技术能力的评估则多为定性描述。

因此，现有评估指标和标准难以满足"基于核心胜任能力实施飞行训练"这一新时代训练思想的要求，需要突破核心胜任能力的可测度性这一关键科学问题，建立面向核心胜任能力的初始飞行训练评估理论。

（2）评估方法缺乏客观性和稳定性。

现有的评估主要基于飞行教员/检查员对飞行学员操纵过程进行观察打分，由于对教学大纲和实践考试标准把握上的差异，难以保证评估结果的客观性和稳定性。此外，飞行专家的丰富评估经验难以标准化，传授性较差，新教员/检查员的学习成本较高，这也是民航局强调数据驱动、训练评估标准化的初衷。因此，民航业迫切需要建立以训练数据为依据、充分吸收飞行专家丰富评估经验的量化评估方法，需要研究大数据驱动的飞行训练智能评估方法，破解核心胜任能力评估方法的智能性这一科学问题。

（3）飞行训练数据的价值未能得到有效利用。

飞行训练组织实施过程会产生海量的飞行训练大数据资源，包括机载飞参数据、运行环境数据、训练计划安排、教学大纲、教员/检查员评价、音视频等数据。这些宝贵的飞行数据真实地记录了飞行学员飞行训练过程，反映了飞行学员操纵技能水平和安全驾驶行为特征、教员的评估经验知识。对这些信息的理解和应用，将有助于完善初始飞行训练评估理论体系、创新飞行训练评估手段。但是原始飞行训练数据的多源混杂模糊特性限制了对其价值的有效挖掘，为此需要研究飞行训练大数据的理解与关联方法，攻克飞行训练评估数据可用性这一关键科学问题。

综上所述，在初始飞行训练改革过程中有必要开展大数据驱动的飞行训练智能评估理论与方法的研究。依据"基于核心胜任能力实施飞行训练"这一新时代训练思想，确定初始飞行训练阶段对飞行学员的核心胜任能力要求，建立标准统一、数据驱动、面向核心胜任能力的初始飞行训练评估指标、评级标准以及测度方法。科学的飞行训练评估理论和方法的研究有助于提升民航飞行训练评估的全面性、客观性和稳定性，为国际民航界贡献具有中国特色的飞行培训技术规范，同时还将形成一套行之有效、面向技能训练的大数据分析方法，对于其他领域基于大数据的绩效分析与训练管理也将具有重要参考价值。

第二章　国内外初始飞行训练体系差异

本章主要介绍国内外初始飞行训练体系差异与未来趋势，以及欧美国家的初始飞行训练体系和我国的初始飞行训练体系现状与未来发展方向：

（1）欧美国家在初始飞行训练方面注重科学化和系统化，强调飞行员的全面素质和技能的培养，训练课程包括理论教育、模拟训练、实际飞行等并采用先进的评估方法确保其客观性和准确性。

（2）我国的初始飞行训练与评估体系在不断完善。已有航线运输驾驶员的整体和过渡训练课程体系，制订了实践考试标准和工作单，如"筛选检查"工作单用于评估飞行员的飞行技能和知识水平，另外我国积极借鉴国际经验来提升训练质量和评估水平。

（3）对比分析国内外培养模式，强调国内外在飞行训练培养模式上各有特色，如国外体系更注重飞行员的全面素质和技能培养，而国内体系在吸收国际经验的同时也考虑到国内民航业的具体需求和发展状况。

（4）分析飞行训练体系的未来发展趋势。随着科技的进步和民航业的快速发展，初始飞行训练将更加注重科技应用、训练方法创新和评估体系完善。未来的训练体系将更加高效、精准，为培养更多优秀飞行员提供坚实支持。

总之，本章深入分析欧美发达国家与我国在初始飞行训练体系上的差异，展望未来的发展趋势，这对于推动我国飞行训练体系的改革及其与国际接轨具有重要意义。

第一节　欧美发达国家初始飞行训练与评估体系

飞行训练与评估是培养民用航空航线运输驾驶员的基本模式。航线运输驾驶员[5]是指驾驶大型航空器从事国内、国际定期航线运输的飞行员。与其他类型的飞行员相比，航线运输驾驶员主要从事商业性的航线网络运行，对安全和效率的要求更高，这就要求人员必须掌握成熟的航空理论知识，具备较强的飞行技术应用及管理能力。尽管所有的培训机构均以飞行学员获得执照为最终结果，但在培训过程和培训方式上各有特色，存在较大差异。

美国的通航产业庞大、低空开放程度高、机场数量众多等[6]，培养飞行员的学校较多。此外，由于美国的航空教育历史文化悠久，飞行教育的普及程度高，无论出于何种目标，愿意去航校学习飞行的人数较多，也为运输航空飞行员的选拔奠定了坚实的基础。根据美国联邦航空管理局（Federal Aviation Administration，FAA）规章的相关要求，通航飞行员并不能直接进入运输航空公司工作，需要至少累积 1 500 小时飞行时间，因此对于很多想进入运输航空的通航飞行员而言，为了积累到最少合格时间可以选择多种途径，那么进入航校担任飞行教员是积累飞行经历时间最普遍、最快速的方式之一。

欧美国家飞行训练评估体系中，以美国的飞行员执照体系为例，首先会从飞行器的种类进行区分，有 Airplane、Rotorcraft、Glider 等，每个不同的飞行器类别有不同的飞行训练及获取执照的最低要求。

在执照（License）方面，美国将其分为五个等级：飞行学员（Student Pilot License）、休闲飞行员执照（Recreational Pilot License，RPL）、私用驾驶员执照（Private Pilot License，PPL）、商用驾驶员执照（Commercial Pilot License，CPL）和航线运输飞行执照（Airline Transport Pilot License，ATPL）。

在等级（Rating）方面，它和执照基本上是相互独立的，二者基本上相互不影响。等级的作用是在某些情况下可以提高你的飞行资格，增加你的权利范围。在美国，有仪表等级（Instrument Rating）、多发等级（Multiengine Rating）、飞行教练等级（Instructor Rating）、机型等级（Type Rating），其中机型等级主要针对复杂机型。在美国的航空法规中，这四个等级的飞行执照规定了很多详细的执照使用权利。

针对飞行员飞行训练标准，经 FAA 与行业专家探讨，飞行员执照颁发/认证标准于 2011 年颁布，旨在完善飞行员知识测验体系，但该测试因与当今的操作环境脱节而受到批评。因此美国联邦航空局向航空培训行业专家寻求帮助，专家建议对整个飞行员采取系统的方法主要包括：

（1）为航空知识提供明确的标准。

（2）确保知识能够反映飞行员真正需要知道的安全操作。

（3）列出具体的、可观察的行为，用于风险管理和航空决策。

（4）合并实践测试标准中的重叠任务。

（5）将"特别强调"的项目与知识、技能联系起来。

（6）将知识、技能、风险管理与 FAA 手册联系起来，用于知识测试和实践测试。

FAA 针对相关问题进行研究后对相关规定做出调整，于 2016 年 6 月 15 日开始推行《飞行员认证标准》（Airman Certification Standards，ACS）。事实上，ACS 是实践考试标准（Practical Test Standards，PTS）的增强版，是在现有 PTS 中缩减过度重复、重叠的内容。ACS 将针对任务的知识和风险管理元素添加到每个 PTS 操作/任务领域。ACS 的考核结果是每个任务的特定知识、风险管理和技能元素的综合呈现。总之，ACS 为知识考试和实践测试提供了一套单一来源的标准。

随着 ACS 的颁布，其中涉及的风险管理要求极大地提高了通航运行安全并改善了飞行训练过程。相比之前的标准，新版 ACS 训练标准条款更具有针对性也更具有相关性，将风险管理的概念融入训练要求，极大地提升了飞行员决策的正确性。FAA 还将 ACS 标准纳入到知识测试过程中，通过对话方式了解任务飞行员在面对特殊情形时如何操控，因此使知识测试更具有针对性。为了确保行业人员在 ACS 框架下使用统一的训练方式，FAA 还将制定其他训练标准，如商照飞行员训练标准、航线运输飞行员训练标准、教员合格证标准、机械师标准、无人机操控员标准。ACS 框架如图 2.1 所示。

基于 ACS 的集成式考核评价方式的优点是可以使申请人、教官和评估员清晰知道一名飞行员在飞行过程中必须掌握哪些知识、需要考虑哪些因素、应该如何操作才能通过知识测试以及飞行员证书/评级的实践测试，充分展示了所需知识、风险管理以及在每个操作领域或执行任务所需技能元素之间的相互关联性，定义了风险管理的期望和行为，并且与特定任务连接在一起。ACS 方法通过与实际操作的相关内容来提高安全性，有助于标准化教学和测试。

Task	TaskA. Steep Tums	
References	FAA-H-8083-2, FAA-H-8083 3: POHAFM	
Objective	To determine that the applicant exhibits satisfactory knowledge, risk management, and skills associated with steep turns.	

	Knowledge	The applicant demonstrates understanding of.	
Aeronautical knowledge	PAVA K1	Purpose of steep turns.	Know
	PAVA K2	Aerodynamics associated with steep turns, to indude:	
	PAVA K2a	a. Coordinated and uncoordinated fight	
	PAVA K2b	b. Overbanking tendencies	
	PAVA K2c	c. Maneuvering speed, includng impact of weight changes	
	PAVA K2d	d. Accelerated stalls	
	PAVA K2e	e. Rate and radius of turn	
	PAVA K3	Altitude control at various airspeeds.	

	Risk Management	The applicant demonstrates the ability to identify, assess and mitigate risks,encompassing:	
Aeronautical decision-making and special emphasis	PAVA R1	Failure to divide attention between airplane control and orientation	Consider
	PAVA R2	Collision hazards,to indude aircraft, terrain obstacles and wires	
	PAVA R3	Low altitude maneuvering/stall/spin.	
	PAVA R4	Distractions,loss of stuational awareness,and/or improper Task management	
	PAVA R5	Failure to maintan coor dinated flight.	

	Sklls	The applicant demonstrates the ablity to:	
PTS-based flight proficiency	PAVA S1	Clear the area.	Do
	PAVA S2	Establish the manufacturer's recommended airspeed or, if not stated, a safe airspeed not to exceed V...	
	PAVA S3	Roll into a coordinated 360° steep turn with approximately a 45° bank.	
	PAVA S4	Perform the Task in the opposite direction	
	PAVA S5	Maintain the entry altitude ±100feet,airspeed±10knots,bank and ±5°,and roll out on the entry headng ±10°.	

图 2.1 ACS 框架

实质上，飞行员认证标准框架是一个编码系统，ACS 为每个知识、风险管理和技能元素分配唯一的代码，ACS 某部分的考核内容如图 2.2 所示。

由于 ACS 是知识考试和实践考试的单一来源标准集，美国联邦航空局已经在使用 ACS 代码来确保知识考试和实践考试的标准化，并且已经使用 ACS 编码系统来修改所有私用飞行员飞机。商用飞行员飞机和仪表飞机评级知识测试内容与 ACS 中的相应知识、技能和风险管理元素保持一致，即飞机、商用飞行员飞机和仪表飞机评级考试应与相应的 ACS 保持一致，如图 2.3 所示。

与实践考核标准 PTS 一样，ACS 分为操作区域、任务和要点。评估人员的书面行动计划必须包括：

（1）至少一个知识元素。

（2）至少一个风险管理要素。

（3）任务所需的所有技能元素。

（4）知识上遗漏的所有科目。

评估人员可以使用遗漏知识测试科目的任务元素来满足一个知识和一个风险管理元素的最低要求。如果知识测试报告或申请人对问题的回答表明申请人的某项任务存在弱点，评估人员可以自行决定选择其他要素。

I. Preflight Preparation

Task	C. Weather Information
References	14 CFR part 91; FAA-H-8083-25; AC 00-6, AC 00-45, AC 00-54; AIM
Objective	To determine that the applicant exhibits satisfactory knowledge, risk management, and skills associated with weather information for a flight under VFR.
Knowledge	The applicant demonstrates understanding of:
PA.I.C.K1	Sources of weather data (e.g., National Weather Service, Flight Service) for flight planning purposes.
PA.I.C.K2	Acceptable weather products and resources required for preflight planning, current and forecast weather for departure, en route, and arrival phases of flight.
PA.I.C.K3	Meteorology applicable to the departure, en route, alternate, and destination under VFR in Visual Meteorological Conditions (VMC) to include expected climate and hazardous conditions such as:
PA.I.C.K3a	a. Atmospheric composition and stability
PA.I.C.K3b	b. Wind (e.g., crosswind, tailwind, windshear, mountain wave, etc.)
PA.I.C.K3c	c. Temperature
PA.I.C.K3d	d. Moisture/precipitation
PA.I.C.K3e	e. Weather system formation, including air masses and fronts
PA.I.C.K3f	f. Clouds
PA.I.C.K3g	g. Turbulence
PA.I.C.K3h	h. Thunderstorms and microbursts
PA.I.C.K3i	i. Icing and freezing level information
PA.I.C.K3j	j. Fog/mist
PA.I.C.K3k	k. Frost
PA.I.C.K3l	l. Obstructions to visibility (e.g., smoke, haze, volcanic ash, etc.)
PA.I.C.K4	Flight deck displays of digital weather and aeronautical information.
Risk Management	The applicant demonstrates the ability to identify, assess and mitigate risks, encompassing:
PA.I.C.R1	Factors involved in making the go/no-go and continue/divert decisions, to include:
PA.I.C.R1a	a. Circumstances that would make diversion prudent
PA.I.C.R1b	b. Personal weather minimums
PA.I.C.R1c	c. Hazardous weather conditions to include known or forecast icing or turbulence aloft
PA.I.C.R2	Limitations of:
PA.I.C.R2a	a. Onboard weather equipment
PA.I.C.R2b	b. Aviation weather reports and forecasts
PA.I.C.R2c	c. Inflight weather resources
Skills	The applicant demonstrates the ability to:
PA.I.C.S1	Use available aviation weather resources to obtain an adequate weather briefing.
PA.I.C.S2	Analyze the implications of at least three of the conditions listed in K3a through K3l above, using actual weather or weather conditions in a scenario provided by the evaluator.
PA.I.C.S3	Correlate weather information to make a competent go/no-go decision.

图 2.2　ACS 某部分考核示例

— Area of Operations.
— Task.
— Elements.

1. Preflight Preparation

Task	Task E.National Airspace System
References	14 CFR parts 71,91.93; FAA-H-8083-2: Navigation Charts; AIM
Objective	To determine that the applicant exhibits satisfactory knowedge, risk management, and skills associated with the National Airspace System (NAS) operating under VFR as a private pilot
Knowledge	The applicant demonstrates understanding of:
PA.I.E.K1	Types of airspace/airspace classes and associated requirements and limitations.
PA.I.E.K2	Charting symbology
PA.I.E.K3	Special use airspace (SUA), special fight rules areas (SFRA), temporary flight restrictions(TFR),and other airspace areas.
Risk Management	The applicant demonstrates the abllity to identify, assess and mitigate risks. encompassing:
PA.I.E.R1	Vanous classes of airspace.
Skills	The applicant demonstrates the ability to:
PA1.E.S1	Explain the requirements for basic VFR weather minimums and flying in particular classes of airspace, to include SUA, SFRA, and TFR.
PA.1.E.S2	Correctly identify airspace and operate in accordance with associated communication and equipment reguirements.

图 2.3　ACS 某科目详解

如图 2.3 所示，某些 ACS 任务包含子元素，这些子元素用小写字母进行编码。如果任务包含子要素，评估员可以选择适当的子元素如重量和平衡来满足至少一个知识元素的要求。

飞行员认证标准（ACS）从需要具体的知识储备到一定的风险管理能力，再到实际飞行技能，其中的关联性强化了申请者必须了解考试和实操飞行之间的关系。从 ACS 的风险管理部分到一些需要特别强调的关键点，再到一些抽象的专有名词如航空决策（ADM），通过这些学习增强飞行员的安全意识，从而将这些知识内化为飞行员执行飞行任务中的习惯。

通过创新，FAA 体系在法规、理论知识、风险管理知识、实操规范、指南和考试材料之间建立并维系一个清晰的互相关联的关系，从而为每一个需要符合 PTS 标准、规范的运营和飞行任务添加了执行任务时所需要了解的相关知识和风险管理技能。测试成绩能全方位反映出申请者在执行飞行任务中所需要知道的、考虑的和所要采取行动等内容的掌握情况，如果通过地面理论考试和飞行实操考试，可以拿到飞行执照或评级。

ACS 的优势是能够针对地面理论考试给出相较以往更加精准的错误题目反馈信息，这样可以让申请人更好地明白在实际飞行训练考试之前所需要改进的地方。当然，ACS 标准改革不仅仅局限在理论考试上，它会替代以前的 PTS 私照和仪表照评估标准，这就意味着飞行学员在进行飞行员实操飞行考核过程中所进行的口试部分和飞行部分会有些变化，但在最终的飞行员飞行实操考试中考试内容没有任何改变。由于 ACS 针对每一个飞行任务都提出了具体的要求，新的口试部分愈加受到重视。

第二节 我国初始飞行训练与评估体系

我国特有的飞行员训练体系和模式是指飞行学员通过航校整体大纲和过渡课程的培训后进入运输航空公司担任副驾驶。我国培养航线运输飞行员采用一体化的培养模式，即飞行学员按照航校的培养方案完成理论培训和飞行训练的科目练习，并通过考试获取相关的执照，再进入航空公司从事航线运输的飞行工作。现行中国飞行员的主流培养模式的训练流程如图 2.4 所示，初始飞行训练定义为经过航线运输驾驶员整体课程的培训，即私用驾驶员执照训练、仪表等级训练和商用驾驶员执照训练，再加上高性能多发飞机训练课程或 ACPC 课程的过渡课程，整个阶段称为初始飞行训练。

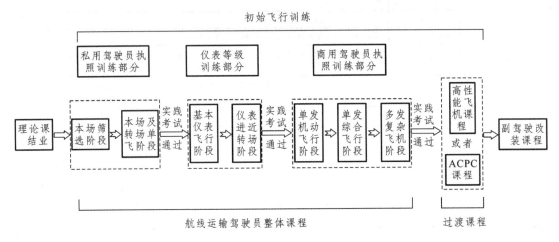

图 2.4　初始飞行训练阶段培养路径

一、航线运输驾驶员整体训练课程体系

航线运输驾驶员（飞机）整体课程，是以培养面向 CCAR-121 部[7]运行的航线运输飞行员为目标的培训课程，该课程是中国民用航空飞行学院根据现代民航业对飞行员能力和素质要求的首创，以"培养零起点的飞行学员直接上大型运输机副驾驶"为建设目标，形成了航线运输飞行员整体训练大纲。整体课程大纲包含三个部分，分别是单发陆地飞机私用驾驶员执照训练（简称私照）、仪表等级训练（简称仪表）和多发陆地飞机商用驾驶员执照训练（简称商照）。由于我国的通航市场起步较晚，对飞行员专业人才的需求紧张，且空域、航线等训练资源有限，过去很长一段时间进入航校训练的飞行学员在毕业后几乎都直接到航空公司担任副驾驶，所以在航校的学习需要在特定的时间段内完成特定的任务。中国民用航空飞行学院编制了《航线运输驾驶员整体课程训练大纲》[8]，具体的时间安排如表 2.1 所示。在完成了 235 小时的整体大纲飞行训练时间后取得相应的执照，即可进入下一阶段过渡课程的训练[9]。

目前，我国的初始飞行训练体系仍采用整体训练课程加过渡训练的培养模式。航线运输驾驶员（飞机）整体课程主要针对 CCAR-121 部飞行员培训的整体训练，包括地面教学和飞行训练两个部分，其中地面课程环节包括私用驾驶员执照（以下简称"私照"）、仪表等级训练（以下简称"仪表"）、商用驾驶员执照（以下简称"商照"）、航线理论四个阶段，主要是学习各阶段训练所需掌握的航空理论知识。

飞行训练环节包括私用驾驶员执照（以下简称"私照"）、仪表等级训练（以下简称"仪表"）、商用驾驶员执照（以下简称"商照"）三个阶段。飞行训练是在飞行教员陪同或监控下，在飞机或模拟机上操纵飞机训练的过程，不同训练阶段所训练的飞行科目、训练要求有所不同，并且每个阶段的侧重点又有所不同。

单发私照课程主要是对飞行学员基本驾驶技术的训练[10]，以目视飞行为主，要求飞行学员具备单人执行飞行任务的能力。

仪表飞行训练课程主要训练飞行学员的仪表领航及操纵方法等，使飞行学员能够在各种飞行气候条件下根据驾驶舱仪表的指引完成飞行任务，包括离场、进近、转场飞行；多发商照课程主要训练飞行学员如何掌握多发飞机的操纵、性能等，如起落架收放、一发失效故障飞行、座舱释压，并通过机长训练方式积累航线多机组运行经验，提高飞行学员驾驶多发飞机航线的综合能力。

表 2.1　整体课程训练阶段时间安排

训练阶段		训练内容及时间			
		地面课时间/h	飞行课时间/h	训练器时间/h	飞机时间/h
单发私照部分	筛选阶段	21	15	2	13
	本场及转场单飞阶段	16.5	54.5	6	48.5
	实践考试		1.5		1.5
	小计	37.5	71	8	63
仪表部分	基本仪表飞行阶段	10.5	13	5	8
	仪表进近转场阶段	24.5	25	10.5	14.5
	实践考试		2	0.5	1.5
	小计	35	40	16	24
多发商照部分	单发机动飞行阶段	29.5	40.5	3	37.5
	单发综合飞行阶段	2.5	47.5	5	42.5
	多发复杂飞行阶段	14.5	34	8	26
	实践考试		2		2
	小计	46.5	124	16	108
合计		119	235	40	195

（一）地面课程阶段

地面课程是整体大纲课程中的一大模块，其目的是满足对执照申请人理论知识方面的要求。地面课开展方式较多，可根据实际需要采取课堂授课、小组探讨、情景再现等方式来提升教学效果。在不同的阶段所需传授的地面课程内容、时间均有所不同。地面课程训练时间安排表如表 2.2 所示。

表 2.2　地面课程训练时间安排表

训练阶段		地面课训练时间/h
单发私照	本场筛选阶段	21.0
	本场及转场单飞阶段	16.5
	阶段检查	
	实践考试	
	小计	37.5
仪表	基本仪表飞行阶段	10.5
	仪表进近转场阶段	24.5
	实践考试	
	小计	35
多发商照	单发机动飞行阶段	29.5
	单发综合飞行阶段	2.5
	多发复杂飞机阶段	14.5
	实践考试	
	小计	46.5
合计		119

1. 私照阶段

私用驾驶员执照课程（PPL）是飞行学员开始训练的第一部分，在开展地面课程的过程中，无论是本场筛选还是单飞阶段，飞行学员都需要学习与飞行活动有关的飞行原理、飞机性能、空中管制、航空气象、导航、法规等方面的知识与理论，以及人为因素与航空生理学等非技术技能相关的知识[11]。在完成每个阶段的知识学习后，飞行学员的考试成绩必须在80分以上才能通过本阶段的理论考试。理论考核后，教员要求飞行学员查漏补缺，以确保飞行学员在进入下阶段的学习前牢固掌握本阶段的理论知识[12]。在结束私照阶段的地面理论课程后，若学生通过阶段考试或私照理论考核，可以进行下一部分地面课程的学习，即仪表课程的地面课培训。[13]

2. 仪表阶段

仪表课程是指飞行学员在通过私照理论与飞行考试并获取执照后进入的阶段训练，即仪表等级训练[14]。仪表等级训练主要依靠仪表进行飞机操作，仪表飞行规则（Instrument Flight Rules，IFR）是通过机上仪表来判断飞机状态、测定飞机位置并操纵飞机。当处于仪表飞行状态时，飞行学员无法直观地感受到飞机的飞行状态，但不同仪表对飞机飞行状态参数的展示方式是不同的，要求飞行学员必须熟悉仪表的位置以及仪表所表示的飞行状态参数含义，同时要求飞行学员的注意力分配[15]必须全面且合理。因此在培训初期，为了确保飞行安全，飞行学员必须熟练掌握仪表相关知识，并在飞行训练过程中不断练习仪表的使用方法，熟练运用仪表。

在基本仪表飞行阶段，对于仪表阶段的航空知识理论，飞行学员学习仪表飞行原理包括仪表的操作、使用、限制和仪表导航系统，学习空中交通管制的作用和仪表飞行图的使用[16]。在此阶段，学习的重点是与仪表飞行相关的人为因素和生理因素，熟悉与仪表飞行相关的航空法规。在仪表进近转场阶段，飞行学员学习各种仪表进近程序以及仪表离场、入行和进场程序，学习天气信息、条件和趋势，学习 IFR 飞行计划和应急程序以及进一步了解飞行决策的步骤。

3. 商照阶段

商用驾驶员执照训练是指在持有私照、获取仪表等级签注后进入的阶段训练。商用驾驶员执照课程主要通过对比单发和多发飞机的不同性能，重点练习多发飞机的复杂操作，开展机长训练，积累机长训练时间。多发商照部分根据训练重点的转移，分为单发机动飞行、单发商用综合飞行和多发飞行三个阶段。

商照阶段的航空知识理论部分中，在单发飞机飞行阶段，飞行学员将学习航空生理学、飞行决策和与商用飞行员相关的 CCAR 法规，学习复杂飞机操作、飞行性能计算、适用于复杂飞机的空气动力学以及商用飞行员所需的机动飞行科目等。

在多发复杂飞机阶段，飞行学员将学习多发飞机系统和空气动力学，学会正确计算和管理多发飞机重量与平衡情况，分析多发性能，能够从多发飞机性能数据中获得正确的数据，学会将人为因素结合到与多发飞机操纵相关的决策过程中。

（二）模拟机训练课程

模拟机是为了避免飞行学员不熟悉飞行训练课程而对其展开的补充课程，该补充课程是提升飞行训练质量的必要措施。为了遵循循序渐进的学习原则，确保高效的飞行训练，不断增强飞行训练效果，所有的飞行训练科目均需在模拟机上提前练习。该补充课程的设计与飞行课程保持一致，但不同之处在于模拟机训练时教员可以对影响飞机飞行状态的参数进行设置，这些参数对飞行学员的飞行训练有显著影响，如有些科目只能在特定条件下训练，为了保证良好的训练效果，飞行教员应按照课程要求对模拟机进行参数设置。

针对模拟机/训练器课程，其训练时间安排如表 2.3 所示。

表 2.3　模拟机课程训练时间安排

训练阶段		模拟机训练时间/h
单发私照	本场筛选阶段	2
	本场及转场单飞阶段	6
	实践考试	
	小计	8
仪表	基本仪表飞行阶段	5
	仪表进近转场阶段	10.5
	实践考试	0.5
	小计	16
多发商照	单发机动飞行阶段	3
	单发综合飞行阶段	5
	多发复杂飞机阶段	8
	实践考试	
	小计	16
合计		40

(三) 飞行训练课程

飞行训练课程是整体教学大纲的一个模块。依据飞行训练内容，可以将飞行训练课程划分为不同的阶段。根据考核节点，可以将每个阶段的飞行课程划分为不同的训练课程。根据课程要求，飞行训练课程能够进一步划分为不同的训练科目。在不同的训练阶段，训练时间、训练内容、评价标准等均有所不同。在整体教学大纲中，飞行学员的训练时间安排如表 2.4 所示。

表 2.4　飞行课程训练时间安排

训练阶段		飞行课训练时间/h
单发私照	本场筛选阶段	11.5
	筛选	1.5
	本场及转场单飞阶段	47.0
	阶段检查	1.5
	实践考试	1.5
	小计	63.0
仪表	基本仪表飞行阶段	8
	仪表进近转场阶段	14.5
	实践考试	1.5
	小计	24
多发商照	单发机动飞行阶段	37.5
	单发综合飞行阶段	42.5
	多发复杂飞行阶段	26
	实践考试	2
	小计	108
合计		195

1. 私照阶段

一般情况下，飞行学员依据飞行训练大纲的要求，分阶段完成地面课的学习与考核后进入相应的飞行训练；也可以选择在地面课全部结束后进入飞行训练。无论通过哪种训练安排进入飞行训练，在飞行训练前均需复习相应的地面课和理论知识。由于训练的系统性与针对性，各部分的训练重点都会有不同程度的调整，单发私照部分被分为筛选、本场及转场单飞阶段。本场筛选阶段的培养目标主要是基于飞行学员手动操纵飞行能力，而本场及转场单飞阶段的培养目标是在进一步巩固、提高学生飞行技术水平的同时练习转场法规所规定的本场和转场单飞，最终满足私用驾驶员的所有要求。私照具体课程时间安排如图 2.5 所示。

飞行学员完成本部分的训练后，如果达到民航局规定的训练时间和科目，可以向局方申请进行实践考试，通过考试后获取相应的执照。

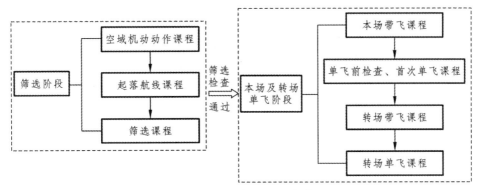

图 2.5　私照主要课程安排

2. 仪表阶段

仪表等级训练分为基本仪表飞行和仪表进近转场两个阶段：

（1）第一个阶段主要是熟悉仪表飞行环境、仪表设备及仪表飞行方法的使用。

（2）第二个阶段的目标是将仪表进近和仪表转场结合在一起，练习各种仪表进近及等待，达到法规对增加仪表等级的所有要求。

仪表等级飞行训练的课程安排如图 2.6 所示。

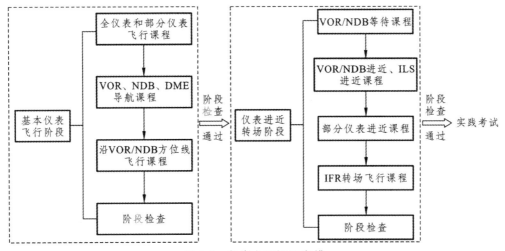

图 2.6　仪表主要课程安排

3. 商照阶段

多发商照阶段分为单发机动飞行阶段、单发综合飞行阶段及多发复杂飞行阶段，在不同阶段其任务与意义有所区别，具体内容主要包括：

（1）单发机动飞行阶段主要是通过各种商用机动飞行的训练，进一步提高飞行学员的精确飞行操作能力。

（2）单发综合飞行阶段重点训练转场飞行和学生机长训练，使飞行学员综合复习、积累经验，加强对飞行的熟练度和掌握度。

（3）多发复杂飞机阶段训练重点是通过将多发飞机与单飞飞机的不同驾驶特点进行对比，使飞行学员熟练掌握多发飞机的相关知识和技能、多发复杂飞机的驾驶技能，达到法规对多发陆地商用驾驶员的所有要求。

商照主要课程安排如图 2.7 所示。

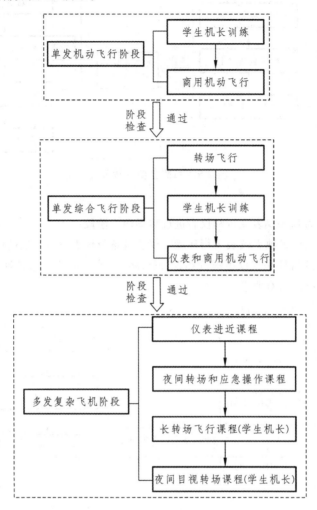

图 2.7　商照主要课程安排

二、航线运输驾驶员过渡训练课程体系

在完成整体大纲要求的课程后，飞行学员需要通过航线运输驾驶员执照（飞机）理论考试。课程训练的目标是通过私照、仪表和商照的飞行训练后，使飞行学员能够成为多发飞机的副驾驶，在大型飞机公共航空运输中可以熟练完成飞行任务。由于训练机构的飞行训练是在低空、低速的单发或多发活塞发动机飞机上进行的，使用的飞机如塞斯纳 172、西锐和钻石等，其训练要求主要是面对通用航空运行的。航空公司从事的是商业活动，航线运输大多使用双发及以上大型喷气运输机如 A320、B737 等，从事载客、载货等商业活动，因此所使用的飞行器和作业任务环境与航校训练飞行有很大差异，所处的外部环境是高空、高速以及多人制机组。

通过各项数据分析，小型训练飞机和大型运输飞机存在明显差异。以航校训练机型 C172、DA42、CJ1 和大型喷气式飞机 A320 为例，机型对比如表 2.5 所示。

表 2.5　机型数据的对比

机型	基本数据					性能数据		
	长度	翼展/m	高度/m	空重/kg	满载起飞重量/kg	航程/km	实用升限/m	巡航速度/（km/h）
C172	8.28	11.00	2.72	736	1 113	1 289	4 100	226
DA42	8.50	13.42	2.60	1 080	1 650	1 912	5 486	376
CJ1	13.00	14.30	4.20	2 427	4 900	2 087	6 462	600
A320	37.57	34.10	11.76	42 400	78 000	6 200	12 000	965

在完成整体大纲训练课程并获取多发飞机商用驾驶员执照（CPL）和仪表等级签注、完成航线运输驾驶员执照理论培训后，飞行学员还需要接受过渡训练课程，了解大型、高速航空器航线运行的特点，为进入运输航空公司的机型改装训练做铺垫。如果飞行员直接从低、小、慢航空器直接进入大型、高速、复杂航空器，跨度过大，难以适应。过渡的课程训练可以尽快调整飞行学员的思维，使其从适应航校中的小型飞机，到适应商业性航空运输所普遍使用的大型喷气运输飞机。目前，整体训练课程阶段完成后的过渡性训练课程，主要包括高性能飞机课程、运输航空副驾驶预备课程（ACPC）两种主要方式。初始飞行训练的飞行学员成长轨迹如图 2.8 所示。

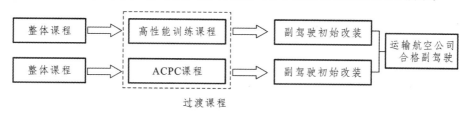

图 2.8　初始飞行训练飞行学员的成长轨迹

（一）高性能训练

高性能训练课程，即在装有涡轮动力装置的飞机上进行相应的训练。高性能飞机课程的训练重点是使飞行学员尽快适应多发、高速的现代商用运输飞机的飞行，以及重点训练多人制机组协作和机组资源管理的能力。高性能飞机课程训练的内容和时间要求如表 2.6 所示，但是在实际的训练过程中，高性能飞行训练的时间仅为 20 小时。高性能飞机课程训练不仅训练成本高，而且要求飞行学员从小飞机飞行快速过渡到大型民航客机的运行环境，存在相当大的难度和不足。因此，需要逐步研发出高性能的替代课程。

表 2.6　高性能飞机课程安排表

训练阶段		训练内容	训练时间或次数（至少）
高性能 飞机课程	地面课	运输航空公司运行知识	20 小时
		高空飞行知识	20 小时
		高性能多发飞机机型理论知识	64 小时
		多机组成员协作理论知识	25 小时
	飞行课	作为操作驾驶员（PF）的训练	10 小时
		在高性能多发飞机上完成	10 小时
		作为操作驾驶员（PF）实施仪表进近直至着陆	10 次

（二）ACPC 课程

运输航空副驾驶预备课程（Airline Copilot Preparatory Course，ACPC 课程）[18]，是在模拟机技术不断发展的背景下，由航空公司或 CCAR-142 部训练中心开发，是基于能力的训练理念设计、实施的飞行培训课程。ACPC 课程的目的是提升飞行训练质量和效果，使受训者具备在高空、高速和多人制机组条件下驾驶现代化航线运输飞机的能力[19]。2015 年 11 月，中国民航局飞行标准司正式颁发《运输航空副驾驶预备课程》（编号：AC-121-FS-2015-126）的咨询通告，要求 ACPC 课程使用模拟机代替航校高性能飞机，帮助飞行学员顺利过渡到初始型别等级训练，最终获取运输航空副驾驶运行资质[20]，对飞行学员进行更有针对性、更贴合于实际运行的训练，从而提高训练的质量和训练效率。ACPC 课程包含 80 小时的地面课和 52 小时的飞行训练，具体训练内容和时间如表 2.7 所示。

表 2.7　ACPC 课程安排表

训练阶段		训练内容	训练时间（至少）
ACPC 课程	地面课	人为因素、机组资源管理、威胁差错管理	80 小时
		航线运行知识	
		组类 Ⅱ 飞机系统相关知识及程序	
	飞行课	作为操作驾驶员（PF）的训练	26 小时
		作为监控驾驶员（PM）的训练	26 小时

相对于传统的高性能训练模式，ACPC 课程利用模拟机进行训练，与初试改装有更紧密的衔接，可以提前为初试改装打基础，为飞行学员提高操作能力、更好地适应大型客机运行环境创造良好的先提条件。此外，ACPC 课程更具针对性，其训练效果和训练效率更为显著。据航空公司统计，经过 ACPC 课程训练后的飞行学员，在进入初始训练后，飞行学员的通过率以及表现出的能力明显高于通过传统高性能训练模式的飞行学员。

三、我国初始飞行训练评估模式

（一）实践考试标准及工作单

目前，我国现行的评估方式执行的是中国民用航空局（CAAC）飞行标准司制定的实践考试标准（Practical Test Standards，PTS），该标准是用于确立航线运输驾驶员执照飞机类别等级及型别等级实践考试的标准，作为飞行学员实践考试的依据，飞行考试员在组织、实施实践考试过程中必须依照这些标准。飞行学员在经过飞行培训课程后参加 CAAC 组织的考核又名实践考试，若通过此实践考试可以获得相应的执照或等级签注。PTS 作为飞机类别驾驶员执照实践考试的标准，可分为私用驾驶员执照实践考试标准、仪表等级实践考试标准、商用驾驶员实践考试标准、航线运输驾驶员实践考试标准，适用对象包括飞行教员、申请人和考试员。飞行教员和申请人依据 PTS 内容准备实践考试，飞行考试员遵照相应的 PTS 标准执行实践考试。

在考核过程中，PTS 主要包括展示飞行员能力的操作范围和指定科目。操作范围是指将实践考试按一定的逻辑顺序并遵照每一项标准来安排各阶段的考试内容，从飞行前的准备工作到飞行后的完成程序。指定科目是指在操作范围中与某一理论知识范围、飞行程序和机动动作相对应的项目，这些项目主要考核申请人在某一科目考试中展示的令人满意的飞行能力。实施实践考试的考试员根据每个科目的标准，对飞行学员的实际操作进行评判，以评估申请人的科目理论知识和技能是否符合相应的实践考试标准。图 2.9 所示"起落航线（ASEL 和 ASES）"科目，对申请人的考核主要侧重于技能考核，对知识的考核标准进行了模糊化处理，如具备与起落航线相关的必要知识但并未进行详细列举。

科目 B:起落航线(ASEL和 ASES)

目的:确认申请人

1.具备与起落航线相关的必要知识，包括在管制和非管制机场的程序、防止跑道入侵和防撞、规避尾流和风切变等程序的知识。

2.正确的解释和说明机场/水上基地跑道、滑行标志、标识和灯光。

3.执行正确的起落航线程序。

4.与其他飞行活动保持合理间隔。

5.对风进行正确的修正以保持航迹。

6.保持对使用跑道的方位概念。

7.起落航线高度偏差范围在±100英尺(30米)以内，速度偏差范围在±10海里/小时以内。

图 2.9　"起落航线"科目考试标准

中国民航局于 2006 年 10 月 30 日正式颁布《民用航空器驾驶员、飞行教员和地面教员合格审定规则》（CCAR-61 部第三次修订），自此我国的民用航空器驾驶员、飞行教员和地面教员执照管理工作全部转入新的管理模式，对保证飞行安全、促进航空事业的发展起到了积极的作用。为了规范驾驶员、飞行教员、执照申请人的实践考试，中国民航局制定了按照 CCAR-61 部颁发执照或等级所要求的实践考试标准以及实践考试工作单，主要适用于所有按照 CCAR-61 部颁发航空器驾驶员执照或等级、飞行教员执照或等级申请人（适用于 CCAR-61.221 条的除外）。

实践考试工作单与实践考试标准相配套，包含单发和多发的私用驾驶员执照实践考试工作单、商用驾驶员执照实践考试工作单（见图 2.10）、仪表等级实践考试标准工作单、航线运输驾驶员执照实践考试工作单等。具体的实践考试实施应当由局方指定的监察员或委任的考试员主持，并在指定的时间和地点进行，考试员应填写随实践考试标准同时公布的考试工作单。

目前我国的飞行训练评估统一使用 PTS 标准，是基于早期飞机典型科目清单的"勾选框"式判定方法，与 PTS 相配套使用的是实践考试工作单，商用驾驶员执照实践考试工作单的部分内容如图 2.10 所示。私照、仪表等实践考试工作单，均采用科目勾选式考核方式。对飞行学员能力的评估方法是将训练课程分解为不同科目，然后基于课程或科目、时间对飞行学员完成能力进行培训与考核，可以更加清晰地了解飞行学员的培训情况，但这种方式的局限性在于必须单独对每个科目进行教学和评估，当遇到复杂条件或情况迅速变化时，可能无法单独对每个科目进行教学和评估，从而导致培训对象仅表现出执行单独科目的技能，而无法应对真实复杂运行环境，并且可能集中于飞行学员技术类能力的培养，而缺乏非技术类能力的养成，使得飞行学员的最终培训效果不佳，与未来实际岗位职责和能力脱节，出现能力断层现象。

商用驾驶员执照实践考试工作单
Commercial Pilot Practical Test Checklist

（飞机/单发 Airplane Single-Engine）

用墨水笔或打印填写所有项目 Type or Print All Entries in Ink

姓名 Name	驾驶员执照编号 Pilot License No.
工作单位 Employer	运行基地 Operating Base

考试起止日期 Date_____年Y___月M____日D至 To_____年Y____月M___日D

地点 Place_____

所用设备 Equipment　　航空器型号 Aircraft Model_____

如使用航空器　　　　航空器注册号
If an aircraft is in used　　Aircraft Registration No._____
如使用模拟机　　　　CAAC 模拟机编号　　　　　　　　级别
If a simulator is in used　　CAAC Cert. No._____ Class_____
如使用训练器　　　　CAAC 训练器编号　　　　　　　　级别
If a FTD is in used　　CAAC Cert. No._____ Class_____

考试项目 Areas of Operation	选择科目 Tasks			考试结论 Result		备注 Remarks
	飞机 A	模拟机 S	训练机 F	通过 P	不通过 F	
Ⅰ.飞行前准备 PREFLIGHT PREPARATION	colspan note					注：考试员应根据当时的天气情况设置一个考试方案以评估科目 C 和 D。The examiner shall develop a scenario based on real time weather to evaluate Task C and D.
A.证照及文件 Certificates and Documents (ASEL 和 ASES)						
B.适航要求 Airworthiness Requirements (ASEL 和 ASES)						
C.天气信息 Weather Information (ASEL 和 ASES)						
D.转场飞行计划 Cross-Country Flight Planning (ASEL 和ASES)						
E.空域 Airspace (ASEL和ASES)						
F.性能和限制数据 Performance and Limitations (ASEL 和 ASES)						
G.系统操作 Operation of Systems (ASEL 和 ASES)						

图 2.10　商用驾驶员执照实践考试工作单部分内容

（二）以"筛选检查"为例的实践考试工作单

1. 筛选检查阶段课程

筛选检查是初始飞行训练过程的首个考核节点，初始飞行训练过程如图 2.11 所示。筛选检查是指单发私照阶段中飞行学员完成筛选阶段的地面课和飞行课后，飞行学员在掌握相应的知识和技能后必须参加的资质考核。一般情况下，飞行学员的真机飞行训练时间达到 11.5～13 小时后可以进行筛选检查，又称为 13 小时筛选。筛选检查考核是一项复杂的综合性评估活动，主要考查这个阶段飞行学员对飞机操纵、飞机性能及飞行状态的学习情况及掌握程度。

筛选检查考核被视为控制飞行学员的飞行训练质量的重要环节。由于筛选检查考核的时间节点具有特殊性，这个阶段被认为是培养飞行学员良好飞行习惯的最佳时机，是飞行学员学习正确的飞行操作方法的基础阶段，更是飞行员核心胜任力养成的基础阶段。

在筛选检查时，飞行学员必须根据筛选检查工作单完成规定飞行科目的训练及考查，教员及检查员分别根据飞行学员的平时训练表现和真机考试成绩，评估飞行学员的科目训练质量并完成综合评判。飞行学员通过该科目的考核后才能进行后续训练，否则不能参与后续训练。根据对长期的飞行训练的分析和研究可知，在筛选检查过程中飞行学员基于科目考核所表现出来的能力呈现差异化[22]。

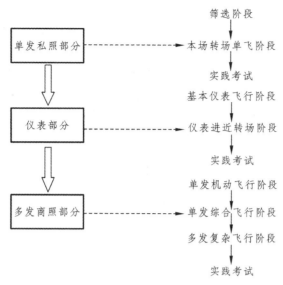

图 2.11　初始飞行训练过程

2. 传统的筛选检查阶段评估

筛选检查评价是对飞行学员的综合能力、知识、日常表现等进行全面评估，其检查评估结果是由学管干部、教员、检查员、资质评审委员会共同完成的，主要根据飞行学员的综合表现做出最后的评估结果，主要包括通过、不通过、技能待定三类结论。由于筛选检查单会根据实际情况进行定期更新，本书所采用资料均是中国民用航空飞行学院 2020 版的筛选检查资料。检查评价资料包含由飞行学员所在飞行大队提供的质量分析报告、由筛选检查小组负责考核并填制的筛选检查工作单以及综合评估三大部分。

（1）质量分析报告。

质量分析报告作为筛选检查结果呈现的重要部分，主要包括大队检查工作单、综合评语、综合评估。

① 大队检查工作单。

大队检查工作单的每个检查项目的满分为 5 分，共计 10 个检查项目，总分为 50 分。大队检查教员在飞机起落时按照每个检查项目的完成标准对飞行学员的操作进行 3 次评分，将 3 次评分的平均值作为该检查项目的最终得分。大队检查工作单的部分内容如图 2.12 所示。

大队检查工作单 VER07					
姓名：	责任教师：	大队：	飞行经历/飞机起落次数：		/
检查项目	完成标准	起落	起落	起落	得分
起飞	□正确完成起飞前项目和设置起飞功率；□起飞保持正确的滑跑方向和位置，左右位置偏差不大于 5M；□在正确的时机抬轮离地，无二次接地；□正确的修正位置偏差，没有危险动作。				
爬升	□建立稳定的爬升；□无粗猛危险动作，无反操纵；□正确修正航迹，修正侧风和侧滑；□航向偏差 ±10 度，速度偏差 ±10 节				

图 2.12　大队检查工作单（部分）

② 综合评语。

综合评语由责任教师和学管干部分别填写。责任教师评语包括但不限于学习态度、理论知识、技能模仿能力、偏差修正能力、教学接受能力、注意力分配和飞行操作能力、心理素质、飞行耐力、飞行作风等，是对飞行学员在日常飞行训练的全面评价，责任教师评语如图 2.13 所示。学管干部评语可用于衡量飞行学员生活作风，包括但不限于飞行学员日常行为规范等。由于对飞行学员要求的标准较高，必须重视飞行学员的日常管理与约束，学管干部评语反映了飞行学员日常管理水平及个人素质。

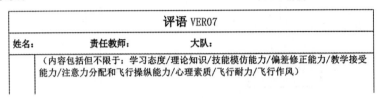

图 2.13　责任教师评语

③ 综合评估。

综合评估将飞行学员划分为 A 类学生和 B 类学生，其中 A 类学生是指在"大队检查工作单"中考核总得分不低于 30 分的飞行学员，B 类学生是指在"大队检查工作单"中考核总得分小于 30 分的飞行学员。综合评估表如图 2.14 所示。

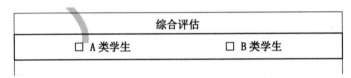

图 2.14　综合评估

（2）筛选检查工作单。

筛选检查工作单主要填制在真机考核过程中对飞行学员的评价内容，因此筛选检查工作单又称为真机考试单。筛选检查工作单主要包含检查工作单科目打分项、检查员评估项及检查员评语，如图 2.15 所示。

筛选检查工作单 VER07					
姓名：　　责任教师：　　飞行大队：　　起落次数：					
检查起止日期：　　年　　月　　日至　　年　　月　　日					
声明：1、经本人认真学习训练大纲，我确认已经接受了本阶段所要求科目的训练。 　　　2、经本人对气象条件的认真了解和准备，我确认本次飞行条件适合筛选检查。 　　　　　　　　签字：　　　　　日期：					
检查项目	完成标准		评分A	评分B	备注
理论知识	证照文件：□ 出示并指明飞行人员三证；□ 明确证照有效期的信息和相关规定。//系统操作：□ 明确主操纵系统的组成及其相关舵面基本工作原理；□ 明确辅助操纵系统的组成及其相关舵面工作；□ 明确盘配运动及飞机状态改变的逻辑关系；□ 明确部分舵面失效的应急处置方法和原理。//运行安全：□ 学院常见航空器尾流间隔要求；□ 明确地面滑行避让止及优先原则；□ 如何避免侵入跑道；□ 运行区域行走安全注意事项；□ 基本的手势使用和含义；□ 附ση油车加油时开车间隔；□ 飞机滑行间隔和速度限制。				至少任选3题
绕机检查/座舱检查	□ 能正确识别飞机各部件的名称和基本用途；□ 能正确地使用检查单，按正确的顺序检查；□ 能正确地操作或检查各部件；□ 能列别各项内容是否符合相关要求。				
开车和试车	□ 开车程序正确；□ 按程序正确启动发动机；□ 正确完成试车程序，掌握试车条件和正常参数范围；□ 正确使用机载设备。				任选1项
滑行/短停换人检查	□ 正确控制滑行速度（法规限制、运行限制）、方向；□ 正确完成起飞前项目，证实发动机参数正常；□ 正确设置起飞功率（混合比）。正确，沿规定的路线滑行；□ 明确剎车失效的处置方法；				

图 2.15　筛选检查工作单

筛选检查工作单评分又称“真机考试评分”，是由局方委任的检查员组成检查小组，按照考试大纲对飞行学员在筛选检查考核过程表现给予综合评判，主要考查飞行学员对飞行筛选检查规定科目（如表 2.8 所示，详见附录 1 筛选检查工作单）和程序的熟练掌握程度、操纵的准确性等。每个检查项目的总分为 5 分，表现优秀评 5 分，表现良好评定 4 分，其余视完成情况评 3 至 0 分。飞行学员的最后得分为评分 A（检查员 A 评分）和评分 B（检查员 B 评分）的平均值，该评分反映了飞行学员对各科目的实操完成质量。

表 2.8　真机考试科目

科目（Task）	科目（Task）
T1.理论知识	T13.正常和侧风进近
T2.绕机检查/座舱检查	T14.入口条件
T3.开车和试车、滑行/短暂换人检查	T15.着陆目测
T4.起飞前检查/起飞	T16.着陆姿态
T5.基本状态保持和互换/改变空速飞行	T17.低空横侧/着陆滑跑
T6.小速度飞行	T18.复飞/中断着陆
T7.无功率失速	T19.假设迫降
T8.大坡度盘旋	T20.无线电通信
T9.空域进出方法	T21.检查单的使用
T10.起落航线	T22.滑入停机位/关车程序/操纵交接

在飞行学员的真机考试过程中，除了对每项科目的实操完成质量进行打分外，还需对飞行学员在实操过程中所表现出的理论知识、心理素质、操纵能力、情景意识、模仿能力、协调能力、反应能力和飞行耐力等方面进行优、良、中、差四个等级的评定，并且需评价飞行学员在考核过程中表现出的良好行为规范或存在的待解决问题，有助于飞行学员在后续训练中提升训练质量[23]，如图 2.16 所示的筛选检查工作单中检察院评估。

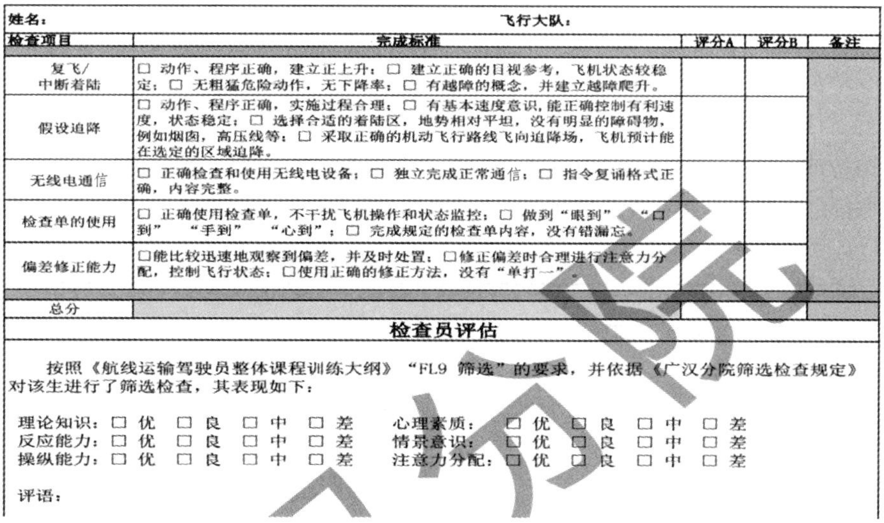

姓名：　　飞行大队：

检查项目	完成标准	评分A	评分B	备注
复飞/中断着陆	□ 动作、程序正确，建立正上升；□ 建立正确的目视参考，飞机状态较稳定；□ 无粗猛危险动作，无下降率；□ 有越障的概念，并建立越障爬升。			
假设迫降	□ 动作、程序正确，实施过程合理；□ 有基本速度意识，能正确控制有利速度，状态稳定；□ 选择合适的着陆区，地势相对平坦，没有明显的障碍物，例如烟囱，高压线等；□ 采取正确的机动飞行路线飞向迫降场，飞机预计能在选定的区域迫降。			
无线电通信	□ 正确检查和使用无线电设备；□ 独立完成正常通信；□ 指令复诵格式正确，内容完整。			
检查单的使用	□ 正确使用检查单，不干扰飞机操作和状态监控；□ 做到“眼到” “口到” “手到” “心到”；□ 完成规定的检查单内容，没有错漏忘。			
偏差修正能力	□能比较迅速地观察到偏差，并及时处置；□修正偏差时合理进行注意力分配，控制飞行状态；□使用正确的修正方法，没有“单打一”。			
总分				

检查员评估

按照《航线运输驾驶员整体课程训练大纲》“FL9 筛选”的要求，并依据《广汉分院筛选检查规定》对该生进行了筛选检查，其表现如下：

理论知识：□ 优 □ 良 □ 中 □ 差　心理素质：□ 优 □ 良 □ 中 □ 差
反应能力：□ 优 □ 良 □ 中 □ 差　情景意识：□ 优 □ 良 □ 中 □ 差
操纵能力：□ 优 □ 良 □ 中 □ 差　注意力分配：□ 优 □ 良 □ 中 □ 差

评语：

图 2.16　筛选检查工作单-评估

（3）综合评估。

筛选检查结果是各分院针对飞行学员在筛选检查考核过程中表现的一种综合评估。综合评估包含由飞行学员所在飞行大队提供的质量分析报告和由筛选检查小组负责考核并填制的筛选检查工作单两大部分组成，由此得出飞行学员的考核得分以及对飞行学员的考核结论。综合评估结果分数计算公式可表示为

$$y = (x_1 + x_2) \times 50\% \tag{2.1}$$

式中　y——综合评估结果得分；

　　　x_1——飞行大队评分；

　　　x_2——检查小组评分。

针对综合评估结果分数，对飞行学员的综合判定准则：

① 当 $x_1 \geqslant 30$ 且 $x_2 \geqslant 30$ 时，该飞行学员符合筛选检查标准，根据分院资质评审委员会授权判定该飞行学员通过筛选检查，可以进行正常训练。

② 当 $y < 60$ 或飞行大队评分与检查小组评分有明显出入时，可以根据具体情况提交至分院资质评审委员会进行评估。

据样本统计分析，在飞行学员的日常操守评分中，89%的飞行学员评分为 8 分，仅有 11%的飞行学员为 7.7 分，飞行学员的日常操作基本合格，符合预期效果。在综合素质评分中，仅有 2 名飞行学员表现不合格。

相比较而言，对于飞行学员筛选结果影响较大是真机考试评分[24]。因此，本书重点研究飞行学员筛选检查的真机考试。

第三节　培养模式对比及未来发展趋势

一、初始飞行训练培养模式对比

我国飞行员的培养方式一般采用订单制，航空公司根据预测的所需飞行员数量，提前进行招飞，将飞行学员送至飞行院校进行定向培养[25]，即向学校下发飞行学员订单，然后学校再按照申请订单进行飞行训练和定向培养，向航空公司输送合格的飞行员。

由于国情的不同，中国和美国在飞行员培养方面存在较大差异，如生源的选拔、培训的费用等。中美两国航线运输驾驶员差异对比如下表 2.9 所示。

表 2.9　中美两国航线运输驾驶员差异对比

	中国	美国
航线运输驾驶员主要来源	应届高中毕业生，主要采用一体化的养成生培养模式	通航飞行员，需要积累飞行经历时间
飞行员选拔标准	较为严格，上站体检	符合基本的体检标准即可
飞行员培训成本	航空公司支付约 100 万元人民币	2 万美元，但积累飞行经历时间额外自费
飞行员培训时间	四年左右	飞行学员获得飞行执照的时间，而积累飞行经历需要的时间不确定
训练环境	空域、航线资源紧张	低空开放程度高，飞行资源丰富

表 2.10 是根据《民航行业发展统计公报》[26]公示的 2011 年和 2021 年中国航空数据的对比分析表，由该表可知，中国在民航运输业的发展是空前的。据统计，截至 2021 年 8 月，57 家航司的平均人机比为 12.3，按 12.3 的人机比进行测算，2038 年我国民航需要飞行员的人数将达到 127 万。中国民用航空局编制的《民航业人才队伍建设中长期规划（2010—2020 年）》[26]提出：在新的发展形势下，民航人才队伍在总体规模和整体素质方面，与快速发展的行业需求存在部分不匹配现象，主要体现为专业人才数量不充分、质量不完全满足等。因此，高素质航线运输飞行员的严重短缺成为我国民航运输业发展的瓶颈，也是民航大国向民航强国跨越的关键瓶颈。

表 2.10 2011 年和 2021 年数据对比分析

	2011 年	2021 年	年平均增长率
运输总周转量/亿吨公里	577.44	857	4.48%
旅客运输量/亿人次	2.93	4.4	4.62%
货邮运输量/万吨	557.5	732	3.07%
全国颁证运输机场/个	180	248	3.62%
在册运输机队/架	1 764	3 989	9.49%

目前，欧美航空发达国家的航线运输飞行员培养模式需要大量的通航飞行时间，这种培养模式需要规模庞大的通航产业基础为支撑。我国的航线运输飞行员培养模式，飞行学员在毕业后不具备自行积累飞行经历的环境和条件，不能像美国的培养模式一样大量储备飞行员，因此必须建立起一套适合我国国情的飞行员培养体系。目前，在我国较为普遍的飞行员培养模式[28]是选拔有潜质的人才送到飞行学院进行培养，毕业后直接输送到运输航空序列进行培养[28]。积极探索符合我国特色的航线运输飞行员培养模式，根据我国国情和现代商用运输飞机对飞行员的驾驶能力和素质要求，以"培养零起点的飞行学员直接上大型运输机副驾驶"为目标，逐渐建立起以航线运输飞行员整体训练大纲、高性能多发飞机训练大纲等为特色的训练理论。

现有的飞行训练评估方式是将飞行学员在考核中的表现与实践考试标准（PTS）进行对照，PTS 由中国民用航空局（CAAC）飞行标准司制定，是国内现行的初始飞行训练各阶段质量标准及考核方法。飞行学员经过飞行培训课程之后，参加 CAAC 组织的实践考试，通过实践考试可以获得相应的执照或等级签注。在实践考核过程中，传统的 PTS 规定考核的操作范围和指定科目，实施实践考试的考试员根据每个科目的标准对飞行学员的实际操作进行评判。图 2.17 所示的起落航线的考核标准，侧重于对申请人的操作技能进行考核，模糊了对申请人的知识的考核，如与起落航线相关的必要知识没有进行具体规定。

为了更好地使飞行员考试和训练标准与当前的运行环境相符，美国联邦航空管理局（FAA）和行业人员针对如何制定飞行员的训练标准进行了探讨，认为对飞行员的要求已经不仅仅局限于飞行技术。FAA 于 2018 年发布飞行员训练新规《飞行员认证标准（ACS）》[30]，推行新版私照驾驶员和仪表实操考试标准，其他执照和等级标准也在逐渐改革中。飞行员认证标准（ACS）整合了每个飞行员证书或等级的知识、风险管理和技能要素，因此，ACS 是一个更全面的标准，呈现了更切合实际的飞行员训练标准和知识准则，详细列明了在知识、技能和风险管理层面如何更好地达到考试要求，进而通过实践考试。适航要求认证标准如图 2.18 所示。

科目 B:起落航线(ASEL和 ASES)

目的:确认申请人:

1.具备与起落航线相关的必要知识，包括在管制和非管制机场的程序、防止跑道入侵和防撞、规避尾流和
   风切变等程序的知识。

2.正确地解释和说明机场/水上基地跑道、滑行标志、标识和灯光。

3.执行正确的起落航线程序。

4.与其他飞行活动保持合理间隔。

5.对风进行正确的修正以保持航迹。

6.保持对使用跑道的方位概念。

7.起落航线高度偏差范围在±100 英尺(30 米)以内，速度偏差范围在±10 海里/小时以内。

图 2.17 起落航线考试标准

Task	B. Airworthiness Requirements
References	14 CFR parts 39, 43, 91; FAA-H-8083-2, FAA-H-8083-25
Objective	To determine that the applicant exhibits satisfactory knowledge, risk management, and skills associated with airworthiness requirements, including airplane certificates.
Knowledge	The applicant demonstrates understanding of:
CA.I.B.K1	General airworthiness requirements and compliance for airplanes, including:
CA.I.B.K1a	a. Certificate location and expiration dates
CA.I.B.K1b	b. Required inspections and airplane logbook documentation
CA.I.B.K1c	c. Airworthiness Directives and Special Airworthiness Information Bulletins
CA.I.B.K1d	d. Purpose and procedure for obtaining a special flight permit
CA.I.B.K2	Pilot-performed preventive maintenance.
CA.I.B.K3	Equipment requirements for day and night VFR flight, to include:
CA.I.B.K3a	a. Flying with inoperative equipment
CA.I.B.K3b	b. Using an approved Minimum Equipment List (MEL)
CA.I.B.K3c	c. Kinds of Operation Equipment List (KOEL)
CA.I.B.K3d	d. Required discrepancy records or placards
Risk Management	The applicant demonstrates the ability to identify, assess and mitigate risks, encompassing:
CA.I.B.R1	Inoperative equipment discovered prior to flight.
Skills	The applicant demonstrates the ability to:
CA.I.B.S1	Locate and describe airplane airworthiness and registration information.
CA.I.B.S2	Determine the airplane is airworthy in a scenario given by the evaluator.
CA.I.B.S3	Apply appropriate procedures for operating with inoperative equipment in a scenario given by the evaluator.

图 2.18 适航要求认证标准

国外考核更侧重于实际运用，培养飞行员更加综合、全面的能力，注重培养飞行员独立解决问题的意识和态度。以任务适航要求为例，ACS 将任务分别列为知识、风险管理和技能三方面，各自有其对应的观测点，具体内容主要包括：

（1）在知识方面，ACS 明确列举出申请人需要证明理解的知识，如飞机的一般适航要求和合规性，飞行员执行预防性维护和昼夜 VFR 飞行的设备要求。

（2）在风险管理方面，申请人需要证明在该任务下能够识别、评估和缓解风险，如飞行前发现故障设备。

（3）在技能方面，申请人需要通过对可能遇到的意外情况给出相应的操作动作或做出决策，

如有能力定位并描述飞机适航性和登记信息，确定飞机在评估人员给出的场景中是否适合飞行，并采用适当的程序操作故障设备。

由此可知，ACS 在 PTS 的基础上进一步提高了要求，增加了航空知识和风险管理要素来支撑每条 PTS 的技能任务，不仅仅局限于 PTS 中对技能的重点考查。ACS 训练标准条款相较于 PTS，能够反映我国飞行训练评估中存在的一些弊端。在国内的飞行训练中，所有飞行训练都是基于实践考核标准要求以及科目和时间的要求，不仅要完成规定的所有科目并达到考核标准的要求，还要满足考试大纲对课程时间的要求。基于此，国内的飞行训练对飞行学员的学习能力、学习效率、学习技能效果等均有所要求。

目前国内的飞行训练评估方式仍存在一些问题，成绩的评估是通过实践考试的操作和实践考试标准进行对比，进而判断飞行学员是否通过实践考试。仅以训练成果作为飞行学员的成绩评定标准具有一定的片面性，这种注重训练产出的考核并没有将训练投入考虑其中。在飞行训练资源紧张的前提下，训练过程会消耗各种资源，那么如何用最少的资源达到最好的训练效果，是目前航空业应该关注的问题。通过对实践考试合格的飞行学员进行数据搜集分析，发现飞行学员的相关数据存在一定的差异。

图 2.19 选取的是飞行学员飞行经历跨度日期相关的数据，图 2.20 选取的是飞行学员累计起落架次的相关数据。

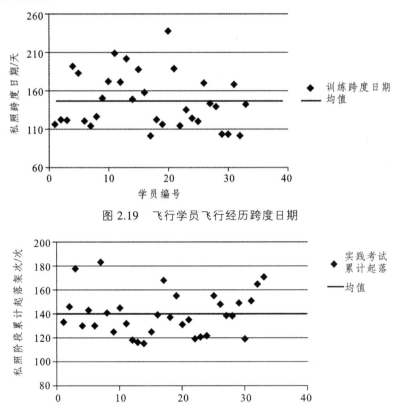

图 2.19　飞行学员飞行经历跨度日期

图 2.20　飞行学员累计起落架次

图 2.19 表明在 33 名飞行学员的私用驾驶员执照训练阶段所需训练跨度日期存在较大差异，均

值为 146 天，最少需要 101 天，最高需要 238 天。训练跨度较大的飞行学员对学校资源如宿舍、食堂等占用更多。此外，由于教员所带学生数量有限，需要较多训练时间的飞行学员必然占用更多的飞行教员资源。

图 2.20 表明在 33 名飞行学员的私用驾驶员执照训练阶段所需累计起落架次存在较大差异，而起落架次与运行成本、教员训练时间直接相关，由此可知不同飞行学员在该项指标上的差距较为明显。由图 2.19 和图 2.20 所示数据可知，33 名通过实践考试飞行学员占用的各项资源差异较大。从航校的角度出发，飞行学员占用的资源和成本是存在不同的，仅以是否通过实践考试来评判飞行学员的学习质量和训练效率不具备全面性和真实性的，因此本书重点关注差异化教学和"因材施教"的理念，即从多维度、多层次方面来评估飞行学员的训练效果。

二、初始飞行训练发展趋势

飞行训练是指飞行学员学习航空驾驶知识和技能的过程。飞行学员的培训过程主要包括理论知识培训、理论考试、飞行训练、实践考试、颁发执照的全过程。在飞行训练中，实践考核标准因航空器类别不同会有所不同。在飞行过程中，根据考试科目来编排飞行学员的训练科目不利于飞行学员的学习，因为考试科目涵盖的飞行知识不全面，并且范围过于广泛。因此，在进行飞行训练时，要培养飞行学员具备良好的判断力、飞行知识、操作技能和良好的心态，才能真正实现飞行训练的目标。

随着行业的发展和新的市场需求，飞行训练模式已经逐渐形成新的实施方式及特征，如表 2.11 所示。目前，飞行训练与评估模式已经发生了转变，从开始基于时间的训练转变为基于科目的训练，以科目训练为载体进行基于能力的训练，最终通过科目的可观察维度和行为反应能力是否达标进行评估。基于情景的训练主要是模拟情景和人为因素，规定不同情境让飞行学员作出应对决策。MPL 按照能力框架和要素以及当时最新的人为因素进行教学，而航空公司的基于循证的训练（EBT）方式是针对航空公司成熟飞行驾驶员的一种复训模式。

表 2.11　飞行训练实施方式及特征

实施方式	特征
基于时间的训练（Time-Based Training）	总时间：单飞、转场和夜航时间
基于科目的训练（Task-Based Training）	PTS：训练课程、大纲和记录
基于情景的训练（Scenario-Based Training）	FITS：情景模拟、人为因素
基于能力的训练（Competency-Based Training）	MPL：能力框架和要素、TEM
基于实证的训练（Evidence-Based Training）	复训：岗位胜任力

训练评估是飞行训练不可缺少的环节，科学有效的评估可以使评价者对训练情况做出正确的判断，摸索出训练规律，进而优化训练方式以加强飞行学员的操控能力。对于被评价者，科学的评估可以让其明白训练过程中存在的不足，不断调整自己的训练重点以符合飞行要求的相关标准。

目前，我国的飞行训练考核使用的是 CAAC 制定的实践考试标准（PTS），而 PTS 的评分原则是以飞行训练中典型科目为载体，通过对每个科目完成情况进行评判，进而得出最后的考核结论。以私照考试工作单为例，一般的私照考核工作单包括 2 页 A4 纸的评价项目，考试结论包括通过、不通过 2 类；传统考核方式是考试员通过主观的评估即可主观判定飞行学员是否完成 PTS 要求的评价项目，是否通过考试。

传统考核方式存在的问题是考试员疲于应对科目的考核，所给出的结论无法判断飞行学员对知识的掌握程度和实际操作的熟练程度。此外，由于 PTS 的标准较为笼统，如 PTS 要求掌握必要的知识但没有明确给出哪些知识是必要的、在考试过程中如何体现必要知识，只能依靠考试员对 PTS 标准的理解和应用程度。因此，在传统的实践考试过程中，由于考试员对 PTS 标准的理解存在差异性，不同考试员负责的考试评判标准会有所不同。

飞行学员通过考试可以进入下一阶段的训练，一般不会去反思训练和考试过程中出现的问题，因此将存在问题带入到下一阶段的训练中，给未来的职业发展埋下了隐患。在民航业高速发展的背景下，这种通过与不通过的评估方式过于简单化，不具有足够的说服力。当前飞行训练评估中面临的问题主要包括：

（1）飞行训练的目的只考虑质量是否达标，即能否达到实践考试的要求，考核是否通过，没有考虑训练效率。

（2）训练评估没有对训练资源投入进行分析。由于飞行学员的个体之间存在差异性，对飞行学员的投入也存在差别，如进行的起落架次、训练时长等。

按照传统的飞行培训方式，每一名民航飞行员在自身技能养成的全过程中都必须接受该阶段对应的训练考核。国内大部分飞行训练机构的建设训练体系是依靠训练时间积累和飞行科目反复练习，这种传统培训方式的缺点在于过度注重培养技术性能力，即实际操纵中所需技术能力而非综合性能力，造成飞行学员的知识掌握程度、情景意识等相对不足[31]，导致飞行学员在实际工作过程中并不能充分运用培训时所学到的知识和掌握的技能。为此，民航局于 2019 年 6 月颁布的《关于全面深化运输航空公司飞行训练改革的指导意见》，首次提出了"基于核心胜任能力实施飞行训练"的新理念，以 PTS 为唯一的考核标准将进一步改革，纳入对飞行学员胜任力的评估迫在眉睫。

随着航空业的发展和技术的进步，飞行员培养模式可能会更加综合和全面，需综合考虑飞行员的技术能力、知识水平、风险管理能力和非技术类能力等方面。在飞行员培养过程中，对非技术类能力的培养将变得更加重要。飞行员需要具备良好的领导力、沟通能力、团队协作能力和问题解决能力，以应对复杂的运行环境和紧急情况。同时，也需要对实践考试标准进行升级，从而更加贴近实际运行环境，以确保飞行员在真实的复杂条件下能够有效地应对各种情况和挑战。

总而言之，未来的飞行员培养模式将更加注重综合能力的培养，包括技术能力和非技术类能力，特别是对威胁和差错的处置能力。这将有助于提高飞行员在复杂环境下的应对能力和决策能力，以确保飞行安全和航空业的可持续发展。

第三章　面向核心胜任力的飞行训练评估体系

本章详细阐述面向核心胜任力的飞行训练评估体系。第一节介绍航线运输飞行员的核心胜任力框架，明确飞行员在飞行技术、情境意识、决策判断等九项关键能力上的要求，并为每项胜任力制订具体的能力项和行为指标，以指导飞行员的培训和评估工作。第二节分析当前飞行训练评估的现状，指出存在的问题和面临的挑战。为了改进评估体系，第三节提出构建初始飞行训练 CBTA 体系的方案，包括体系构建的基本要求、建设原则、核心要素和关键步骤。通过 CBTA 体系的构建，旨在提高飞行员的胜任力水平，确保飞行安全，推动航空业的持续发展。

第一节　航线运输飞行员核心胜任力框架

一、背景

"胜任力"（competence/competency）这个词起初出现在人力资源领域，1959 年作为一种绩效激励的概念出现在 R.W.White 的一篇文章中。不同行业对"胜任力"的定义有所差别，但大体框架和含义类似，都是为了"用来表示能够应用并改善工作绩效的特征和技能"。

针对航空器故障水平和运行环境设计的"固定科目式"的训练已经无法满足复杂程度不断加大的运行环境。通过探索和研究，业界达成共识，飞行训练需要从固有模式转为面向飞行员"胜任力"训练模式，通过提升飞行员的"胜任力"来应对真实运行环境中的"灰犀牛"和"黑天鹅"两类风险。[32]

无论是高级训练大纲（AQP）、基于胜任力的培训和评估（CBTA）、循证训练（EBT）还是正在探索的 PLM，其核心都是飞行员的"胜任力"。飞行员的胜任力作为评估飞行员飞行运行安全绩效水平的一个维度，对于科学地观察和评价飞行员飞行表现具有指引作用。

二、胜任力

2006 年，国际民航组织 ICAO 在发布的 9868 文件《空中航行服务程序—培训（PANS-TRG）》[33]中提出"胜任力"的概念：被用来可靠预测有效岗位绩效的人员绩效的范围。对胜任力的显示和观察[34]，是通过调动相关知识、技能和态度来开展规定条件下的活动或任务的行为进行的[35]。同时提出，胜任能力框架由胜任力单元、胜任能力要素、绩效标准、证据和评估指南以及变量范围组成[36]，也明确定义了胜任能力、胜任能力要素、胜任能力单元、胜任能力单元，具体内容主要包括：

（1）胜任能力。

胜任能力是指按照规定的标准执行任务所必需的技能、知识和态度的组合。

（2）胜任能力要素。

胜任能力要素是指构成一项具有明确规定限度和可见结果的触发事件以及终止事件的任务或行动。

（3）胜任能力单元。

胜任能力单元是指包含若干胜任能力要素的独立的职能。

2018年8月29日，ICAO发布了相关内容，对胜任力定义和描述进行了更新。与此同时，与胜任力相关的可观察的行为同步更新。更新后的胜任力被定义为是人的工作绩效的一个方面，能够可靠地预测工作中的成功表现[37]。

目前所提及的飞行员的九项胜任力包括 APK-程序的执行和遵守规章、COM-沟通、FPA-飞行轨迹管理-自动飞行、FPM-飞行轨迹管理-手动飞行、LTW-领导力和团队合作、PSD-问题的解决和决策、SAW-情景意识和信息管理、WLM-工作负荷管理、KNO-知识的应用[38]。考虑到未来民航局层面的数据应用的统一规范，在核心胜任力框架层面应保持统一。随着对核心胜任力的深入研究，这一框架如有变化，也需由民航局核心胜任力工作组确定并统一调整。

九项胜任力中，局方赋予每项胜任力不同的含义[39]，主要内容包括：

（1）"APK-程序的执行和遵守规章"是指根据已发布的操作说明和适用法规，确定并采用适当的程序，考查飞行员是否能够正确理解并执行相应的标准程序和规章。

（2）"COM-沟通"被定义为无论飞行员处于正常或非正常情况，都能在运行环境中使用恰当的方式进行沟通，强调是否能够接收信息并能清晰、准确、简洁地传达信息以及及时确认对方是否正确理解所传达的信息等能力。

（3）"FPA-飞行轨迹管理-自动飞行"是指飞行员根据飞管系统、引导系统和自动化设备控制飞行航径，在此过程中监控并识别航经偏差，能够及时采取相应措施，安全地管理飞行航径。

（4）与"FPA-飞行轨迹管理-自动飞行"不同的是，"FPM-飞行轨迹管理-手动飞行"需要手动控制飞行航径，主要根据实际运行环境，能够合理使用飞机姿态、速度、推力之间的关系，以及导航或目视信息，准确、平稳地控制飞机，监控并识别偏差，及时采用手动修正方式来实现安全管理飞行航迹。

（5）"LTW-领导力和团队合作"被理解为通过团队合作和开放的沟通方式，考虑他人的意见，允许他人参与相关计划的制订，能够接受建议和反馈，为决策和行动承担责任，也能用建设性的方式化解矛盾与冲突的能力。

（6）"PSD-问题的解决和决策"是指飞行员能够识别出问题出现的征兆，减轻问题并作出相应的决策，考察其遇到意外事件时表现出的韧性。

（7）"SAW-情景意识和信息管理"要求飞行员能够感知、理解和管理信息，并预判其对运行的影响。

（8）"WLM-工作负荷管理"使用合适资源，适当地制订优先级并分配任务，以保持可用的工作负荷余度。

（9）"KNO-知识的应用"强调的是飞行员能够展示对相关信息、操作指令、飞机系统和运行环境的知识及其理解[40]。

根据《航线运输驾驶员整体训练大纲》的相关规定，飞行员的胜任力培养可分级进行，因此九项胜任力按阶段可分为基础、进阶和高阶三个阶段。沟通和情景意识、信息管理两项胜任力基于被细化的 OB（Observable behavior）而在不同阶段展现出来[41]，具体如表 3.1 所示。

显而易见，筛选阶段处于整个初始飞行训练的前期，该阶段仅处于基础胜任力中"飞行轨迹管理-手动飞行"的培养。由于筛选阶段的培养目标是通过本场空域和起落航线的练习，使飞行学员掌握最基本的目视飞行方法，在培养过程中注重飞行学员的手动操纵能力的培养，如起落航线的速度、航迹、方向等控制能力以及偏差修正能力[42]。同样地，在其他各阶段都有与其紧密关联的胜任力培养核心，且所培养的胜任力能力应逐级向上增加和扩展。

表 3.1　胜任力分级

胜任力阶段	飞行员核心胜任力	
	知识的应用	
前提性胜任力 基础胜任力 进阶胜任力 高阶胜任力	飞行轨迹管理—手动飞行轨迹管理—自动飞行程序的执行和遵守规章 基础沟通 OB2.1-2.5, 2.9 沟通 OB2.6-2.8, 2.10 领导力和团队合作 问题解决和对策 工作负荷管理	基础情景意识和信息管理 OB7.1-7.4 进阶情景意识和信息管理 OB7.5 高阶情景意识和信息管理 OB7.6-7.7

三、能力项与行为指标

正如"胜任力"的定义里所提到的，"胜任力"必须通过一系列可以被观察和评估的"行为"来展现，因此 ICAO 和 EASA 均为每个胜任力列出了相关的"行为指标"（Observable behavior, OB），即胜任力评估中的能力项观测指标描述[43]，如表 3.2 所示。

表 3.2　九项胜任力及其行为指标

胜任力	可观察行为（OB）
APK——程序的执行和遵守规章	OB1.1～OB1.7
COM——沟通	OB2.1～OB2.10
FPA——飞行轨迹管理-自动飞行	OB3.1～OB3.6
FPM——飞行轨迹管理-手动飞行	OB4.1～OB4.7
LTW——领导力和团队合作	OB5.1～OB5.11
PSD——问题的解决和决策	OB6.1～OB6.9
SAW——情景意识和信息管理	OB7.1～OB7.7
WLM——工作负荷管理	OB8.1～OB8.8
KNO——知识的应用	OB0.1～OB0.7

行为指标被定义为一种与角色相关的行为，可以观察到，也可能无法测量。与核心胜任力类似，"可观察行为"又称行为指标框架，是由各相关领域的业界权威专家研究确定的。但考虑到每

个运营人的不同运行环境，在九项核心胜任力框架不变的前提下，民航局允许运营人自行调整每个核心胜任力之下的"可观察行为"框架。若运营人选择调整"可观察行为"框架，需要将调整的内容提交局方审核批准后方可实施。在正常情况下，"可观察行为"框架的调整应该在课程开发的过程中并根据运营人的运行情况进行调整。例如：某些可观察行为受运行环境或设备限制，飞行员确实无法展现，可以考虑删除。但不建议仅为了培训便利而精简可观察行为，比如让教员便于记忆等目的。

在九项胜任力中，每项胜任力都会有其细分的可观察行为指标。每项胜任力下被细分的各个OB只是为了更好地分析被检查者的能力。OB4.1 ~ OB4.7 七项指标分别代表不同的含义，主要包括：

（1）OB4.1 在符合当时条件的情况下准确、柔和地手动控制飞机，在多个飞行训练考核阶段的标准是基本统一的，该项指标更侧重于飞行过程，比如飞行过程中速度过大需要手动带杆修正，此时带杆的动作是否柔和、准确。

（2）OB4.2 监控并发现与期望飞机轨迹之间的偏差，采取恰当的行动。OB4.2 的重点是及时发现偏差并修正偏差，更侧重于是否修正偏差，修正方法是否正确等，这是保障飞行安全的基本考核内容。

（3）OB4.3 运用飞机姿态、速度、推力之间的关联，根据导航信号或视觉信息来手动控制飞机。在该条指标中，注重飞机运行时各个因素的关联性，通过飞行控制保持飞行安全。与OB4.1 不同的是，在该条指标更倾向于飞行员在注意力的分配、运用姿态油门等方面的联动能力。OB4.3 重点强调飞行整体的联动性以及做出某项飞行控制动作时是否合适和协调，而不是某个单一动作的控制。

（4）OB4.4 安全地管理飞行轨迹以获得最佳运行性能，侧重于能否获得较好的性能，比如在转弯时对于坡度的选择是否合理等。

（5）OB4.5 手动保持期望轨迹的同时，管理其他任务和干扰，侧重于在有其他任务干扰的情况下是否能保持好航迹。

类似地，九项胜任力及其对应的可观察行为均可以稳定地预测出飞行员在飞行中优异的表现，非技术类技能也很好地被包含在飞行员核心胜任力中。其中每一项飞行员核心胜任力的"可观察行为"很好地描述了与飞行员工作相关的行为表现，这些行为表现可以被测评和观察出来。九项胜任力的评估在没有特定环境或训练事件的限制下，可以认为对策等效于可观察的行为。如果飞行员通过表现出的可观察行为达到了预期的结果，则可以认为该飞行员展现出期望的绩效。以观察行为评估飞行员胜任力的好处在于，不再以飞行参数容差为准则，"一刀切"地评价飞行员的技术和非技术胜任力，因此明显优于以运动技能为主导的评价方法。

第二节　飞行训练评估现状

FAA 于 2018 年发布了飞行员训练新规《飞行员认证标准（ACS）》，推行新版私照驾驶员和仪表实操考试标准，代替飞行实操标准（PTS）和私照飞行员认证和仪表等级标准，其他执照和等级标准也在逐步改革。

为尽可能地避免或降低由人为因素导致的民航安全事故率，ICAO、IATA 自 2013 年以来一直推行构建基于核心胜任力的飞行训练体系（Competency Based Training System，CBTA），该训练办法旨在解决训练遇到的瓶颈，以打通运行和训练之间的割裂，实现训练为运行服务，运行为训练检验。

当前民航安全存在的主要风险来源于飞行训练体系与实际运行风险的脱节，大部分训练科目均不具备实效性，与现有的运行条件已经产生不同步性，主要包括：

首先，针对目前明显的"灰犀牛"风险，航空公司需要着重训练飞行员掌握的技能，却因为训练资源有限产生压缩现象，比如部分包含时间、人力等在内的训练资源都浪费在不必要的科目，因此飞行训练和实际运行存在失调情况。

其次，对于训练场景的构建也未考虑近年来运行中出现的高发风险，存在与实际运行数据脱节的情况。同时对于训练科目的设计和选择，也未从风险暴露度、训练对该风险的有效性等角度进行评估。飞行训练体系需要被有效设计和标准化，以保证在有限的训练时间发挥最大的训练价值，在缓解运行压力的情况下保证飞行员训练的质量。但是飞行员培训体系在过去的几十年间，从未发生根本性的变革，主要是基于经验传递。该模式的优点在于可以将个人的飞行操纵技术完整地传授给飞行学员，但该种模式已然不再适应庞大的航空公司机队规模，不同教员带出的飞行学员在混飞中容易出现理念不同以及缺乏一致认知的情况，对于安全存在极大的挑战[44]。

采用科学方法进行飞行训练及评估势在必行，需要对训练体系、飞行员胜任力、教员资质、局方监管模式等各方面进行改革。2019 年 6 月，民航局颁布的《关于全面深化运输航空公司飞行训练改革的指导意见》首次提出"基于核心胜任能力实施飞行训练"的新理念，以 PTS 为唯一的考核标准的考核体系也将进一步改革，纳入基于胜任力对飞行学员进行能力的评估等。

第三节　初始飞行训练 CBTA 体系构建

初始飞行训练指航校从零基础直上飞行员副驾驶的整体训练阶段，包含执照考试训练课程以及过渡训练阶段课程。初始飞行训练阶段 CBTA 体系的重点在于训练和评估，其中评估是训练体系建设的核心关键。在初始飞行训练 CBTA 体系构建过程中，要以 ICAO 文件为指导，尤其是 9868、9941 关于能力训练的理论和方法论，但应结合训练实际，注重文化差异。

一、CBTA 体系构建基本要求

CBTA 体系中的评估环节贯穿整个飞行训练过程，对训练教学具有指导和牵引作用，评估结果的应用是改进教学、提升训练质量、完善训练体系的重要依据。具有中国特色的 CBTA 体系建设是逐步实现五个标准化的建设过程。

（一）课程大纲开发标准化

在学习、理解基于核心胜任能力训练理论的基础上，按照课程目标，依据国际标准课程开发逻辑或方法，使用课程开发工具，按照当地（国内和国外）民航规章要求，开发符合质量目标的 CBTA 训练大纲和课程，梳理开发课程和训练大纲的逻辑和思路，制订课程大纲开发指南，结合训练评估发现的胜任力缺陷，逐步将"一人一策"的训练方式应用到飞行员培训过程中。

在基于国际标准框架下开发的训练课程，有利于对外推广、国际交流。如果把国内飞行员培训课程的开发和是否具备 CBTA 训练大纲作为海外航校的审定内容，推出中国民航飞行员培训标准，可以提高我国飞行员培训在海外训练的质量。

课程大纲开发以执照训练为基础，以运输航空飞行员（职业飞行员）的核心胜任力需求为导向，按照训练规律，设置飞行训练科目，通过初阶、进阶、高阶胜任力的训练，逐步搭建飞行员核心胜任力，按照各阶段训练标准进行评估，使零基础飞行学员通过训练达到职业化行为特征，满足质量目标的要求。

（二）训练教材标准化

训练教材是飞行学员学习飞行技术、飞行教员掌握教学技巧的指导性材料。训练教材将飞行手册、训练大纲、飞行员培训手册（PTM）中的飞行科目、飞行动作和飞行程序，从理论、注意力分配、操作技巧、操作要领、偏差修正等方面进行专业描述，为学生学习、教员教学提供指南。训练教材是实施细则和评估指标建设的重要依据，按照课程在知识、技能、态度上的要求，将评估指标与核心胜任力所表现出的 OB 进行关联，形成评估体系模型。

（三）训练过程标准化

训练过程是训练从结果标准化向过程标准化转化的具体体现。按照进阶训练思路，训练过程标准化以标准程序、飞行教材为训练依据，明确每个阶段胜任力框架，通过统一的训练程序、训练动作、操作要领和训练标准实施教学，逐步培养飞行学员所需胜任能力。

（四）训练评估标准化

训练评估是对训练过程绩效的检验，对飞行教学具有极强的导向性和牵引作用。训练评估标准化以实践考试标准和实施细则为依据，搭建两级评价指标体系框架，建立定性和定量的评价标准。其中，一级评价指标以实践考试标准为依据，将每项标准与胜任力所对应的 OB 进行关联。二级指标即对应实践考试标准，对实施训练科目的每个动作（实施细则），通过建立可量化评估标准进行标准化评估，最终将每个训练科目的训练评估结果以九项胜任力雷达图的形式输出，实现多维度飞行员胜任力动态画像的目的。评价结果的应用是技能全生命周期管理的重要指标，是不同训练阶段技术管理的接口，也是改进训练方法、提升技能的重要依据。

（五）飞行教员标准化

建立基于能力训练的教学资质要求，除具备基础教员资质能力要求以外，还需要进行训练理念、教学方法、教学技巧、运输航空运行知识等培训，以保证教学效果。

二、初始飞行训练 CBTA 体系建设原则

新的训练体系，是对基于科目训练和基于课程训练的传承，逐步实现从强调手动操纵能力向兼容核心胜任能力的转化，能够将 TEM 和 CRM 融合到执照培训中，实现执照培训向职业化特征训练转变，全面提升飞行员培训品质。初始飞行训练体系实施过程中还需要结合实际开展 CBTA 理论研究，主要包括：

（1）研究飞行员从零基础到合格副驾驶胜任力形成规律。分段、分级逐步搭建飞行员核心胜

任能力框架，通过训练，达到最终训练目标。

（2）针对飞行员从零基础到合格副驾驶的质量管理体系。达到可追溯、可溯源的一体化质量管理机制，并能够按照各阶段训练绩效，调整训练方案，实施因人而异的训练大纲，提高教学绩效。

（3）针对执照培训、副驾驶训练飞行技术管理对接方案。通过副驾驶训练的绩效反馈，建立供给需求式的训练管理模式，根据运输航空飞行员训练所需胜任力，调整执照训练的大纲、标准等。

（4）针对当前面临的问题和航空公司需求来制订运输航空飞行员初始培训方案，构建执照培训、过渡训练、副驾驶训练一体化训练管理体系和课程建设标准。

三、初始飞行训练 CBTA 体系要素

基于胜任能力的训练和评估训练体系建设所需的要素包括五部分内容：

（1）培训规范。

培训规范主要包括培训目标、训练大纲和训练标准。

（2）胜任力模型。

每个课程各个阶段都有不同的胜任力模型[45]，如私照一阶段、二阶段以及私照考试前的检查都有各自的胜任力模型。每个胜任力模型都是该阶段所需胜任力的最低要求，但是能够满足课程要求。

（3）评估方法。

根据胜任力模型制订各阶段的评价标准，并通过收集有效且可靠的评价数据建立定性、定量的评价标准，对飞行学员或者受训者进行可以量化的评价，通过数据分析飞行学员缺失的胜任力，或者通过构建训练库来实施有效的训练，使所缺失胜任力训练和新胜任力训练相结合，保持训练的连续性[46]。

（4）培训材料。

培训教材是指针对训练科目的飞行教材以及针对飞行教员的培训指南或教材。

（5）运行支持。

运行支持是指适用于训练环境建设。

四、初始飞行训练 CBTA 体系构建的关键

初始飞行训练 CBTA 体系构建的关键主要包括：

（1）坚持将基本驾驶术作为初始训练的重点。

将手动飞行能力（基本驾驶术）贯穿于整个初始培训的全过程。

（2）结合现行标准和经调整的胜任力模型开展实践。

基于现行的实践考试标准，对照运输航空飞行员所需的胜任力指标，将传统的训练科目和训练动作与可观察的行为进行对标，并在训练不同阶段逐级拓展胜任力的教学，使学生既能达到执照训练的要求，又能按照运输航空飞行员胜任力需求进行拓展训练。

（3）打通质量管理通道。

通过评价系统建设，将各阶段训练通过统一的胜任力指标进行对接，形成能力画像，搭建运输航空飞行员初始培训阶段的技术管理通道。这也是技能全生命周期管理的初始阶段，能够为后续的 EBT 训练衔接做好铺垫。

第四章　基于 CBTA 的初始飞行训练评估模型

本章详细阐述基于 CBTA 的初始飞行训练评估模型。首先，介绍胜任力评估的准则，重点讲述了 VENN 准则的应用，提供基于行为指标的观测和能力项评分的方法。其次，构建一个基于 VENN 准则的初始飞行训练胜任力评估模型。在此过程中，设计胜任力能力项检查工作单，建立观测项与行为指标的关联矩阵，形成胜任力评估矩阵，完成评估模型的构建。最后，介绍初始飞行训练胜任力的评估流程，为实际操作提供了指导，为初始飞行训练的胜任力评估提供了全面、系统的理论框架和实践指南。

第一节　胜任力评估准则

一、胜任力评估的 VENN 准则

为了规范评估受训者在培训或评估期间的表现，ICAO 提出 VENN 准则，以最大程度确保对飞行员胜任力评估的一致性和客观性，建议从受训者在需要时所展现 OB 的数量（How Many）、频率（How Often）以及与胜任力特别相关的威胁和错误管理结果（Outcome of TEM）这三个维度对胜任力进行评估。VENN 准则能力评估如图 4.1 所示。

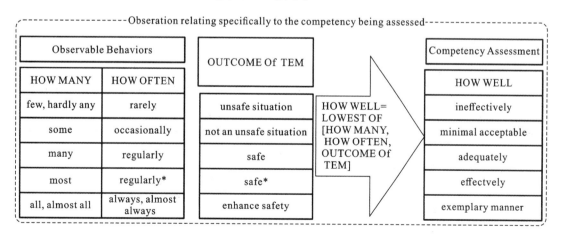

图 4.1　VENN 准则能力评估

二、基于行为指标的观测

评估是在教学和评估期间进行的，是教员或评估人员通过从可观察到的行为中收集证据来确定飞行学员在给定条件下是否符合所需的能力标准。为了评估飞行学员的表现，教员或评估人员应采用以下流程对飞行学员的行为指标进行观测：

（1）在训练或评估期间观察飞行飞行学员的行为表现。

（2）记录在训练或评估期间观察到的有效和无效行为表现的详细信息，本书中的"记录"是指教员做笔记。

（3）根据可观察行为对观察进行分类，并将 OB 分配给每个能力。

（4）通过能力框架确定根本原因来评估绩效。低绩效通常表明在后续训练中需要纠正的绩效领域。

根据训练目标，教员或评估人员可能会指出与评估或记录无关的能力。在这种情况下，教员或评估人员将记录"N/O"（不可观察）。

三、基于 VENN 准则的能力项评分

VENN 准则在 CBTA 进行的评估是一种最大程度确保一致性和客观性的方法论。为了评估飞行学员在训练或评估期间表现出的能力，教员或评估人员应通过确定以下维度来评估每项能力的相关 OB 数量：

（1）飞行学员在需要时展现 OB 的数量（How Many）。

（2）飞行学员在需要时展现 OB 的频率（How Often）。

（3）与所评估能力特别相关的威胁和错误管理结果（Outcome of TEM）是什么。

胜任力评估是所展现 OB 的数量及其频率以及与所评估的胜任力非常相关的威胁和错误管理的相应结果的组合。VENN 模型的各维度在评估中的作用及意义是不尽相同的。"多少"（How Many）这一维度表示受训者是否具备了该项能力。"频率"（How Often）表示用来判断受训者能力的稳健性。"TEM 的结果"（Outcome of TEM）提供了与能力有效性相关的证据，作为个人和团队针对威胁和错误的对策。[47]

（一）不同维度的情况说明

不同维度均有不同的衡量方式，具体内容主要包括：

（1）表 4.1 中"How Many"表明有关在需要时展示的多个 OB 的"多少"这一维度的比例。

表 4.1　"How Many"的比例

how many	多少
few, hardlyany	很少，几乎没有
some	一些
many	许多
most	非常多
all, almostall	所有，几乎所有

（2）表 4.2 中"How Often"提供有关在需要时展示的 OB 频率的尺度。

（3）表 4.3 表示了与评估的能力特别相关的"TEM 结果"维度的量表。

表 4.2　"How Often"的尺度

how often	频率
rarely	很少
occasionally	偶尔
regularly	经常
regularly*	频繁
always，almostalways	总是，几乎总是

表 4.3　"Outcome of TEM"量表

Outcome of TEM （与被评估的能力相关）	被演示的 OBs
不安全情况	没有允许及时管理的威胁或错误，这将会导致（或可能导致）了安全裕度的不可接受的降低
并非不安全的情况	不允许。在少数情况下，及时管理的威胁或错误，这将会导致（或可能导致）安全裕度的有限和短暂的降低
较安全	允许预期和减轻许多预期的威胁，识别和减轻意外的威胁，及时发现和纠正错误，这将会导致（或可能导致）安全裕度的维持
安全	允许预期和减轻大多数预期的威胁，识别和减轻意外的威胁，并迅速发现和纠正错误，这将会导致（或可能导致）了安全裕度的改善
非常安全	允许预期和减轻所有预期的威胁，识别和减轻意外的威胁，并及时发现和纠正错误，这将会导致（或可能导致）安全裕度的提高

（二）能力评估

能力评估是由"How Well"这一术语来阐明的，而"How Well"反映的是每个维度（"多少"—"经常"—"TEM 的结果"）的最低水平限度。将不同水平限度由低到高描述，分为五个等级，即 I 级、II 级、III 级、IV 级、V 级。则"How Well"=Lowest of {How Many，How Often，Outcome of TEM}。

如果"How Well""How Often""Outcome of TEM"中任意出现了其最低水平的描述，则"How Well"的结果应是上述三个维度最低水平描述所对应的程度描述。简而言之，"How Well"的结果是由上述三个维度的最低水平所决定的，具体形式如表 4.4 所示。"How Many""How Often""Outcome of TEM"分别对应不同程度的描述，相应的会得出"How Well"的结果。

当能力评估的结果达到可接受的最低限度水平即当需要时，受训者偶尔会在培训或评估期间展示许多 OB。即使保持了安全边际（TEM 的结果是安全的）、OB 演示的频率（How Often=偶尔），也表明缺乏能力的稳健性。

在能力评估过程中，TEM模型有助于教员/评估人员了解在动态和具有挑战性的操作环境中安全与飞行学员表现之间的相互关系。根据课程的培训目标，当"TEM结果"可能与评估能力无关，即在某些情况下，TEM维度的结果可能与评估课程培训目标方面的能力无关，例如，专门针对心理运动技能练习的课程，培训人员负责威胁与差错管理方面。在这种情况下，能力评估结果的具体形式量表如表4.4所示。

表4.4　能力评估结果的具体形式量表

| 等级 | Observable Behaviors | | Outcome of TEM | | Competency Assessment |
	How Many	How Often			How Well
Ⅰ级	很少，几乎	很少	不安全情况	最低水平限度	无效
Ⅱ级	一些	偶尔	并非不安全的情况		最低可接受水平
Ⅲ级	许多	经常	较安全		充分展示
Ⅳ级	非常多	频繁	安全		有效
Ⅴ级	所有，几乎所有	总是，几乎总是	非常安全		最佳展示

（三）评估结果

评分意味着教员/评估人员将评估结果与定义的尺度相关联。定义数字尺度的目的是促进协调一致的培训数据收集。具体评分流程形式如表4.5所示。

表4.5　评分流程

| 等级 | Observable Behaviors | | Outcome of TEM | | Competency Assessment | | Competency |
	How Many	How Often			How Well		Grading
Ⅰ级	很少，几乎没有	很少	不安全的情况	→	无效	→	1
Ⅱ级	一些	偶尔	并非不安全的情况		最低可接受水平		2
Ⅲ级	许多	经常	较安全		充分展示		3
Ⅳ级	非常多	频繁	安全		有效		4
Ⅴ级	所有，几乎所有	总是，几乎总是	非常安全		最佳展示		5

当出现特殊情况即培训课程要求能力评估仅基于可观察行为时，其评分流程将Outcome of TEM指标删除即可。

根据行业最佳实践，运营商（AOC）或授权培训机构（ATO）的政策：对于每个飞行员、教员和评估员的能力，规定的标准是3，最低可接受标准为2，具体评判流程如表4.6所示。

表 4.6　评判流程

等级	Competency Assessment How Well （评估结果）		Competency Grading （评分）		Trainee Performance Competency Metric （胜任指标）		Training Organization Remedial Training （补救培训）
Ⅰ级	无效		1		NO		Required
Ⅱ级	最低可接受水平		2		YES		refer to the policy
Ⅲ级	充分展示		3		YES		not required
Ⅳ级	有效		4		YES		not required
Ⅴ级	最佳展示		5		YES		not required

第二节　基于 VENN 准则的初始飞行训练胜任力评估模型构建

一、胜任力能力项检查工作单设计

借鉴传统训练考核组织实施的特点，由飞行专家对每个检查项目设计统一的评估工作单，规范需考察的典型科目以及每个科目的观测项和完成标准，实现对飞行学员技能的掌握程度的统一量化度量。筛选检查阶段要求教学所涉及的每个科目有其不同的培养侧重、对应有不同分值的考核标准。基于传统筛选检查工作单的胜任力评估，在考核过程中由评估人员依据该检查工作单的完成标准对飞行学员的每个科目观测项进行评分。评估工作单如表 4.7 所示。

表 4.7　评估工作单的设计

科目观测项评分标准评分											
	观测项 1	5 分	⋯	4 分	⋯	3 分	⋯	2 分:	⋯	1 分	⋯
科目 1	观测项 2	5 分	⋯	4 分	⋯	3 分	⋯	2 分:	⋯	1 分	⋯
⋮	⋮					⋮					
科目 K	观测项 m-1	5 分	⋯	4 分	⋯	3 分	⋯	2 分:	⋯	1 分	⋯
	观测项 m	5 分	⋯	4 分	⋯	3 分	⋯	2 分:	⋯	1 分	⋯

根据局方颁布的飞行训练实践考试标准和各训练机构的教学大纲要求，可以解析出各训练科目的观测项和评分标准。然而，基于传统筛选检查工作单的胜任力评估仍沿用教练/评估人员的五分制评分标准，由教练/评估人员按照评估工作单对飞行学员的完成情况进行评分，由此可得

$$A = (a_i)_{m \times 1} = (a_1, a_2, \cdots, a_m)^{\mathrm{T}}, \ i = 1, 2, \cdots, m \tag{4.1}$$

式中　a_i——第 i 个观测项的评分，其最大值 $a_{i,\max}$ 为该观测项的满分值，当所有观测项均取满分时可得到如式（4.2）所示的观测向量。

$$A_{\max} = (a_{1,\max}, a_{2,\max}, \cdots, a_{m,\max})^{\mathrm{T}} \tag{4.2}$$

二、观测项——行为指标关联矩阵

每个观测项都对应于某项胜任力的可观察行为 OB，利用德尔菲调查法征求飞行专家意见，构建任意观测项 i 与胜任力可观察行为指标 OB_j 间的映射关系，形成关联矩阵 B。具体过程如表 4.8 所示，其中关联矩阵的列是观测项，行是每项胜任力的评估维度，如 OB_1、OB_2 等。

表 4.8　观测项-OB 关联关系

观测项	OB_1	OB_2	$\cdots$	OB_n
观测项 1	b_{11}	b_{12}	$\cdots$	b_{1n}
观测项 2	b_{21}	b_{22}	$\cdots$	b_{2n}
$\vdots$	$\vdots$	$\vdots$	$\vdots$	$\vdots$
观测项 m	b_{m1}	b_{m2}	$\cdots$	b_{mn}

由表 4.8 可以得到关联矩阵 B：

$$B = \begin{bmatrix} B_1, B_2, \cdots, B_n \end{bmatrix} = \begin{bmatrix} b_{11} & b_{12} & \dots & b_{1n} \\ b_{21} & b_{22} & \dots & b_{2n} \\ \dots & \dots & \dots & \dots \\ b_{m1} & b_{m2} & \dots & b_{mn} \end{bmatrix} \tag{4.3}$$

式中　b_{ij}——第 i 个观测项与第 j 个 OB 的关联属性，$i = 1, 2, \cdots, m$，$j = 1, 2, \cdots, n$。$b_{ij} = 1$ 时表示第 i 个观测项与第 j 个 OB 存在映射关系，否则取 0。

三、胜任力评估矩阵

根据 VENN 准则，飞行学员的胜任力等级可以通过统计飞行学员在考核中所展现 OB 的数量和频度来测量，利用观测向量 A 和关联矩阵 B 构建胜任力评估矩阵，具体过程如表 4.9 所示。

表 4.9　胜任力评估矩阵表格

观测项	OB_1	OB_2	$\cdots$	OB_n
观测项 1	$a_1 b_{11}$	$a_1 b_{12}$	$\cdots$	$a_1 b_{1n}$
观测项 2	$a_2 b_{21}$	$a_2 b_{22}$	$\cdots$	$a_2 b_{2n}$
$\vdots$	$\vdots$	$\vdots$	$\vdots$	$\vdots$
观测项 m	$a_m b_{m1}$	$a_m b_{m2}$	$\cdots$	$a_m b_{mn}$

由表 4.9 可得到胜任力评估矩阵 Y：

$$Y = \begin{bmatrix} Y_1, Y_2, \cdots, Y_n \end{bmatrix} = \begin{bmatrix} a_1 b_{11} & a_1 b_{12} & \cdots & a_1 b_{1n} \\ a_2 b_{21} & a_2 b_{22} & \cdots & a_2 b_{2n} \\ \vdots & \vdots & & \vdots \\ a_m b_{m1} & a_m b_{m2} & \dots & a_m b_{mn} \end{bmatrix} \tag{4.4}$$

式中　$a_i b_{ij}$——第 i 个观测项对于 OB_j 的贡献水平。

四、胜任力评估模型构建

（一）基于 VENN 准则的行为指标特征建模

由于 VENN 准则是基于 OB 的"How Many"和"How Often"这两项指标对胜任力完成评级，所以本书采用向量/矩阵范数所具有的度量向量（或矩阵）空间长度或大小的属性，通过利用矩阵 $\boldsymbol{Y}$ 的范数来表征可观察行为（OB）的展现频度（How Often）和展现数量（How Many）。

当 OB 展现频度高于最大值的 25% 时，认为展现出该项 OB；反之则未展现出该项 OB。计算评估矩阵的范数可以得到基于胜任力评估矩阵的 OB 展现数量（f_{many}）、频度（f_{often}），计算评估模型公式如式（4.5）、式（4.6）所示。

$$f_{many} = \text{count}\left\{\boldsymbol{Y}_j, \|\boldsymbol{Y}_j\|_1 \geqslant 10\% \times \boldsymbol{A}_{max} \times \boldsymbol{B}_j, \forall j = 1, \cdots, n\right\} \tag{4.5}$$

$$f_{often} = \|\boldsymbol{Y}\|_1 = \sum_{i=1}^{m} \sum_{j=1}^{n} a_i b_{ij} \tag{4.6}$$

当所有观测项均取满分即观测向量 $\boldsymbol{A}_{max} = (a_{1,max}, a_{2,max}, \cdots, a_{m,max})^T$ 时，根据评估矩阵可得到 OB 展现数量（f_{many}）、频度（f_{often}）的最大值为：

$$f_{many,max} = \text{count}\left\{\boldsymbol{Y}_j \left\|\boldsymbol{Y}_{j,max}\right\|_0 > 0, \forall j = 1, \cdots, n\right\} \tag{4.7}$$

$$f_{often,max} = \sum_{i=1}^{m} \sum_{j=1}^{n} a_{i,max} b_{ij} \tag{4.8}$$

（二）胜任力评估模型

为了延续传统训练评估中采用优、良、中、差、不合格五级评级分类标准，在设计基于 OB 的胜任力评级标准时仍沿用此五级评级分类标准，定义 P_{exa} 为教员/评估人员对飞行学员的等级评分，有 $P_{exa} = \{$优，良，中，差，不合格$\} = \{5,4,3,2,1\}$。以教员/评估人员对飞行学员的操纵能力评级为参照，构建的胜任力评估模型可表示为：

$$\min \sum_{s=1}^{m} |P_{OB} - P_{exa}| \tag{4.9}$$

$$P_{often} = \begin{cases} 1, & 0 \leqslant \overline{f_{often}} < \partial_1 \\ 2, & \partial_1 \leqslant \overline{f_{often}} < \partial_2 \\ 3, & \partial_2 \leqslant \overline{f_{often}} < \partial_3 \\ 4, & \partial_3 \leqslant \overline{f_{often}} \leqslant 1 \end{cases} \tag{4.10}$$

$$P_{many} = \begin{cases} 1, & 0 \leqslant \overline{f_{many}} < \gamma_1 \\ 2, & \gamma_1 \leqslant \overline{f_{many}} < \gamma_2 \\ 3, & \gamma_2 \leqslant \overline{f_{many}} < \gamma_3 \\ 4, & \gamma_3 \leqslant \overline{f_{many}} \leqslant 1 \end{cases} \tag{4.11}$$

$$P_{OB} = \min(P_{often}, P_{many})\tag{4.12}$$

$$\partial_1 \leqslant \partial_2 \leqslant \partial_3 \leqslant \partial_4; \quad \gamma_1 \leqslant \gamma_2 \leqslant \gamma_3 \leqslant \gamma_4\tag{4.13}$$

式中　P_{often}——OB 展现频度（$\overline{f_{often}}$）的等级；

P_{many}——OB 展现数量（$\overline{f_{many}}$）划分的等级；

∂_1、∂_2、∂_3、∂_4——关于 OB 展现频度（$\overline{f_{often}}$）的分级阈值；

γ_1、γ_2、γ_3、γ_4——关于 OB 展现数量（$\overline{f_{many}}$）的分级阈值；

P_{OB}——根据 P_{often} 和 P_{many} 并参照 VENN 准则得出的胜任力评级。

∂_1、∂_2、∂_3、∂_4 和 γ_1、γ_2、γ_3、γ_4 可通过求解式（4.9）~式（4.13）构成的优化问题来确定。

第三节　初始飞行训练胜任力评估流程

由于九项胜任力并非平行关系，飞行学员胜任力的养成有先后之分，所以在初始飞行训练阶段对飞行学员胜任力的培养是循序渐进的，不同训练阶段和科目对胜任力的要求与 OB 绩效标准也不尽相同。通过将各科目的标准考核点与各项胜任力及其 OB 绩效的对照分析，建立两者间的映射关系，进而明确每项训练科目对胜任力培养及其行为指标的具体要求，这是建立初始训练阶段胜任力评估标准的基础。

基于这一思路，以构建筛选检查真机考试科目胜任力评估标准为目标，依据九项胜任力及可观察行为框架对传统筛选检查真机考试考核要点进行解析，并结合 VENN 准则构建筛选检查科目胜任力评估矩阵，具体步骤主要包括：

（1）设计筛选检查工作单。

根据筛选检查真机考试单中的考核科目及其相对应的不同考核点进行整理，设计筛选检查工作单。

（2）构建观测项——OB 关联矩阵。

根据九项胜任力及可观察行为框架，将每个科目所对应的观测项进行分类，构建 0-1 矩阵（1 表示归类于某项胜任力的某个 OB，0 则相反），建立观测项与胜任力及 OB 间的映射关系。

（3）构建胜任力评估矩阵。

根据 VENN 准则，可以通过统计分析 "How Many" 和 "How Often" 两项指标得出飞行学员的胜任力等级，即统计分析飞行学员在考核中所展现 OB 的数量（"How Many"）和频度（"How Often"），从而结合所设计的工作单和关联矩阵来构建胜任力评估矩阵。

（4）胜任力评级模型设计。

根据步骤（1）至（3）构建胜任力评估矩阵，通过求解优化问题来构建评级函数。以教练/评估人员对飞行学员的操纵能力评级为参照样本数据，通过样本参数将问题转换为最优化问题，求得阈值最优解，即可得到基于胜任力的评级结果。

第五章　基于 CBTA 的初始飞行训练评估方法

本章系统阐述基于 CBTA 的初始飞行训练评估方法，深入分析现有评估方法、综合评价方法、机器学习算法设计以及自然语言处理在评估中的应用。通过对现有飞行训练评估方法的梳理，为后续评估提供理论支撑；结合定性和定量分析的综合评价方法，确保评估结果的客观性和全面性；引入先进的机器学习算法如 CART 决策树、支持向量机和 BP 神经网络等，提高评估的精确性和效率；同时，利用自然语言处理技术从文本数据中挖掘评估知识，为评估过程提供新的视角和工具。本章不仅为初始飞行训练评估提供全面、深入的理论指导和实践策略，更为飞行训练评估领域的持续创新与发展提供有力的理论支撑和实践指导。

第一节　现有飞行训练评估方法

对于飞行训练的现有研究主要集中在三个方面：

（1）面向核心胜任能力的初始飞行训练评估理论。

根据 ICAO 所提出的飞行员核心胜任能力要求，重构各训练课程和科目的评估指标体系与能力等级评定标准。

（2）飞行训练大数据的理解与计算。

理解与计算飞行训练大数据的核心是对飞行训练大数据的可用性，以及飞行训练评价相关的知识发现。

（3）大数据驱动的飞行训练智能评估方法。

通过对飞行训练大数据的机器学习，实现对飞行学员飞行技术水平的智能评估。

利用初始飞行训练、核心胜任能力、飞行大数据、机器学习、智能评估等关键词对国内外相关文献的组合检索表明，有关内容的研究非常有限。接下来从飞行训练评估理论、飞行训练大数据的理解与计算、飞行技术智能评估方法等三个方面对国内外研究现状和发展趋势进行介绍。

一、飞行训练评估理论

飞行训练属于操纵技能型的教学，对于训练标准制订、技能等级划分的依据更多源自长期的教学经验[48,49]，国内现行的民航初始飞行训练阶段实践考试标准以及 141 部训练的教学评估方法主要是基于对中国民航长期飞行培训经验的总结（如"现 3 不见 5、现 2 不见 3"等评分原则），其中对技术能力的评估有比较全面的量化标准，但是对非技术能力的评估则多为定性描述，对于标准的掌握完全取决于教员/评估人员的主观经验。

核心胜任能力评估方面，国际民航组织（ICAO）颁布了面向航线运输飞行员行业指导性文件，针对核心胜任能力的评估指标、识别能力的情景要素制订了具体的规范性文件，但是对于各项能力的评定只给出原则性的方法，缺乏可操作的量化标准。因此在实施中依赖于高素质教员/评估人员的经验，对初始飞行训练中的核心胜任能力训练要求、评估标准缺乏具体的描述。基于培训需求的机型飞行训练规范（MD-FS-AEG007）是一部指导民用飞机制造商设计机型训练课程的行业规范，其中提出的基于技能复杂性、重要性和使用频繁性的培训需求分析（TNA）方法对于识别核心胜任能力具有重要参考价值。

飞行训练评估理论方面的研究主要集中在非技术能力评估模型的构建（实质是评估指标体系的设计）方面。非技术能力是指飞行员在驾驶舱资源管理中所需的认知和人际处理能力，并被业内一致认为是关系到一系列重大航空事故的关键因素。相关研究主要集中于驾驶舱资源管理课程设计与训练效果评估、航线飞行员非技术能力评估模型设计，其中比较重要的评估模型包括 Butler 等建立的航线飞行/模拟飞行检测表（LLCv4.0），美国空军事件/任务反应评价系统（TARGETs），欧洲联合航空管理局（EASA）建立的以情景、决策、协作、领导力为指标的 NOTECHS 模型。此外，作为心理测量学上的一个重要研究工具，观察量表在非技术能力研究中发挥了重要作用，如评估飞行员驾驶行为的规范性时所设计的多维评价量表。

上述研究虽然是基于大型运输机或军航/航天的驾驶作业特点，但是成果和思路为本项目研究中非技术核心胜任能力的评估指标设计和测量提供了重要的借鉴。关于非技术能力的评级标准及测量方法的研究是有待进一步解决的问题。

二、飞行训练大数据的理解与计算

初始飞行训练中所产生的原始大数据可分为结构化数据（如飞参数据）、非结构化数据（如教员评语）两类。现有文献中针对小型教练机飞行训练大数据特性的研究极其有限，尤其是符合小型教练机特点的数据差错自动检测、数据精度修正、弱可用数据的近似计算方法等相关内容，相关研究主要包括：

（1）飞参数据的可用性处理。

飞行记录数据是指包含了多种飞行参数的多元时间序列数据集。为了提升数据质量，首先需要对飞参数据按时间序列进行阈值剔除、降噪和基于飞行动作相关飞参数据特征的预处理。其次是飞行动作和科目所对应飞参数据的特征进行提取，每个飞行训练科目是由若干飞行动作构成的时间序列，不同动作的飞参数据的变化规律又各具特征，因此飞参数据的特征提取就成为飞行动作和科目识别的关键，基于飞参数据的特征分析主要采取基于时频变换、基于降维或数据压缩的特征提取方法。

（2）飞行动作及科目识别。

飞行动作及科目识别的主要研究方法是将原问题转化为时间序列的相似性匹配问题或多元序列分类问题，如毛红保[119-120]等利用奇异值分解（SVD）提取飞行数据序列的特征，通过奇异值距离进行飞行数据的相似性匹配。由于欧式距离度量序列相似性受限于序列的长度一致，因此李鸿利、张玉叶、周超[121-123]等分别利用动态时间弯曲（DTW）距离度量多元时间序列的相似性，结合飞行参数序列的特征实现了对飞行动作的识别。除了采用距离进行时间序列相似性度量外，张建业等[124]针对高维多元时间序列数据提出了一种基于斜率表示的相似性度量，并设计了有效的识别算法。张鹏等[125]利用神经网络对飞行参数特征进行了时间序列相似模式分析，该算法具有一定多尺度特性。对于将飞行动作识别进行基于飞参序列的分类问题刻画，已有的研究主要结合机器学习、人工智能等方法进行飞行动作识别算法设计。谢川、杨俊等[126-127]分别结合支持向量机、模糊支持向量机提出了基于飞参数据的飞行动作识别算法。谢川、倪世宏等[128]根据战机的飞行参数特征和先验知识对飞行动作识别知识库的知识表达形式和组织结构等进行了研究，设计了一种基于知识推理的飞行动作识别专家系统推理机，对战机飞行动作可进行较准确的识别。在此基础上，倪世宏等[129]根据飞行参数的形态特征和描述特征构建了贝叶斯网络，利用贝叶斯网络进行推理，实现了对特技飞行动作的识别。对于模拟机飞参数据，孟光磊[130]等利用动态贝叶斯网络设计递推算法，对飞行过程中的机动动作实现了实时识别。

（3）自然语言处理技术。

对于以教员/评估人员评语为代表的非结构化数据，需要借助自然语言处理技术以理解其中蕴含的评估知识，有关这方面的研究未见报道。相关研究有 Turney 等[131]通过使用词性的频率和词性信息作为特征，决策树算法作为分类器设计的自动关键词抽取系统 Gen Ex。Hulth 等[132]利用词性标注、名词短语块等作为特征进行自动关键词抽取。Song 等[133]的 KPS potter 系统利用词性标注、信息增益、词位置等作为特征进行自动关键词抽取。Li 等[134-135]构建了文本语义网——超图，利用文本标题中出现的词汇进行迭代，并利用维基百科知识进行推理实现自动关键词抽取。Lynn 等[136]构建了 TPDG（Transition Probability Distribution Generator）基准系统，借助马尔科夫条件转移矩阵进行自动关键词抽取。

三、飞行技术智能评估方法

（一）飞行操纵品质监控（FOQA）

FOQA 是当前飞行大数据研究的一个热点，主要用于解决航线运输飞行中的驾驶超限事件诊断、飞行员不良操纵习惯筛查[50]，其核心是通过对飞参数据（QAR）的分析实现对飞行员异常操纵行为的诊断以及风险等级的评估。汪磊等[52]利用方差分析（ANOVA）和回归分析方法分析了不同飞行记录参数与重着陆、着陆距离长度等事件的关联，并用差异显著特征输入逻辑回归模型和多元线性回归模型对事件进行预测，并在此基础上，提出并完善了基于 QAR 的风险定量评估模型[137-138]。祁明亮[139]利用 QAR 数据通过"黄金分割法"寻找超限事件的"高风险子空间"，并基于粗糙集理论和粒子群多目标优化算法提出了新的超限事件风险子空间划分方法。Lv 等[140]基于风险评估模型、机器学习方法研究了 QAR 参数的均值、方差、最大值等特征与飞机冲偏出跑道风险之间的关联关系，对冲偏出跑道事件进行预测，整体预测准确率约为 85%。Liu 等[53]研究了超限事件风险评估模型，将超限风险定义为超限事件的发生概率与事件严重性的乘积，并基于该模型开发了飞行员操作质量评估系统。此外，机器学习、人工智能在飞参数据分析中的应用也是领域的热点。Hu等基于 SVM 的模型、RBF 神经网络和 K-means 聚类算法预测重着陆[54]，准确率大约为 0.7。童超等[55]针对 QAR 数据的时序特点，利用深度学习框架来解决重着陆问题，提出了基于长短期记忆网络（LongShort-TermMemory，LSTM）的重着陆预测框架，较之 SVM 模型和 RBF 模型提升了预测准确性。Li 等[141-142]利用聚类和离群点检测方法开展了异常飞行 QAR 数据的识别研究。吴奇等[143]基于稀疏受限玻尔兹曼机和高斯过程模型研究了飞行状态识别算法，其准确率约为 84%。美国 NASA 的研究者 Janakiraman[144]采用多示例学习（Multiple Instance Learning）方法结合 RNN 对超限事件的可解释性开展研究，相关成果发表在了顶级国际会议 KDD 上。近年，"大数据驱动的飞行训练智能评估理论与方法"研究团队基于 QAR 关键参数曲线聚类算法[145]，实现了重着陆成因的自动分类，分类准确率达到了 93.1%。虽然这些研究不涉及对飞行员飞行技术能力的评级，但是提供了丰富的基于飞参数据的飞行特性建模方法，特别是将机器学习、人工智能技术应用于飞参数据分析的成功案例。

（二）飞行训练品质评估

国内在针对训练飞行的培训品质评估上也进行了一些研究。张龙等[56]采用模糊逻辑理论在其构建的指标体系基础上建立了飞行品质评价模型，通过对本场飞行训练的品质评价验证了其方法的有效性。秦凤姣[57]基于 BP 神经网络建立高原复杂机场飞行绩效评价模型，通过专家咨询和偏相关分析相结合的方法确定了关键指标，使其具有一定的实用性。王奔驰等[58]提出的 AHP-TOPSIS 综合集成评价法，在一定程度上解决了传统飞行训练中主观评价的局限性，从而使飞行训练品质评估方式更加客观可靠。邓永恒[59]提出一种经可视化处理后的飞行学员机载 SD 卡训练数据和教员/评估人员评分结果的主客观结合方法，并对每个训练阶段评分后进行加权处理，最后按照主客观评分加权累加得到飞行学员矩形起落航线科目的评价结果。姜迪等[60]提取了飞行学员最后进阶阶段飞行的机载 SD 卡数据，通过测量飞行技术误差（FTE）设计并构建了飞行训练操纵品质评估模型，并给出了改进现行训练课程教学的建议。

（三）飞行品质评估方法

飞行品质评估方法的研究主要包括作战飞行评估，基于综合评价方法的飞行品质评估以及基于飞参数据的自动评分等。张翔伦等[61]针对军机作战领域，提取常规飞行操纵中的动作组成机动动作库，提出基于机动动作链的飞行品质评估方法，并利用仿真模拟将实际值与参考值的差异进行对比，最后分析得出品质评估中存在的问题。在综合评价方法使用方面，王玉伟等[62]以飞行训练大纲和局方文件为依托，结合飞行员实际飞行经验，建立基于基本动作层的飞行评估评价指标体系，构建综合评估模型，并综合采用主客观相结合的方法确定指标权重，有效保证权重的可行性。闫肃等[63]为避免在评估过程的主观性干扰，采用模糊综合法并融合专家评价法与层次分析法的综合评价方法，建立飞行训练评估模型，为真实、有效的飞行训练奠定了基础。在基于飞参数据的自动评分方面，为了解决传统训练教学中依靠教员进行人工评分所存在的不足，张建业等[64]研究了基于飞参数据的飞行训练成绩自动评分模型和系统，针对各飞行阶段的典型操纵动作设计评分指标和评分标准进行了分析。高文琦等[65]基于飞参数据识别飞行动作并与飞行动作标准库进行比对得出动作评分，利用层次分析法得出对该阶段操纵成绩的综合评价，对于解决飞行员在特定飞行阶段操纵水平的自动评分具有重要，但是对于如何合理应用飞行训练大数据实现对飞行技术综合能力（尤其是非技术能力）的评定仍然是有待解决的问题[66]，为此需要突破基于训练大数据的飞行训练智能评估技术，其核心是利用机器学习算法实现对飞行学员飞行技术水平的智能评估。

（四）小样本主动学习建模

常规的机器学习建模通常采用有监督学习方法，通过大量标记样本对模型进行训练，从而完成特定任务。针对飞行训练智能评估这一高度专业的任务，样本数量大且标记人力成本高，因此小样本主动学习范式成为首选解决方案。小样本主动学习范式的原理是利用特定的样本选取策略，从海量样本中标记尽可能少的样本，从而得到满足性能要求的机器学习模型。如何从未标记的样本池中选择最具有"标记价值"的样本，是主动学习要解决的核心问题。Shayok 等[146]为解决样本的批量选择问题，将未标记样本的批次选择任务转换成 NP 难优化问题，提出了两种新颖的批处理模式主动学习（BMAL）算法 BatchRank 和 BatchRand。蔡文彬等[147]提出了一种基于主动学习的回归分析系统及方法，将系统分成数据采集模块、训练集构建模块、回归学习模块、预测模块及数据存储模块。D Wu 等[148]提出样本选择的三个基本准则，即信息量、代表性和多样性，并基于该准则提出选择最有价值样本的顺序主动学习回归方法。D. Wu 等基于贪婪采样回归主动学习算法 GSX，提出了基于数据池的两种改进算法 GSy 以及 iGS，GSy 效果非常好，而 iGS 的性能进一步优于 GSy；随后针对个体差异较大并不存在可靠估计算法的问题，融合了主动学习与集合回归，汇总输出多个基本估计量来获取可靠而稳定的心率估计值[149]。Sung 等[150]针对异常噪声样本带来的学习模型性能下降问题，通过引入局部离群概率值来降低异常样本被选择的概率，提出了一种对于线性及非线性回归问题均有鲁棒性的主动学习框架。Dina 等[151]研究并比较了基于池和查询的不同主动查询方法，开发了一个新颖的主动学习框架。Yang 等[152]提出基于 One-shot 的主动学习方法，利用多个伪标记器（Pseudo Annotators）对样本空间进行探索，从而一次性找到所有需要标记的样本。这些主动学习方法在解决回归问题的过程中所采用的思路，为根据飞行训练大数据的特征设计高效的学习模型以实现对飞行训练的智能评估提供了借鉴。

（五）飞行训练评估系统研发

早期，飞行训练系统主要应用于军事领域，如美国空战训练系统（Air Combat Training System，ACTS）[67]便是随着其信息化装备和飞行训练模式的不断发展应运而生。随着科技的不断革新，在民航领域，飞行训练辅助评估技术也越来越精细，生产飞行设备的厂家不断更新迭代研制出不同功能的飞行评估系统，如 SimAuthor 公司研发的 FlightViz 系统，通过对已有的 CADS 系统功能进行部分改进，增加对飞行整体阶段的划分功能和回放功能，使得其在飞行训练当中有了更针对性的应用场景[68]。英国飞行数据公司（FDC 公司）出品的 ADS 系统则是在已有的工作平台上，增加相关的模拟机训练辅助系统，可充分利用平台用户所提供的相关飞行数据来进行模拟仿真，在飞行训练模拟机上实现了对飞行操纵动作的评估打分和任务管理功能[69]。国内的飞行训练评估系统主要集中于基于模拟仿真飞行数据的评分系统设计，如俞佳嘉等[70]利用模拟机获取到飞行员在进行航线飞行时的各种数据，开发了飞行训练品质评估系统，该系统可解决的传统评估方法中教员评价存在的误差问题，极大地降低了运行成本；吴瑕等[71]重点选取对无人机操纵领域的运行质量进行量化评估，由此提出了针对无人机飞行操控能力的评估方法，通过提取运行过程中的关键指标并建模，可得到能力评估。战金玉[72]在分析模拟机飞行训练系统的基础上，结合使用数据库等多项技术，提出自动评估系统的改进方案，并与相应的评分准则进行对比分析，进而可以通过自动评估系统实现后续飞行过程的自动评分。林钰森等[73]基于 AHP 和 Java EE 技术设计出飞行品质评估系统，此系统实现了对飞行过程中各阶段评估，并可以针对性地指出飞行员在实际飞行中的薄弱环节。

第二节　综合评价方法

基于能力的培训是一个创新的飞行培训项目，源于商业航空在培训中的循证培训。初始飞行训练是提高飞行学员能力的主要阶段。有效的能力评估是基于能力的培训实施的关键，尤其是对非技术能力的评估。本节在实践能力评估体系的基础上，设计了一个非技术能力评估模型，为了避免飞行教员评价中个人主观判断和偏袒的影响，提出了模糊综合评价与分析层次过程（AHP）相结合的非技术能力评价新方法。

层次分析法是美国运筹学家 Saaty 于 20 世纪 70 年代初期提出的一种主观赋值评价方法，能合理地将定性与定量决策结合起来，按照思维、心理的规律把决策过程层次化，数量化。层次分析法的基本思路主要包括：

（1）评价者首先确立评价指标，并进一步细化这些评价指标，使之形成有序的递阶层次。

（2）通过指标之间的相互比较，确定层次中各个指标的相对重要性。

（3）综合各层次指标的重要程度，得到诸要素的综合评价值，并据此进行方案的选择。

层次分析法选择的步骤主要包括：

（1）将比较矩阵的每列都乘以相应的优先级，并计算每行的总和。

（2）将步骤（1）得到的每行总和分别除以相应的优先级。

（3）计算步骤（2）得到值的平均数 $\lambda_{\max}$。

（4）计算一致性指标 $C_I = \dfrac{(\lambda_{\max} - n)}{n-1}$，$n$ 为比较项个数。

（5）计算一致性比率 $C_R = \dfrac{C_I}{R_I}$，R_I 是一个两两比较矩阵随机生成的一致性比率，大小取决于该比较项的个数。

模糊综合评价法是一种基于模糊数学的综合评标方法，根据模糊数学的隶属度理论把定性评价转化为定量评价，即用模糊数学对受到多种因素制约的事物或对象做出一个总体的评价。模糊综合评价法具有结构清晰、系统性强的特点，能较好地解决模糊的、难以量化的问题，适合各种非确定性问题的解决。

一、评价指标的建立

基于 EBT 的对飞行学员胜任力的评估，其中可观察的行为（OB）即是评估胜任力的有力证据。通过参考国内外最新研究成果，以及对现有研究文献进行分析，咨询国内知名训练飞行机构有关教员和飞行专家，构建了相应的评价指标体系。

本节以工作负荷管理这些胜任力为例，合理利用资源来制订任务的优先级和分配任务，以保持足够的工作负荷余量，其中包括任务管理、注意力分配、完成质量三个一级指标以及 9 个二级指标构成。初始飞行训练工作负荷评价指标如表 5.1 所示。

表 5.1　初始飞行训练工作负荷评价指标

序号	一级指标	二级指标
1	任务管理	高效的计划、优先、排序适合的任务（S_1）
		执行任务时有效的管理时间（S_2）
		委派任务（S_3）
2	注意力分配	在所有情况下都进行自我控制（S_4）
		执行任务时能够对打断、干扰、变化和错误进行有效的管理并从中恢复（S_5）
3	完成质量	提供并给予协助（S_6）
		当需要时寻求和接受协助（S_7）
		对行动认真的监控、检查和交叉检查（S_8）
		证实任务已经按照预期的结果完成（S_9）

（一）任务管理

任务管理中含有三个二级指标。任务管理的内容主要包括：

（1）在机组处置中高效地计划、优先、排序适合的任务，包括驾驶员快速核实故障以及申请管制指挥就近备降。

（2）执行任务时有效的管理时间，包括在发动机失效后迅速控制飞机姿态完成关车动作，核实了故障，第一时间使用差动油门控制住飞机。

（3）委派任务包括飞行中任务和职责与管制员协作，充分发挥其能力，完成飞机飞行任务。

（4）在运输航空机组资源管理过程中，委派任务可以进一步表现为合适地分配任务从而实现激励机组各成员更高的工作效率，增强团队的归属感和凝聚力，能快速应对飞行过程中新的挑战。

（二）注意力分配

注意力分配中含有两个二级指标。在所有情况下都能进行自我控制，包括在驾驶过程中飞行学员能高效控制飞机的能力，执行任务时能够对打断、干扰、变化和错误进行有效的管理并从中恢复包括驾驶员在遭遇极端操纵故障后，快速通过差动油门恢复飞机姿态。

（三）完成质量

完成质量中含有四个二级指标。完成质量的内容主要包括：

（1）提供并协助飞行学员提供给管制员相应的信息，并获取相应的反馈信息。

（2）当需要时寻求和接受协助，包括飞行学员在飞行驾驶过程中基于当前飞行状态获取相应的信息。

（3）对行动进行监控、检查和交叉检查，包括在飞行过程中飞行学员通过检查仪表、液压参数、飞行操纵以确定、证实飞机状态，并在后期控制飞机过程中持续交叉检查。

（4）证实任务已经按预期的结果完成，包括确保飞行程序按照预期顺利执行。

二、运用 AHP 确定权重

层次分析法将复杂问题分解为各种因素并作为评价指标。评价者首先建立评价指标并进一步细化，形成有序的层次结构；然后通过比较两个指标来确定层次结构中每个指标的相对重要性；最后，综合各层次指标的重要性，得到各要素的综合评价值，并据此选择方案。

（一）建立该评价问题的递阶结构

分析评价系统中各基本要素之间的关系，建立系统的递阶层次结构。初始飞行训练非技术能力评价结构示意图如图 5.1 所示。

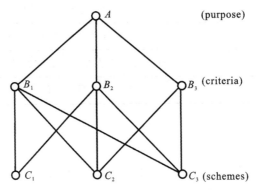

图 5.1 初始飞行训练非技术能力评价结构示意图

（二）建立各层次的判断矩阵 A

对同一层次的各元素，对上一层次中某准则的重要性进行两两比较，构建两两比较判断矩阵，判断矩阵可表示为

$$A_{\text{def}} = (a_{ij}) \tag{5.1}$$

式中　a_{ij}——要素 i 与要素 j 相比的重要性标度。

判断矩阵标度定义见表 5.2。

表 5.2 判断矩阵标度定义

标度	含义
1	两个要素相比，具有同样的重要性
3	两个要素相比，前者比后者稍重要
5	两个要素相比，前者比后者明显重要
7	两个要素相比，前者比后者强烈重要
9	两个要素相比，前者比后者极端重要
2，4，6，8	上述相邻判断的中间值
倒数	两个要素相比，后者比前者的重要性标度

三、计算各指标相对权重

由判断矩阵计算被比较要素对于该准则的相对权重，计算过程主要包括：

（1）求各要素相对于上层某要素的归一化相对重要度向量 W_0，见式（5.2）、式（5.3）

$$W_i = \left(\prod_{j=1}^{n} a_{ij} \right)^{\frac{1}{n}} \tag{5.2}$$

$$W_i^0 = \frac{W_i}{\sum_i W_i} \tag{5.3}$$

（2）最大特征值 $\lambda_{\max}$ 可表示为：

$$\lambda_{\max} = \frac{1}{n} \sum_{i=1}^{n} \frac{\sum_{j=1}^{n} a_{ij} w_j}{w_i} \tag{5.4}$$

（3）一致性检验指标 $C.I.$ 可表示为：

$$C.I. = \frac{\lambda_{\max} - n}{n - 1} \tag{5.5}$$

（4）查找相应的平均随机一致性指标 $R.I.$，平均随机一致性指标 $R.I.$ 见表 5.3。

表 5.3　平均随机一致性指标 R.I.

n	1	2	3	4	5	6	7	8	9
$R.I.$	0	0	0.52	0.89	1.12	1.26	1.36	1.41	1.46

（5）一致性比例 $C.R.$（一致性比率<0.1）可以判断矩阵具有满意的一致性标准，一致性比例可表示为

$$C.R. = \frac{C.I.}{R.I.} < 0.1 \tag{5.6}$$

四、模糊综合评价

模糊综合评判法根据模糊数学的隶属度理论，把定性评价转化为定量评价，即用模糊数学对受到多种因素制约的事物或对象做出一个总体的评价。

（一）确定模糊综合评判因素集 F

因素集 F 是评价项目或指标的集合，一般有 $F = \{f_i\}$，见式（5.7）。

$$F = \{f_1, f_2, \cdots, f_i\}, i = 1, 2, 3, \cdots, n \tag{5.7}$$

（二）建立综合评判的评价集 E

评定集或评语集 E 即评价等级的集合，如优异、优秀、良好、可接受、不合格，一般有 $E = \{e_j\}$，

见式（5.8）。

$$E = \left\{ e_1, e_2, \cdots, e_j \right\} \qquad , j = 1, 2, \cdots, m \qquad （5.8）$$
$$= \left\{ super - excellence,\ excellent,\ good,\ acceptable,\ and\ unacceptable \right\}$$

（三）统计、确定单因素评价隶属度向量形成隶属度矩阵 R

隶属度是模糊综合评判中最基本和最重要的概念。隶属度 r_{ij} 是指多个评价主体对某个评价对象在 f_i 方面做出 e_j 评定的可能性大小（可能性程度），是评价结果占总人数的比重，见式（5.9）。

$$R = \begin{pmatrix} R_1 \\ R_2 \\ \vdots \\ R_n \end{pmatrix} = \begin{pmatrix} r_{11} & \cdots & r_{1j} \\ \vdots & & \vdots \\ r_{i1} & \cdots & r_{ij} \end{pmatrix} \qquad （5.9）$$

（四）建立评判模型进行综合评判

$$S = W_F \bullet R = (b_1, b_2, \cdots, b_j) \qquad （5.10）$$

式中 $\bullet$——模糊算子。

常用的模型如表 5.4 所示，表中符号"∧"代表取小，符号"∨"代表取大，符号"•"代表相乘，符号"⊕"代表累加。

表 5.4 常用模型

Commonly used models	
ModelOne：M（∧,∨）	$b_j = \vee_{i=1}^{n} \{ \neg (a_{i\{drlandr\}\_\{ij\}}) \neg / \}$
ModelTwo：M（·,∨）	$b_j = \vee_{i=1}^{n} \{ \neg (a_{i\{drcdotr\}\_\{ij\}}) \neg / \}$
ModelThree：M（∧,⊕）	$b_j = \sum_{i=1}^{n} \{ \neg \{ \neg (a\neg\{ _{i\{drlandr\}\_\{ij\}} \} \neg / \}$
ModelFour：M（·,⊕）	$b_j = \sum_{i=1}^{n} \{ \neg \{ \neg (a\neg\{ _{i\{drcdotr\}\_\{ij\}} \} \neg / \}$

（五）计算综合评价值

教员参考 PLM 评分标准"对安全影响程度（Outcome）、胜任力行为指标展现的频次（How Often）、质量（How Well）、数量（How Many）"这四个维度进行描述和观察，对课程中训练、评估和检查对象的工作负荷整体表现进行分别主观评分，评分准则主要包括：

（1）1 分为不合格，意味着飞行员很少在需要时展示任何相关行为指标。

（2）2 分为可接受，意味着飞行员只是偶尔在需要时展示一些行为指标，仅展示了最低可接受水平的该项胜任力，总体而言并未导致不安全情况。

（3）3分为良好，意味着飞行员经常在需要时展示大部分行为指标，展示了足够的该项胜任力，从而确保了安全运行。

（4）4分为优秀，意味着飞行员经常在需要时展示所有行为指标，展示了有效的该项胜任力，从而提高了安全性。

（5）5分为优异，意味着飞行员始终在需要时展示所有行为指标，展示了典范的该项胜任力，从而显著提高了安全性和效率。

为了更方便使用模糊综合评价法，根据评语等级计算等级 H，主要内容包括：

（1）$90 \leqslant H \leqslant 100$ 为优异（Super Excellence），即为 5 分。

（2）$80 \leqslant H < 90$ 为优秀，即为 4 分。

（3）$70 \leqslant H < 80$ 之间为良好，即为 3 分。

（4）$60 \leqslant H < 70$ 之间为可接受，即为 2 分。

（5）$H < 60$ 为不合格，即为 1 分。

第三节　基于机器学习的评估算法

机器学习（Machine Learning，ML）是实现人工智能的一种方法，其概念来自早期的人工智能研究者，是指一切通过优化方法挖掘数据中规律的学科。简单来说，机器学习就是使用算法来分析数据，从中学习并做出推断或预测。

目前，已经研究出的算法包括决策树、聚类、贝叶斯分类、支持向量机等传统算法。按学习方法的不同，机器学习可分为监督学习（如分类问题）、无监督学习（如聚类问题）、半监督学习、集成学习、深度学习和强化学习。本书采用有监督的机器学习算法决策树、支持向量分类以及 BP 神经网络等三种算法，在所构建的飞行学员筛选检查胜任力评估模型基础上建立对飞行学员进行筛选检查 FPM 的分类预测模型[74-77]，以及基于 Informer 模型的最后进近阶段胜任力深度学习的评估。

一、CART 决策树算法

决策树（decision tree）[78-80]是一种树形结构，可以把需要进行决策的过程直观表示出来。决策树从根节点出发，自上而下地对样本数据进行分类，其中内部节点表示一个特征或属性，叶节点代表着最终样本被归到的某一个类别[81]。决策树的结构如图 5.2 所示。

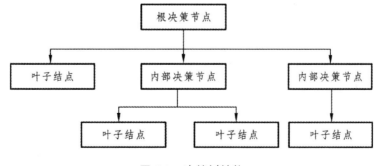

图 5.2　决策树结构

其中，根决策节点是第一个选择的特征属性，内部决策节点是中间过程，叶子结点是最终的决策结果。

（一）简介

分类与回归树（Classify Cationan Dregression Tree，CART）是在给定输入特征数据集 X 条件下输出标签数据集 Y 的条件概率分布的机器学习算法。该算法是二叉树，所以采用二元分割法，每一次只将数据按特征值分成两部分，可以通过计算不同划分条件下该特征的基尼系数来找到最优的划分，生成二叉树。该算法使用二叉树简化决策树规模，能够提高生成决策树效率。

在处理分类问题时，以基尼不纯度增益作为标准选择特征进行决策树的分裂。在构建模型时优化算法，需要调整模型结构或模型参数取值，使得模型的目标函数取值不断降低。对于决策树而言，优化算法包括树的生成策略和树的剪枝策略。

树的生成策略一般采用贪心思想不断选择特征对特征空间进行切分。

树的剪枝策略一般分为预剪枝和后剪枝策略。

（二）算法步骤

1. 特征选择

在树生成过程中，使用基尼系数选择最优特征。基尼系数是一种衡量信息不确定性的方法，代表了信息的不纯度，基尼系数越小，不纯度越低，特征越好。

在选择合适的决策节点时，基于基尼系数最小的那个属性来划分。

（1）数据集的基尼系数。

数据集 D，输出有 K 个类别，第 k 个类别的样本集合为 C_k，则数据集 D 的基尼系数可表示为

$$Gini(D) = 1 - \sum_{k=1}^{K} \left(\frac{|C_k|}{|D|} \right)^2 \tag{5.11}$$

（2）数据集对于某个特征的基尼系数。

根据某个特征 A 的某个取值 A_i，将样本分为两个子集 D_1、D_2，则数据集 D 在对于特征 A 的基尼系数可表示为

$$Gini(D, A) = \frac{|D_1|}{|D|} Gini(D_1) + \frac{|D_2|}{|D|} Gini(D_2)$$
$$= \frac{|D_1|}{|D|} \left(1 - \sum_{k=1}^{K} \left(\frac{|C_{1K}|}{|D_1|} \right)^2 \right) + \left(1 - \sum_{k=1}^{K} \left(\frac{|C_{2K}|}{|D_2|} \right)^2 \right) \tag{5.12}$$

式中　C_{1K}——数据集 D_1 中输出类别为 C_K 的集合；

C_{2K}——数据集 D_2 中输出类别为 C_K 的集合。

选择 A 和 A_i，使 $Gini(D, A)$ 达到最小。之后，分治递归直到满足终止条件即可。

2. 递归建立决策树

决策树可以被视作 if-then 规则的集合，这个过程的关键就是建立决策树，通常的过程是递归地选择最优特征，即使得基尼系数最小的特征点，并用最优特征生成顶点对数据集进行分割。

3. 决策树剪枝

决策树剪枝的目的是防止过拟合。当样本噪声数据干扰过大时，模型会对这些噪声进行拟合。若是过拟合，相应的模型泛化能力变得很差。树的剪枝策略一般分为预剪枝和后剪枝策略。CART 决策树主要使用后剪枝策略，即构造完再剪枝。待完全生成一棵决策树后，从最底层开始向上计算是否剪枝。

二、支持向量机

支持向量机[82-83]（Support vector machines，SVM）是一种二分类模型，应用十分广泛。在线性可分的情况下，训练数据集的样本点与分离超平面距离最近的样本点称为支持向量。支持向量机的目的就是求取距离这个点最远的分离超平面，这个点在确定分离超平面时起着决定性的作用，所以把这种分类模型称为支持向量机。支持向量机的本质是量化两类数据差异的方法，该算法是找到一个超平面，能正确划分训练数据且几何间隔最大。

给定一个样本空间集式，该样本空间集式可表示为

$$\boldsymbol{D} = \left\{(x_1, y_1), (x_2, y_2), \cdots (x_N, y_N)\right\}, x \in \boldsymbol{R}_N, y \in \{1, -1\} \tag{5.13}$$

式中　x ——样本特征；

　　　y ——类别标记，$y = 1$ 为正例，$y = -1$ 为负例。

对于正例，支持向量 $w \cdot x_i + b = 1$；对于负例，支持向量 $w \cdot x_i + b = -1$，则间隔为 $\dfrac{2}{\|w\|}$。

目标函数可表示为

$$\min f(w) = \frac{1}{2}\left\|\vec{w}\right\|^2 \tag{5.14}$$
$$\text{s.t} \quad g_i(w, b) = y_i(\vec{w}\vec{x}_i + b) - 1 \geqslant 0, i = 1, 2, \cdots, N$$

式中　$\vec{w} \cdot \vec{x}_i + b$ ——分离超平面的线性方程；

　　　$w = \{w_1, w_2, \cdots, w_N\}$ ——法向量；

　　　d ——截距；

　　　$w \bullet x$ ——内积。

为了保证满足目标函数中的约束条件，此时引入一个松弛变量 ξ_i，目标函数可变为

$$\min \frac{1}{2}\|w\|^2 + C\sum_{i=1}^{N} \xi_i \sqrt{b^2 - 4ac} \tag{5.15}$$
$$\text{s.t} \quad y_i(w \cdot x_i + b) \geqslant 1 - \xi_i, \xi_i > 0$$

式中　C ——惩罚系数，$C > 0$。

由于 SVM 的本质是找到最优解 w、b，使得 $f(w)$ 最小。因此通过引入拉格朗日乘子，将约束条件下的优化问题转换为不带约束的优化问题，求解原问题的对偶问题来获得最优解。将目标函数转换为对偶问题，如式（5.16）、式（5.17）。

$$\min \frac{1}{2}\sum_{i=1}^{N}\sum_{j=1}^{N} \alpha_i \alpha_j y_i y_j (x_i \cdot x_j) - \sum_{i=1}^{N} \alpha_i \tag{5.16}$$

$$\text{s.t} \sum_{i=1}^{N} \alpha_i y_i = 0 \text{ , } 0 \leqslant \alpha_i \leqslant C \tag{5.17}$$

式中　　j——$0 < \alpha_j < C$。

求解得出最优解

$$w = \sum_{i=1}^{N} \alpha_i y_i x_i \tag{5.18}$$

$$b = y_i - \sum_{i=1}^{N} \alpha_i y_i (x_i \cdot x_j) \tag{5.19}$$

对于非线性的支持向量函数，对偶函数可表示为

$$\min \frac{1}{2} \sum_{i=1}^{N} \sum_{j=1}^{N} \alpha_i \alpha_j y_i y_j K(x_i \cdot x_j) - \sum_{i=1}^{N} \alpha_i \tag{5.20}$$

$$\sum_{i=1}^{N} \alpha_i y_i = 0, 0 \leqslant \alpha_i \leqslant C$$

式中　　$K(x,z)$——核函数。

三、BP 神经网络

反向传播（Back-Propagation，BP）神经网络是一种按照误差逆向传播算法训练的多层前馈神经网络，是应用最广泛的神经网络模型之一。从结构上讲，BP 神经网络具有输入层、隐藏层和输出层，其结构如图 5.3 所示。从本质上讲，BP 算法就是以网络误差平方为目标函数，采用梯度下降法来计算目标函数的最小值。

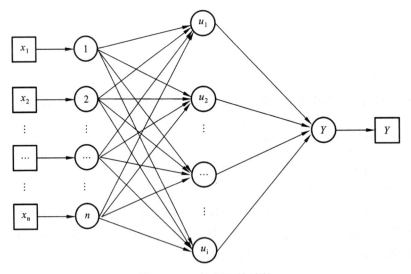

图 5.3　BP 神经网络结构

BP 神经网络分析的相关公式见式（5.21）~ 式（5.24），其操作步骤主要包括：

（1）网络初始化。

假设 $x_1, x_2, \cdots x_n$ 为输入变量，y 为输出变量，u_j 为隐藏层神经元的输出，设 v_{ij} 为第 i 个输入变量与第 j 个隐藏层神经元的权重，设 A_j 为隐藏层 u 第 j 个神经元的偏置项，设 w_j 为第 j 个神经元与 y 连接的权重，A^y 为 y 的偏置项，学习率为 η，$f(x)$ 为激活函数，激活函数取 relu 函数表示如下：

$$f(x) = \begin{cases} x, x > 0 \\ 0, x < 0 \end{cases} \tag{5.21}$$

（2）计算隐藏层神经元的输出。

$$u_j = f(\sum_{i=1}^{n} v_{ij} x_i + A_j^u), j = 1, 2, ..., m \tag{5.22}$$

输出层的输出可表示为

$$y = f(\sum_{j=1}^{m} w_j u_j + A^y) \tag{5.23}$$

（3）目标函数。

$$J = \frac{1}{2} \sum_k (y^{(k)} - y^{(k)'})^2 \tag{5.24}$$

式中　y——真实输出值；

　　　y'——经过神经网络预测出的值。

（4）BP 神经网络分析的目的是使真实值与预测值之间的误差尽可能小，使用梯度下降法进行优化，更新隐藏层到输出层权重、输入层到隐藏层的权重，以及更新偏置项。[84]

（5）重复步骤（2）~ 步骤（4），通过不断迭代直至满足条件，如参数小于一定值、训练次数达到一定值、目标函数小于一定值时即可停止迭代。

四、基于时序飞参数据的深度网络模型

（一）飞行训练数据

飞行训练数据通常包括三个部分：机载飞行参数记录系统的飞行性能数据、飞行员的能力测量数据、评论记录文本数据。飞行性能数据属于一种典型的时间序列数据，可以从中挖掘出具有规律性的信息，其中时间序列相似性搜索主要集中在降维、相似性度量和相似性匹配等方面。飞行训练数据客观地记录了飞行员的飞行操纵绩效，同样记录了未被挖掘的非胜任力表现信息。

以初始飞行训练中常用的通航飞机作为研究对象，该航电为 GARMIN1000 综合航空电子设备，其采集到的飞参数据按照 CSV 文件格式通过 SD 卡数据记录系统自动记录。一般情况下，SD 卡每秒采集一次数据。基础数据采集完成后，每 12 s 以数据包的形式存储一次，每种类型的数据存储在文件的固定列中。因 SD 卡数据储存进近着陆阶段信息较为完整，无数据空白或不连续时间数据等问题出现，故无须进行复杂的数据清洗。采集到的飞参数据主要分为以下三大类：

（1）飞行环境数据主要记录相关的地理信息，如本地日期（LclDate）、本地时间（LclTime）、风速（V_W）等。

（2）飞行状态数据记录了常见的飞行情况，如平均海平面高度（AltMSL）、接地速度（V_T）、垂直速度（V_{Spd}）、磁航向（HDG）、GPS 高度（AltGPS）等。

（3）发动机数据包括油箱燃油量、油温（OILT）、燃油流量（FFlow）等。

实际飞参数据样本如表 5.5 所示。

表 5.5　实际飞参数据样本

LclDate	LclTime	V_W	AltMSL	V_T	V_{Spd}	HDG	AltGPS	FFlow	...
××××/ ××/××	××：× ×：××	1.62	2 000.9	95	593.9	325.7	1 866.2	9.17	...
××××/ ××/××	××：× ×：××	1.58	1 991.3	94.9	616.07	325.7	1 856.6	9.14	
××××/ ××/××	××：× ×：××	1.55	1 981.7	94.63	627.48	325.6	1 846.9	9.11	
......									

（二）模型建立

1. 数据预处理及特征提取

飞参数据包含丰富的飞行员技能信息，但种类繁多的飞参数据量纲不同且数据中常存有冗余。主成分分析（PCA）针对高维飞参数据降维，使得原始飞参变量中提供的大部分信息可通过较少数量的主元代替。对于高维飞参数据，协方差可以表示不同类别飞参变量的相关性。为了将飞参数据中原来的 n 维特征映射到 k 维上（$n > k$），构建由时序序列飞参数据组成的矩阵 $X \in R_{m \times n}$。C 是一个协方差矩阵，其对角线分别对应每个变量的方差，可表示为

$$C = \frac{1}{m} * X\,X^T \tag{5.25}$$

实对称矩阵必能找到 n 个单位正交特征向量，并且这 n 个特征向量可表示为基矩阵。设 Z 的协方差矩阵为 D，协方差矩阵可表示为

$$D = \frac{1}{n} * ZZ^T = \frac{1}{n} * (QX)(QX)^T = QCQ^T \tag{5.26}$$

在这种情况下得到的特征协方差矩阵 C 可表示为

$$C = QCQ^T = diag(\lambda_1, \lambda_2, \lambda_3, \lambda_4, ..., \lambda_n) \tag{5.27}$$

Q 是一排使均匀的协方差矩阵的特征向量，每一行是 C 的一个特征向量。矩阵的特征根为 $(\lambda_1, \lambda_2, \lambda_3, \lambda_4, ..., \lambda_n)$，由大到小排列特征值（$\lambda_1 > \lambda_2 > \lambda_3 > \lambda_4, > ...., > \lambda_n$）。其中每个分量的贡献率可以表示每个新特征向量所占的信息占原始数据总信息的百分比。

$$V_k = \frac{\lambda_i}{\sum_{k=1}^{n} \lambda_k}, i = 1, 2, 3, \cdots, n \qquad （5.28）$$

其累计贡献率公式可表示为

$$\sum_{k=1}^{i} V_k = \frac{\sum_{k=1}^{i} \lambda_k}{\sum_{k=1}^{n} \lambda_k}, i = 1, 2, 3, \cdots, n \qquad （5.29）$$

2. DNN 框架

由于飞行训练数据包含飞行教员给出的胜任力测量值，因此评分过程可以通过 DNN 来学习，实现从输入到输出的非线性映射，具有优良的自适应和自学习能力。这样将得到的已知分数作为标签，利用 PCA 后的飞参数据特征作为输入，从而建立监督学习模型。本节采用的深度神经网络来对胜任力评估进行学习如图 5.4 所示。

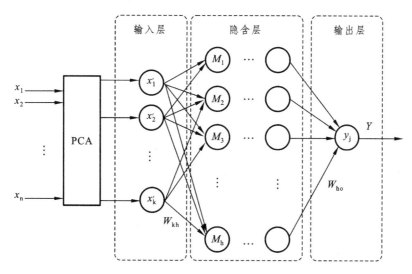

图 5.4　基于 PCA-DNN 的 WLM 评估模型

在正向传播阶段，n 为 PCA 的输入数据个数。X_n 作为 PCA 的输入数据。k、h、j 分别为输入层、隐藏层和输出层的神经元数量。X_k'、M_h、y_j 分别为输入层、隐藏层、输出层神经元。$\boldsymbol{X}'$ 可以表示成 $\boldsymbol{X}' = (X_1, X_2, \cdots, X_k)^{\mathrm{T}}$。$W_{kh}$、$W_{ho}$ 分别为连接各层神经元的连接权值，f 和 g 为隐层激活函数。b_h 和 b_o 是神经元的偏倚。该模型可表示为

$$m_h = f(W_{kh}\boldsymbol{X}' + b_h)$$

$$\qquad （5.30）$$

$$y = g(W_{ho}\boldsymbol{M}_h + b_o)$$

在评估过程中通过反复训练使损失函数值最小，以此来找出最佳权重和偏置组合。MSE 作为损失函数可表示为

$$Loss = 1/2 \sum_{j=1}^{n} (\hat{y}_j - y_j)^2 \qquad （5.31）$$

式中 $\hat{y}_j$——实际输出；

  $\hat{y}_j$——网络输出。

3. 基于飞参数据的时序模型

在使用深度学习处理时序问题时，LSTM 已经成为使用较多的基线模型。LSTM 是一种改进的循环神经网络 RNN 模型，主要用于解决 RNN 梯度消失和梯度爆炸等问题，其特点就是在 RNN 结构以外添加了各层的阀门节点。LSTM 模型结构如图 5.5 所示。

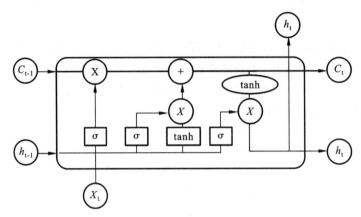

图 5.5　LSTM 模型结构图

图 5.5 中三个输入分别为细胞状态 C_{t-1}、隐层状态 h_{t-1} 以及 t 时刻输入向量 X_t。输出分别为细胞状态 C_t，隐层状态 h_t，其中 h_t 还作为 t 时刻的输出。在 LSTM 在 RNN 的基础上引入遗忘门、输入门和输出门控制每个细胞单元的状态。LSTM 模型可表示为

$$
\begin{aligned}
f_t &= \sigma(W_f * [h_{t-1}, x_t] + b_f) \\
i_t &= \sigma(W_i * [h_{t-1}, x_t] + b_i) \\
\tilde{C}_t &= \tanh(W_c * [h_{t-1}, x_t] + b_c) \\
C_t &= f_t * C_{t-1} + i_t * \tilde{C}_t) \\
o_t &= \sigma(W_o * [h_{t-1}, x_t] + b_o) \\
h_t &= (o_t * \tanh(C_t))
\end{aligned}
\qquad (5.32)
$$

式中 f_t——遗忘门[11]；

  i_t——输入门；

  o_t——输出门；

  W_f——遗忘门的权重矩阵，其参数量就是输入维度乘以输出维度；

  W_i——输入门的权重矩阵，其参数量就是输入维度乘以输出维度；

  W_o——输出门的权重矩阵，其参数量就是输入维度乘以输出维度；

  b_f——遗忘门的参数量，就是输入维度加以输出维度；

  b_i——输入门的参数量，就是输入维度加以输出维度；

  b_o——输出门的参数量，就是输入维度加以输出维度；

  σ——sigmoid 函数，它的输出范围为 0 ~ 1；

  tanh——双曲正切函数，它的输出范围为 -1 ~ 1。

4. 长序列预测网络模型

长时间序列预测（LSTF）能够有效捕捉飞参变量和 WLM 分值之间的精确长程相关耦合[85]，需要模型具有较强的预测能力。Transformer 虽然能够提高 WLM 分值的预测能力，但是该模型也存在一些问题，使其无法直接应用到 LSTF 问题上，例如二次时间复杂度、高内存使用率以及 encoder-decoder 体系结构的固有限制。为了解决这些问题，引入一种基于改进 Transformer 的高效 LSTF 模型即 Informer 模型。Informer 模型结构概览如图 5.6 所示。

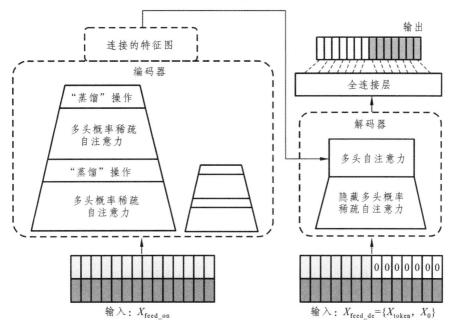

图 5.6　Informer 模型概览

在固定大小窗口的滚动预测设置下，第 t 个序列输入已表示为矩阵 $\boldsymbol{X}^t_{\text{feed}_{on}}$。前 t 时刻的飞参数据作为模型的输入数据为

$$X^t = \left\{ X^t_1, \cdots, X^t_{L_x} \mid X^t_i \in R^{d_x} \right\} \tag{5.33}$$

需要预测的 WLM 得分情况作为输出，可表示为

$$Y^t = \left\{ y^t_1, \cdots, y^t_{L_x} \mid y^t_i \in R^{d_y} \right\} \tag{5.34}$$

Informer 模型左边的结构是编码器（Encoder），其能接受长序列飞参变量及 WLM 分值输入（黄色序列）。编码器采用了"蒸馏"机制（绿色梯形）。通过将层级输入减半来提取主导的注意力，并大幅减少网络规模。从 j 到 $j+1$ 层的"蒸馏"公式可表示为

$$X^t_{j+1} = \text{Max Pool}(\text{ELU}(\text{Convld}([X^t_j]_{AB}))) \tag{5.35}$$

式中　$[X^t_j]_{AB}$——包含了注意块（Attention Block）中的关键操作和多头问题稀疏自注意力；

Conv1d——时间序列上的一维卷积操作，通过用 ELU 作为激活函数，Informer 提出的时序问题使用自注意力蒸馏机制，使得每层的解码器都将输入序列的长度缩短一半，从而极大地节约了编码器的内存开销和计算的时间。

同时在解码器中将多头概率稀疏自注意力（Multi-head Prob Sparse Self-attention）替换掉了原始的自注意力（Self-attention），提高了长序列处理的性能。相对于传统的自注意力而言，稀疏自注意力机制是为了度量 Query 的稀疏性，用到了 KL 散度，$\bar{Q}$ 是由 Q 概率稀疏化后得到的稀疏矩阵。Q、K、V 分别为由输入特征变量线性变换得到的 3 个同尺寸的矩阵；Softmax 为激活函数；d 为维度输入。多头概率稀疏自注意力可表示为

$$A(Q,K,V) = \text{Softmax}\left(\frac{\bar{Q}K^{\text{T}}}{\sqrt{d}}\right)V \tag{5.36}$$

式（5.36）所示模型右边的结构是解码器（Decoder），在接受了长序列输入后仍需将作为预测目标元素的 WLM 分值填充为零并测量特征图的加权注意力组成，用生成式的方式对预测序列（蓝色序列）进行胜任力分值预测。预测胜任力分值以一维矩阵形式直接预测得出。

第四节　基于自然语言处理的评价知识抽取

教员评语是每次飞行训练完毕之后教员对飞行学员的整体点评，评语自然语言处理的目的是辅助观察量表的设计[86]。为此，需要从评语中提取出两类信息：一类是评价的对象，另一类是对应的情感词。

首先对评语来源进行梳理，并根据不同类型评语特点设计相应的处理方法。本项目涉及的评语主要来自两方面：教员在飞行训练管理系统中录入的文本和教员对飞行学员的讲评录音，两者的特点主要包括：

（1）文本评语。

文本评语的优点是文字比较准确，处理更容易。文本评语的缺点是信息不够丰富，不同教员录入的文本重复性较高，内容不够全面。

（2）讲评录音。

讲评录音的优点是信息丰富，内容较全面。讲评录音的缺点是需要先进行语音识别处理，内容分散性较强，不同教员可能存在口音以及飞行训练的大量专业术语等都可能给识别者带来困难。

飞行训练评语是教员对飞行学员飞行考核中给予的文字评价。从飞行评语中提取教员的评估经验和知识，能够帮助提高飞行学员的飞行训练水平。为了对飞行训练评语中的评价知识进行抽取，本节主要针对文本评语提出了一种联合提取架构，如图 5.7 所示。对于模型输入，使用了一种端到端的网格标注方案作为解码算法，同时提取出方面词、意见词和意见二元组；对于编码任务，提出了一种 WoBERT 框架，在 BERT 的基础上修改了预训练的分词方式，实现了以词为颗粒度的中文分词。本章这样介绍任务定义、网格标记、编码任务、推理策略、解码任务。

一、任务定义

针对教员评语高度专业化和领域性强的特点，研究融合教员、专家经验的领域词典构建方法[87]、基于形容词、副词、动词、名词等词性特征的评价对象提取方法和基于句法分析的评价对象—评价词依存关系建模方法[88]，构建词形模板、词性模板、依存关系模板、语义角色模板等模板规则库，

实现"评价对象-评价词"对的自动提取和匹配[89]。采用 a、o 表示评价对象（方面词）和评价词（意见词），用 s、e 表示一个完整词的起始索引和结束索引。给定一个句子 $s = \{w_1, w_2, \cdots, w_i, \cdots, w_n\}$，其中 w_i 表示该句子中的第 i 个词，句子总长度为 n。提取飞行评价知识的联合框架如图 5.7 所示。需要从这个句子中提取出意见词对集合 Pair，Pair 可表示为

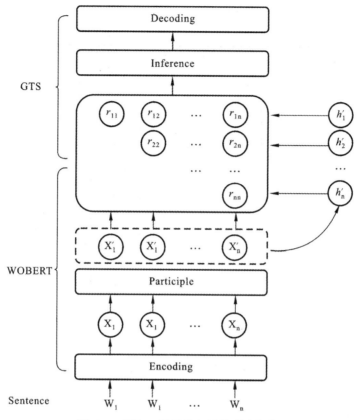

图 5.7　提取飞行评价知识的联合框架

$$\text{pair} = (w_{as} : w_{ae}), (w_{os} : w_{oe}) \qquad (5.37)$$

式中　：——表示从 s 到 e 的所有词。

二、网络标记

对于模型输入的设计，考虑到先分别提取方面词和意见词，再计算意见对概率这种 pipeline 方法，误差难以有效地进行反向传播。Wu 等[90]提出了网格标注方案，通过标记所有方面词、意见词以及二者之间的词对关系，成功地将端到端的面向方面词的细粒度意见提取转变为统一的标记任务。本书参考学习了 Wu 等[90]提出的网格标注方案，并基于该方案做了部分改进。

具体来说，使用四个标签 $\{A, O, P, N\}$ 分别表示方面词、意见词、意见对、空四个类别，并利用上三角矩阵来表示每一个词以及词对之间的关系。标记的示例如图 5.8 所示。

标记的具体使用主要包括：

（1）对于 A（评价对象）、O（评价词）标记，相较于原方案，模型规定其不在上三角的内部

出现，而是只在对角线上出现，且首尾索引分别为 $\{as, ae\}$ 和 $\{os, oe\}$。这样可以保证在计算误差时可以专注方面词、意见词和意见词对之间的关系计算，无需在不重要的地方加入误差，如图 5.8 中（"转""场"）对应（"未""时"）。对于 P 标记为矩形覆盖，其左上点和右下点分别为 $\{as, ae\}$ 和 $\{os, oe\}$。其他地方视作为空，记为 N，如图 5.8 中的（"转""未"）与（"场""未"），（"转""时"）与（"场""时"）。通过上述的网格标注方案，可以把任务简化为对上三角矩阵中的每一个位置的标记分类任务。

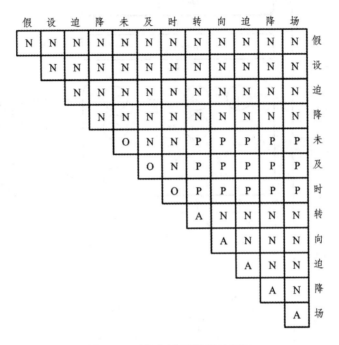

图 5.8　对任务进行标记的例子

三、编码任务

对于一个给定的句子，要获得其向量表示，需要通过一定的编码方法。模型采用表示能力强的预训练语言模型 BERT 模型[91]来获得一个句子的上下文相关向量表示 $\overrightarrow{x_s} = [x_1, x_2, \cdots, x_m]$。值得注意的是，这里的向量长度 m 和句子长度 n 不一定相等，这是因为 Bert 编码一个词时可能得到长度不为 1 的 token（计量单位）表示。同时，为了对应上节图中网格标记中上三角矩阵，将获取到的词向量表示 $\overrightarrow{x_s}$ 扩展到第二维度，其中第 i 个词和第 j 个词的交叉位置的联合表示为 $c_{ij} = [x_i | x_j]$，其中 "|" 标识两个词向量进行拼接。

而 BERT 在预训练时并不会考虑到字与字之间不可拆分的关系，例如在飞行评语"假设迫降未及时转向迫降场"中，BERT 在预训练时会将句子中的每个字记为一个令牌，在预训练时进行随机遮挡，很可能遮挡住"设"和"迫"二字来训练对二者关系的掌握，但从句子含义来讲"迫降"是一个专业名词，即使是提取句子中的观点对也是将这两个字作为一个整体而提取，因此本书针对这一点对原有的 BERT 模型在预训练时加入了以词为颗粒度的分词。

以词为颗粒度的模型实现主要是 Tokenizer 的变化[92]，模型自定义了一个专门的分词"WoBertTokenizer"来取代原有的"Tokenizer"方法，具体操作为：

（1）首先把中文词加入到字典文本文件中，输入一个句子 s ，用预分词先分一次词，这里的预分词直接使用 jieba 提供的中文分词，得到 $[w_1, w_2, \cdots, w_l]$ 。

（2）遍历各个 w_i ，如果 w_i 在词表中则保留，否则用自带的分词再分一次，最后将每个 w_i 的分词结果有序拼接起来，作为最后的分词结果。

四、推理策略

如本章第二节在讲述网格标记时，在 OPE 任务被简化为对上三角矩阵中的每一个位置 (i, j) 的标记分类任务的过程中，不同意见因素之间存在一定的约束关系，因此，在 Bert 编码后添加了推理策略，以利用这些潜在的约束关系来不断迭代修正该模型。

在网格标记方案中，存在以下三种约束关系：

（1）对于位置 (i, j) ，如果 $i = j$ ，即上文说到的对角线位置，则该位置的标记只有可能是 $\{A, O, N\}$ ，而不能是 P ，故如果预测该位置的标记为 P ，默认将其置为 N 。

（2）如果位置 (i, i) 对应的标记为 A ，即该 token 对应的词预测为方面词（评价对象），则对于任意满足 $j < i$ 的位置 (i, j) ，对应的标签只可能是 $\{P, N\}$ ，而不可能是 $\{A, O\}$ 。

（3）反之亦然。对于位置 (j, j) 这个词也是如此。同第一点，如果预测该位置的标记位出现了 A 或 O ，默认将其置为 N 。

（4）从贝叶斯概率角度来看，上一次对位置 (i, j) 标记的预测，可以用于推断当前轮次该位置 (i, j) 的标签。

综上所述，在网络标记方案上的推理策略，通过迭代预测和推理来利用这些约束关系。在第 k 轮次中，在位置 (i, j) 上的特征表示为 z_{ij}^k ，其对应概率向量为 p_{ij}^k ，使用 softmax 分类器对每个类别计算一个得分值二者的初始值，可表示为

$$p_{ij}^0 = \mathrm{softmax}(W_s r_{ij} + b_s), z_{ij}^0 = r_{ij} \tag{5.38}$$

在不断迭代预测中，具体计算可表示为：

$$p_i^{t-1} = \mathrm{maxpooling}(p_{i,:}^{t-1}) \tag{5.39}$$

$$z_{ij}^t = W_q q_{ij}^{t-1} + b_q \tag{5.40}$$

$$p_{ij}^t = \mathrm{softmax}(W_s z_{ij}^t + b_s) \tag{5.41}$$

式中　p_i^t ——第 i 个位置和其他位置对应的四个标签中最大概率值组成的向量，旨在通过公式观察 i 和 j 位置上的词和其他词之间的关系预测来帮助推断位置 (i, j) 的可能标签。

根据上述提到的三个约束关系，在不断迭代计算的 p_{ij}^t 中，修正对应位置 (i, j) 的标签概率。最后一轮的预测概率 p_{ij}^t ，得到每个位置 (i, j) 上最大概率值对应的索引，即其最可能的标记 r ，得到标记矩阵 R ，用于后续的解码任务。t 表示设定的推理轮次超参数。

五、解码任务

拟采用条件随机场 CRF 来生成文本序列的标注。CRF 是一种概率图模型，能够根据输入的文本观测序列的特征信息，计算出所有可能的状态序列的条件概率，得到最大概率的文本特征序列。由于胜任力的评估依赖于对行为指标的评估，结合教员评语中评价对象与评价词之间的知识提取，拟采用注意力机制构建学习模型，实现解码端评语文本与胜任力观测行为指标的特征匹配，根据筛选检查单中对能力项的不完全评价，构建半监督的网络学习模型，实现对核心胜任力特别是操作能力的预测。

第六章 初始飞行训练胜任力评估实例

数据驱动的胜任力训练评估方法研究是深化飞行训练改革在实施方法上变革的关键，本章聚焦于对此领域的一些初步探究实例，包括基于教员主观评估的综合评价模型、基于飞参数据和历史评估信息的时序评价模型，以及基于胜任力行为指标统计特征对胜任力评估标准的优化建模等；结合实际飞行训练数据，介绍了对初始飞行训练不同阶段的知识、技能以及典型非技术能力进行的评估方法验证。

第一节 工作负荷管理评估

一、工作负荷管理理论

（一）工作负荷的基本概念

工作负荷管理可以由叶克斯道森曲线表示，存在一种倒 U 型关系，如图 6.1 所示。当工作负荷较低或较高时，人的工作绩效均较低。在工作负荷较低时，大脑的兴奋水平较低，注意力不集中，这时人体对外界信号的反应较慢，容易漏失或歪曲信号而导致错误，包括活动减慢、交流减少、困倦、打盹和警觉性低等现象，最终导致工作表现属于很低的状态；当工作负荷较高时，工作能力接近或达到极限水平，这时无论生理还是心理状况，都已不能适应继续工作的要求，并且由于剩余能力耗尽而无法应对突发事件。这种状态下飞行员具有焦虑、生理性紧张、决策困难、情绪失控、过度反应、衰竭等表现，称为工作超负荷，无论工作超负荷还是工作低负荷，都不利于保持工作的高效率。如果驾驶舱信息呈现速度超出了人的处理能力，就会出现漏失信息或歪曲信号、延迟反应等情况。如果信息呈现的概率很低，较长时间才会出现一种刺激，则信号觉察时间或信号漏报的可能性将大大增加。在工作负荷水平不高不低的中间区域，是工作表现最好的区域，在这种状态下人的感觉敏锐、注意力集中、思维活跃清晰、飞行动作准确和反应迅速，这也是工作负荷管理的目标。让飞行员尽可能处于这适中的负荷水平，以达到最佳的工作表现。

干扰或分心通常会让飞行员感到匆忙，并面临着不同优先级的任务。即使实际任务负载是合理和稳定的，这也会导致工作量的增加。因此，同时面临多个任务需求的飞行员通常会专注于一个或几个任务而忽略所有其他任务。除非以有效的补偿技术加以缓解，否则造成注意力不集中的干扰可能导致各种差错。在飞行运行中，工作负荷随飞行阶段而变化，起飞和进近阶段是工作负荷大的阶段，巡航阶段工作负荷最小。因此，机组成员需要在起飞和进近阶段合理分配任务、制订良好的计划，正确使用自动化设备将工作负荷降低到可接受范围内；而在巡航阶段，应适度增加工作量，识别和控制较低的工作负荷，防止导致机组的盲目乐观和降低飞行标准。

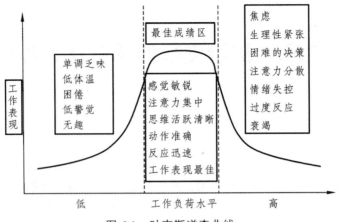

图 6.1　叶克斯道森曲线

工作负荷管理这项胜任力被描述为合理利用资源来制订任务的优先级和分配任务，行为指标是工作负荷管理能力的具体表现，根据其九项行为指标对飞行学员进行培训，如表 6.1 所示。

表 6.1　九项行为指标示例

胜任力	分级	可观察行为	观测项示例
工作负荷管理	意识到各阶段工作量和任务难度的不同，在没有学会有效干预的情况下，尽量按照任务流程执行，建立时间和压力概念，对工作负荷高和低的状态警觉	OB8.7　对行为认真的监控、检查和交叉检查	在飞行过程中飞行学员通过检查仪表、液压参数、飞行操纵确定证实了飞机状态，并在后期控制飞机过程中持续交叉检查
		OB8.8　证实任务已经按照预期的结果完成	确保飞行程序按照预期顺利执行
	积极地自我调节，主动管理时间和任务，在工作负荷较高时主动地分配任务与寻求帮助，优先合理地对任务排序	OB8.3　执行任务时有效的管理时间	在发动机失效后迅速控制飞机姿态，完成了关车动作，核实故障后第一时间使用差动油门控制住飞机
		OB8.4　提供并给予协助	飞行学员提供给管制员相应的信息，并获取相应的反馈信息
		OB8.5　委派任务	飞行中的任务和职责，与管制员协作，充分发挥其能力，完成飞机飞行任务。在运输航空机组资源管理过程中，委派任务可以进一步表现为合适的分配从而实现激励各机组成员更高的工作效率，增强团队的归属感和凝聚力能快速应对飞行过程中新的挑战。
		OB8.6　当需要时寻求和接受协助	飞行学员在飞行驾驶过程中基于当前飞行状态获取信息的及时性

胜任力	分级	可观察行为	观测项示例
	拥有高阶的情景意识与沟通能力，始终主动保持自己和机组人员的工作负荷，在合理的区间保持合适的应急水平和自我效能	OB8.1 在所有情况下都进行自我控制	在驾驶过程中飞行学员有高效控制飞机的能力
		OB8.2 高效地计划、优先、排序适合的任务	飞行学员快速核实故障，并申请管制指挥就近备降
		OB8.9 执行任务时能够对打断、干扰、变化和错误等状态进行有效的管理并从中恢复	飞行学员在遭遇极端操纵故障后，快速通过差动油门恢复了飞机姿态

（二）工作负荷的特征与影响

人的工作表现在过高或过低工作负荷下会降低，需要通过工作负荷管理来使工作表现始终保持在一个相对合理的水平，避免在飞行中出现过高或过低的工作负荷。

导致飞行员进入高工作负荷的主要因素包括任务难度（最明显的因素）、同时存在的任务数量（正比）、任务间的切换、任务的可用时间（完成任务以及规划和决策）。

高工作负荷的影响因素主要包括：

（1）疲劳。

高工作负荷下注意力消耗更快，人体会通过产生疲劳感来提示休息。但这与工作性质存在矛盾，在飞行起飞后不可能不管不顾地去休息，还需要飞行员监控飞机的飞行状态等任务需要完成。在得不到休息的情况下，人体会通过降低信息收集广度、信息处理效率等来减少注意力的消耗，直到有机会休息。类似于处理器降频的操作，通过降低频率，来延长运行时间，使人在一般情况下的表现更差，比如反应变慢，心理活动能力下降，容易出错等。然而每段飞行过程中的工作负荷都是会有波动的，会存在多个工作负荷较高的时段，大部分出现在飞行关键阶段，所以在飞行期间飞行员不得不多次主动调用注意资源以应对这些工作任务。而这么做的副作用就是疲劳感的进一步增加，以及人在一般表现下的进一步变差，会降低安全裕度。所以航司需合理安排飞行员工作，合理使用自动化设备，合理休息。

（2）情境意识水平的降低。

高工作负荷下，注意力分配不足，分配不合理等原因，飞行会对某些信息感知的倾向性会变得过高，使得有些重要的信息反而被忽略，甚至丧失，比如人工飞行时突如其来的管制指令可能会让飞行员错过程序转弯的时机

（3）寻求捷径。

由于注意力不足而主动削减任务数量或重新安排任务的优先级。高工作负荷对飞行员造成的影响会导致犯错概率增加进而影响飞行安全，如果工作负荷进一步增加，信息出现的速度会超出人的处理能力，会出现漏忘信息或歪曲信息，延迟反应等，如果长期处于失衡状态下，则很容易患上各种职业病，或诱发生理系统上的功能紊乱。例如：1999 年 6 月 1 日，美航 1420 航班从达拉斯飞往小石城，在接近目的地准备下降时，受不断变化的恶劣天气、疲劳、航空公司"务必到站"

的压力等因素的影响，机组的工作负荷陡增，驾驶舱内一度非常混乱，进而导致了机组后续的一系列危险决断与操纵。在着陆后机组甚至忘记开启扰流板，最终飞机由于速度过快而冲出跑道并撞向了一座钢制桥梁。此事故共造成 11 人死亡，106 人受伤。美航 1420 航班是一个非常典型的案例，是一起完全可以避免的人为事故，机组在 CRM 上暴露出明显的缺陷和问题。对过高工作负荷机组应尽可能采取相应管理措施，保持稳定的状态，以避免进入过高工作负荷状态。

在工作环境中如果工作量很低或能感知到的信息很少，就会进入低工作负荷状态，低工作负荷的主要因素：疲劳（刚完成复杂任务或没休息好等，人会有希望休息的意愿）、较低的警惕性（巡航阶段）、走捷径（有一定工作经验后，会存在缺乏新鲜感情况，对工作内容感到乏味，人会更倾向于做重复的事情，而非创造和感知新事物）、过于依赖自动化设备。

低工作负荷的影像主要包括：

（1）活动减慢。

在低工作负荷下我们的情境意识水平会因缺乏刺激而逐渐降低，带离原有的工作状态中，从而出现困倦打盹等现象。

（2）机组间有效交流减少。

使机组警惕性降低，良好的机组交流可以有效提高飞行安全裕度。

（3）错忘漏。

低工作负荷使我们感知的信息量减少，甚至不会对矛盾的信息质疑。

（4）违规。

例如：一架埃及航空公司的航班在飞往埃及开罗的途中坠毁，这次事故中没有幸存者。机上 66 人（56 名乘客和 10 名机组人员）全部死于飞行员疏忽造成的事故。从巴黎戴高乐机场飞往开罗国际机场的 MS804 航班，从希腊克里特岛和埃及北部之间的空中坠毁。法国民航安全调查与分析局（BEA）已得出结论，飞行员 Mohamed Said Shoukair 的空中烟雾导致空客 A320 飞机起火，因为他的香烟点燃了氧气面罩中逸出的氧气。2022 年 3 月，BEA 根据捕捉到氧气嘶嘶声的黑匣子数据发布了一份报告，称氧气从氧气面罩中泄漏。据悉事发时，埃及航空公司的飞行员被允许在机舱内吸烟。

过高和过低的工作负荷都会对飞行员工作表现造成影响，所以在飞行中机组对工作负荷管理尤为重要，尽量避免这两种情况在飞行中发生。工作负荷管理一直是航空领域研究的重要课题之一，现如今在 EBT 中被归为飞行员九大核心胜任力之一。工作负荷管理的描述虽然是使用合适的资源，适当制订优先级并分配任务，以保持可用的工作负荷余度。但在实际飞行应用中非预期航空器轨迹偏离的风险与工作负荷成正比，飞行轨迹管理是飞行员最主要的也是最重要的工作内容。

二、模糊综合评价案例

目前航空人为因素已经超过飞机自身软硬件的安全性和稳定性因素成为了导致飞行事故最为主要的因素，较低和较高的工作负荷都不能使飞行员处于最佳飞行状态，容易做出错误判断，因此研究飞行员工作负荷可以帮助改善飞机人机界面的设计品质，降低人为飞行事故。飞行要完成一次飞行任务要经过滑行、起飞、爬升、巡航、下降、进近和着陆阶段，在飞机上高度降低，飞行员工作负荷大幅增加，据研究表明，70%左右的飞行事故发生在负荷较高的进近和着陆阶段，此阶段的实验数据具有代表性，在本次的实验案例中集中于飞行过程中的进近和着陆阶段。

本次研究收集某知名训练飞行机构 20 名（年龄在 31～54 岁且都具有丰富的民机飞行经验，总共约 2.74 万小时飞行经历时间，教学时间超过 5.5 万小时。另外 5 位作为验证模型的专家教员都作为机长或副机长驾驶 Cessna-172R 型号的飞机 3 年以上。）教员根据飞行学员飞行进行打分的数据进行评价，共发放 20 份专家咨询表，实收 20 份（包括以咨询的方式进行记录），总结出 20 名专家经验结果得到 AHP 评价指标调查结果，20 份对评价指标的评价，专家积极系数为 100%，很高，说明专家们对初始飞行训练工作负荷评估研究比较关心。

（一）指标权重的确定

构建层级架构如图 6.2 所示（注意：方案层要素为模糊综合评价的各个评价指标）。

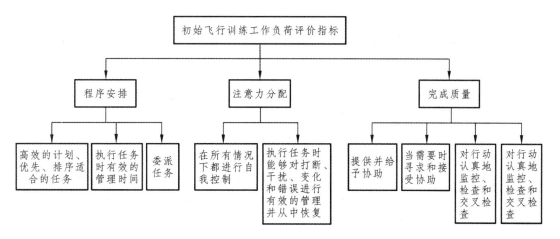

图 6.2　工作负荷管理评估模型

根据收集到的专家调查表计算得到的权重时，在两两比较中也考虑到了 OB 的分级。OB 的分级主要包括：

（1）第一级表示意识到各阶段工作量和任务难度的不同，在没有学会有效干预的情况下，尽量按照任务流程执行，建立时间和压力的概念，对工作负荷高和低的状态警觉，它包含两个可观察行为对行动认真的监控、检查和交叉检查和证实任务已经按照预期的结果完成。

（2）第二级表示积极地自我调节，主动管理时间和任务，在工作负荷较高时主动地分配任务与寻求帮助，优先合理地对任务排序，它包含四个可观察行为执行任务时有效的管理时间、提供并给予协助、委派任务和当需要时寻求和接受协助。

（3）第三级表示拥有高阶的情景意识与沟通能力，始终主动保持自己和机组人员的工作负荷在合理的区间，保持合适的应激水平和自我效能，它包含三个可观察行为在所有情况下都进行自我控制、高效地计划、优先、排序适合的任务和执行任务时能够对打断、干扰、变化和错误进行有效的管理并从中恢复。数据输入完成后，判断矩阵一致性通过（使一致性比率小于 0.1），得到权重如表 6.2 所示。

表 6.2　初始飞行训练工作负荷指标权重

备选方案	权重
委派任务	0.222 6
执行任务时有效的管理时间	0.176 7
高效地计划、优先、排序适合的任务	0.140 3
证实任务已经按照预期的结果完成	0.129 5
在所有情况下都进行自我控制	0.081 7
执行任务时能够对打断、干扰、变化和错误进行有效的管理并从中恢复	0.081 7
对行动认真的监控、检查和交叉检查	0.073 4
提供并给予协助	0.047 1
当需要时寻求和接受协助	0.047 1

（二）综合评价

根据收集到的专家问卷进行模糊综合评价，将专家数据填入 Excel 表中有利于后续的数据导入，对飞行学员各指标的等级进行评价如图 6.3 所示。在模糊综合评价计算中，最后一个计算步骤是去模糊，从而得到最终的评价分值。去模糊有多种方法可用，一般常用的是设定评价等级论域然后加权平均，通过计算机仿真设定评价等级论域也就是为各个评价等级设定分值，在 FCE 计算结果右侧上方的表格中进行设定。最后根据专家测评表计算出得分如图 6.4 所示，各个被测对象的综合评价分值显示在图中。此外，在中间区域可以看到层次模型中各个要素的评价值，下图可以看出该飞行学员的得分为 85.7，属于优秀，与教员实际打出的结果契合。

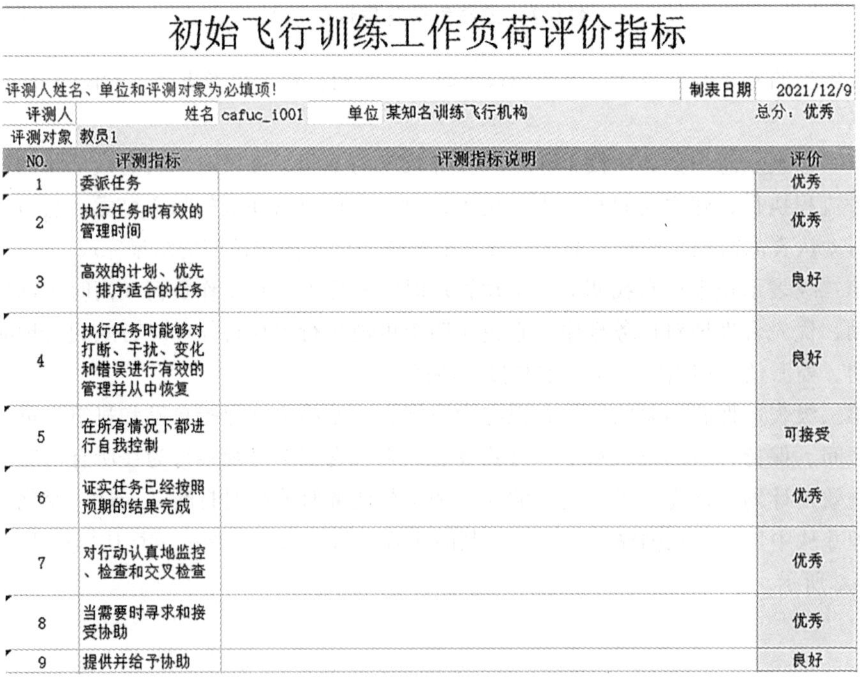
初始飞行训练工作负荷评价指标

评测人姓名、单位和评测对象为必填项！　制表日期　2021/12/9

评测人　姓名 cafuc_i001　单位 某知名训练飞行机构　总分：优秀

评测对象 教员1

NO.	评测指标	评测指标说明	评价
1	委派任务		优秀
2	执行任务时有效的管理时间		优秀
3	高效的计划、优先、排序适合的任务		良好
4	执行任务时能够对打断、干扰、变化和错误进行有效的管理并从中恢复		良好
5	在所有情况下都进行自我控制		可接受
6	证实任务已经按照预期的结果完成		优秀
7	对行动认真地监控、检查和交叉检查		优秀
8	当需要时寻求和接受协助		优秀
9	提供并给予协助		良好

图 6.3　各评价指标的评价等级

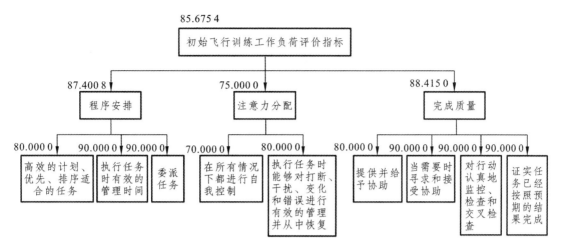

图 6.4　飞行学员能力评估得分结果

结果说明：模糊模型的确定是数据驱动（教员经验）的，基于统计方法或模型得出主观经验的客观表示，构造量化评估模型。本章中根据教员问卷可以得到他们给每个飞行学员各指标的打分并对该飞行学员的总分进行判断（5 档），然后将教员对每个飞行学员的每个指标的得分用文中构建的模型算出总得分，将算出总分和教员填的总分比较偏差，论证模型及算法的有效性，证明本书的论证模型是有效的。

（三）准确率测评

为验证上述所得出的工作负荷评估结果准确性，采用模糊层次综合评价法选取另外飞行专家 6 人对飞行学员打分结果进行验证，测评结果见表 6.3。

表 6.3　工作负荷测评

Loadsituation	Instructor1	Instructor2	Instructor3	Instructor4	Instructor5	Instructor6
Fuzzy-AHPmethod	82.070 9	92.583 9	84.718 6	68.435 5	83.232 6	72.375 4
Actualload	Excellent	superexcellence	Excellent	Acceptable	Excellent	Good

可以看出，该文方法计算了 6 个教员打的分都与模型算出的得分相同，所以可用该模型对初试飞行训练非技术能力进行评估，具有良好的应用效果。

本节针对工作负荷管理构建了初始飞行训练工作负荷管理评估模型，提出一类基于模糊层次分析法的非技术能力评估方法，并且针对实际教员的量表样本对该方法进行验证，结果表明本方法是主客观相结合的有效方法。

传统的主观打分看不出哪个行为指标有缺陷，而完全客观打分数据不太科学，它是教员自己建表对飞行学员进行打分，在样本收集过程中还会增加教员评估的工作负荷。通过模糊层次评价法得出的最后打分是主客观相结合对工作负荷的评价，数据采集主要通过教员打分，对进行客观计算具有一定科学性。

三、Informer 模型的最后进近阶段评估案例

本节提出了一种基于时序飞行记录数据的胜任力评估方法。考虑到高维时间序列飞参数据的

相关性和冗余性，首先采用主成分分析对数据进行降维及特征提取；然后以进近着陆阶段为例，将胜任力评估问题转化为长时间序列预测问题，设计了一类基于 Informer 的深度学习预测模型框架。评估案例结合实际的飞行记录数据及专家教员评估分数，以传统的深度神经网络（DNN）模型、长短期记忆网络（LSTM）等为基准，对手动操纵能力评估任务进行了算法性能对比分析，验证结果表明，随着序列的增长，基于 Informer 模型的预测模型在评估手动操纵能力中表现出更有效的性能，其中均方误差（MSE）、平均绝对误差（MAE）和均方根误差（RMSE）指标均为最优，可为数据驱动的胜任力评估能提供一定的关键信息支撑。

（一）进近阶段数据提取

根据不同机场对最后进近阶段高度要求不同，选择某机场的进近阶段如图 6.5 所示。航空器从最后进近定位点（FAF）高度到（CDFA）特定决断高度/高（DDA/H）间的飞行训练数据作为训练集，DDA/H 到复飞点（MAPT）间的飞行训练数据作为测试集。航空器沿着预定的轨迹下降，如果达到着陆条件则继续着陆；若决定复飞，则保持在 DDA 或者 DDA 这个高度以上平飞到复飞点后再拉升，继而重新进近。本次数据无复飞情况，所以在选择测试集方面无须过多考虑。

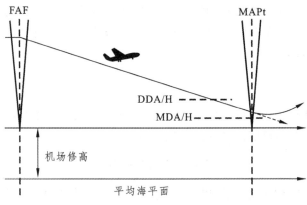

图 6.5　CDFA 进近阶段示意图

（二）WLM 评估流程

为了验证 WLM 评估方法的准确性和有效性，本书分别使用基于 PCA 后的 DNN、LSTM 以及 Informer 评估方法对某型通航飞机最后进近阶段 WLM 进行得分误差分析。基于飞行训练数据的评估方法流程及步骤如图 6.6 所示。

基于飞行训练数据的评估步骤主要包括：

（1）步骤 1。

根据机载航电设备记录数据，搜集、筛选反应 WLM 能力相关的飞行参数，并处理飞参数据中存在空白缺失、无效数据等问题进行数据清洗，再根据飞行教员经验选取升降速度、垂直加速度变化量、发动机转速等 21 类反应 WLM 的飞参数据标签以及 WLM 得分作为输入。

（2）步骤 2。

将选取好的飞参数据引入 PCA 进行特征提取：首先将飞参数据生成矩阵 $X\{inR^{m\times n}X\}$ 并进行归一化。通过特征值分解计算协方差矩阵 XX^T，提取特征值对应的主成分。

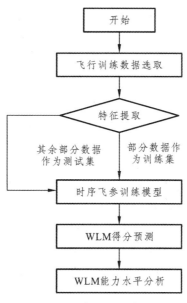

图 6.6　流程图及步骤

（3）步骤 3。

初始化网络权值和偏差。将 PCA 后的主成分分别作为 DNN、LSTM 以及 Informer 的输入数据进行网络训练。PCA 降维处理后的主成分能有效表征原始飞参数据，在一定程度上降低了训练网络的复杂度。根据输入和网络结构的特点，确定各个模型的激活函数及网络训练参数；引入部分特征值数据作为训练集，根据梯度下降优化算法对网络参数进行迭代调整，直至达到停止准则。

（4）步骤 4。

将其余部分的飞行训练数据作为测试集，与预测得分进行对比及误差分析。

（三）模型训练及预测结果分析

分别选取某飞行员三个不同飞行科目下的 21 个特征指标进行 PCA 数据融合，各科目主成分的方差贡献率以及累积贡献率如表 6.4 所示。本次研究设置累计贡献率为 96%，由表 6.4 可知，在三名飞行员飞参数据特征提取后的第一个主成分 P_{A1}、P_{B1}、P_{C1} 方差贡献率分别为 98.710 2%、98.845 0%、96.971 8%，说明第一个主成分 P_{A1}、P_{B1}、P_{C1} 均保留了原始飞参数据中大量信息，基本可以反映其全部信息。

表 6.4　主成分贡献率及累积贡献率

科目 A			科目 B			科目 C		
主成分变量名	方差贡献率/%	累积贡献率/%	主成分变量名	方差贡献率/%	累积贡献率/%	主成分变量名	方差贡献率/%	累积贡献率/%
P_{A1}	98.710 2	98.710 2	P_{B1}	98.845 0	98.845 0	P_{C1}	96.971 8	96.971 8
P_{A2}	0.696 1	99.406 3	P_{B2}	0.846 6	99.691 6	P_{C2}	2.139 5	99.111 3
P_{A3}	0.421 7	99.828 0	P_{B3}	0.215 5	99.907 1	P_{C3}	0.758 1	99.869 4
P_{A4}	0.148 3	99.976 3	P_{B4}	0.069 7	99.976 8	P_{C4}	0.076 8	99.946 2
P_{A5}	0.015 1	99.991 4	P_{B5}	0.018 2	99.995 0	P_{C5}	0.040 0	99.986 2
P_{A6}	0.008 6	1	P_{B6}	0.005 0	1	P_{C6}	0.013 8	1

将 PCA 特征提取后的主成分结合 WLM 得分构成新矩阵 Xnew，分别作为输入引入到 DNN、LSTM 以及 Informer 三种模型中。在数据划分过程中，若训练集过少，会导致网络训练效果差；若训练集过多，则可能发生过拟合现象。通过反复训练调整数据使用占比，最后确定使用前 90% 的数据作为训练集，后 10%的数据作为测试集验证网络的预测准确度。

在训练网络中，通过不同对比，分别选择 DNN 和 LSTM 激活函数均为 RELU；Informer 激活函数为 GELU。根据计算性能和收敛速度，选择 ADAM 作为网络训练的优化器。通过修改不同的学习率（learning rate）、迭代次数（Interations）等来确定模型最佳的参数，其网络训练参数如表 6.5 所示。由于 DNN 模型、LSTM 模型与 Informer 模型在处理数据的方式上取决于其模型框架，所以在有较大差距框架的前提下通过 RMSE 误差指标来进行对比并分析模型。

表 6.6 为 DNN、LSTM 及 Informer 三种模型的 MSE、MAE 和 RMSE 对比结果。针对 WLM 得分预测，Informer 的 MAE 相比 DNN 减少了 21.4%，MSE 减少了 32.5%，RMSE 减少了 17.7%；Informer 的 MAE 相比 LSTM 减少了 12.7%，MSE 减少了 31.3%，RMSE 减少了 16.9%。Informer 相比 DNN 和 LSTM 在预测中的误差均最小，相比较下取得了较好的预测效果。

表 6.5 网络训练参数

网络参数	DNN	LSTM	Informer
输入向量维度	7	7	7
输出向量维度	1	1	1
隐藏神经元数目	70	450	204 8
网络层数	3	4	12
学习率	0.000 1	0.000 1	0.000 1
迭代次数	9	6	24

表 6.6 模型评价指标对比

	MAE			MSE			RMSE		
	DNN	LSTM	Informer	DNN	LSTM	Informer	DNN	LSTM	Informer
科目 A	1.006 3	0.958 1	0.752 7	1.344 0	1.686 9	1.037 3	1.159 3	1.298 8	1.018 4
科目 B	1.004 7	0.855 8	0.756 9	1.756 2	1.479 0	0.995 8	1.325 2	1.216 2	0.997 8
科目 C	0.867 5	0.778 7	0.752 9	1.382 3	1.235 0	0.992 0	1.175 7	1.111 3	0.996 0

注：实验最佳结果以粗体字突出显示

某飞行员三个科目的 DNN、LSTM 及 Informer 模型对基于时间序列飞参的 WLM 得分预测结果如表 6.6 所示。再将每科目的全部 WLM 分值求平均，即为该科目最终分值。可知：在越往后的预测时间推移中，三种模型的预测能力均在下降，都出现了不同程度的"预测迟滞"现象，但从表 6.6 和图 6.7 的误差分析中发现 Informer 模型均优于 DNN 及 LSTM 模型，说明在长时间序列上 Informer 模型的预测值能对真实值拟合效果更好，有更佳的预测效果。

为了减小传统评价方法带来的主观影响，充分利用飞参数据，通过 PCA-Informer 能更准确、客观地评价 WLM 胜任力。应用 PCA 减小飞参数据规模，在保留大量原始信息的基础上，降低了计算复杂性。应用 Informer 模型相比较 DNN 及 LSTM 对处理长时间序列的飞参数据更有效，WLM 预测准确性更高。但研究过程中考虑到评价的可解释性和数据挖掘对可观察行为表征的重要性，基于长时间序列特征提取的数据驱动评价方法和学习模型架构设计将是今后的研究方向，将有助于提高飞行训练质量。

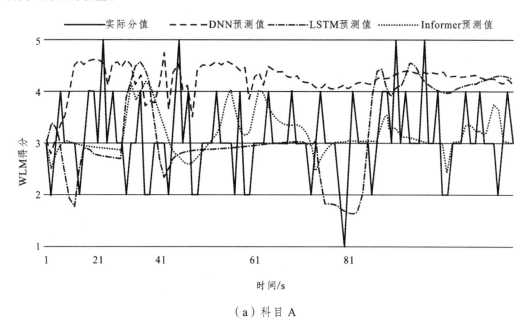

（a）科目 A

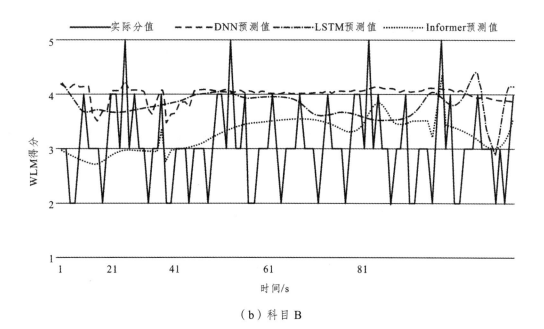

（b）科目 B

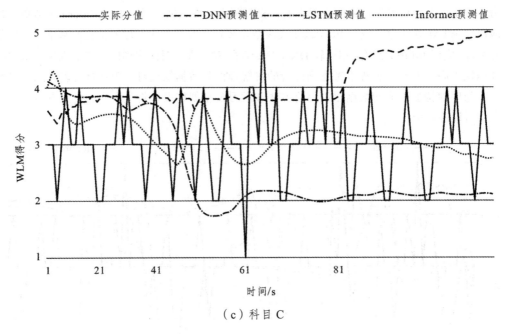

（c）科目 C

图 6.7　三种模型 WLM 测试得分误差

第二节　飞行操纵技能评估

一、数据处理

在机器学习领域中，不同的评价指标会具有不同的量纲和量纲单位，该种情况会影响数据分析的结果。为了消除指标之间的量纲影响，需要进行数据标准化处理，以解决数据指标之间的可比性。原始数据经过数据标准化处理后，各指标处于同一数量级，适合进行综合对比评价。其中，最典型的就是数据的归一化处理。简言之，归一化的目的就是使得预处理的数据被限定在一定范围内，比如[0，1]或[-1，1]，从而消除奇异样本数据导致的不良影响。

通过胜任力评估矩阵 Y 计算出可以表征可观察行为（OB）的展现频度（How often）和展现数量（How many）的 Y 矩阵的范数。本研究引入相对范数的概念对其进行归一化处理，如式（6.1）和式（6.2）所示。对数据进行归一化处理后，可提高数据预测精度。

$$\overline{f_{\text{many}}} = \frac{f_{\text{many}}}{f_{\text{many}}^{\text{max}}} \tag{6.1}$$

$$\overline{f_{\text{often}}} = \frac{f_{\text{often}}}{f_{\text{often}}^{\text{max}}} \tag{6.2}$$

式中　$\overline{f_{\text{often}}}$ —— $\overline{f_{\text{often}}} \in [0,1]$；

$\overline{f_{\text{many}}}$ —— $\overline{f_{\text{many}}} \in [0,1]$。

归一化后的部分数据结果如图 6.8 所示。

样本	0B4_1	0B4_2	0B4_3	0B4_4	0B4_5	f_mey	f_ofrt	归一化[f_meny]	归一化[f_ofrt]
样本1	50	54	74	64	8	5	240	1	0449
样本2	52	62	90	65	8	5	307	1	0574
样本3	62	68	92	45	8	5	276	1	0616
样本4	88	72	98	62	9	5	329	1	0615
样本5	79	68	93	52	8	5	333	1	0565
样本6	83	69	101	64	9	5	326	1	0609
样本7	72	69	95	54	8	5	299	1	0559
样本8	76	74	99	53	8	5	310	1	0579
样本9	73	74	103	53	9	5	312	1	0683
样本10	91	70	96	65	9	5	332	1	0621
样本11	81	62	89	60	9	5	331	1	0563
样本12	81	62	109	60	10	5	342	1	0635
样本13	88	73	103	63	9	5	341	1	0637
样本14	77	68	102	59	9	5	315	1	0589
样本15	86	65	90	60	9	5	310	1	0579
样本16	73	74	98	53	8	5	307	1	0574
样本17	82	72	94	55	8	5	212	1	0503
样本18	76	58	92	58	8	5	260	1	0523
样本19	86	74	103	69	11	5	353	1	0660
样本20	71	75	99	62	9	5	320	1	0612
…	…	…	…	…	…	…	…	…	…
…	…	…	…	…	…	…	…	…	…
样本92	87	69	94	63	10	5	323	1	0604
样本93	87	65	89	64	9	5	314	1	0587

图 6.8　归一化部分数据结果

二、模型建立

本研究分别运用 CART 决策树算法、支持向量机分类以及 BP 神经网络算法建立飞行学员筛选检查胜任力评级模型的可行性与可靠性预测模型。三种模型的输入数据中，自变量为飞行学员筛选检查中的胜任力评估矩阵 Y，因变量为基于胜任力对飞行学员的等级评分，为 $POB=\{优，良，中，差，不合格\}=\{5，4，3，2，1\}$。

对于 CART 分类决策树算法，将评估矩阵和基于胜任力对飞行学员的评级矩阵输入后，将输入数据按照 4∶1 的比例分为训练集和测试集，使用训练数据建立分类树，并通过调整参数使得 MSE 达到最小，即分类树模型达到最优后，使用测试集数据对分类树模型进行测试，得出分类树模型的预测准确率。

对于支持向量机分类算法，将评估矩阵和基于胜任力对飞行学员的评级矩阵输入后，同样将输入数据按照 4∶1 的比例分为训练集和测试集，使用训练数据对 SVC 模型进行求解，而后使用测试集数据对 SVC 模型进行验证，得出 SVC 模型的预测准确率。

对于 BP 神经网络算法，将评估矩阵和基于胜任力对飞行学员的评级矩阵输入后，采用 K 折交叉验证的方法，将数据按照 4∶1 的比例分为训练集和测试集，使用训练集数据来建立神经网络并对采用梯度下降法对其优化，同时设置最大迭代次数为 330 次，学习率为 0.1，运用交叉熵损失函数，使用测试集数据对模型进行测试，即可得出 BP 神经网络模型的预测准确率。

第三节　初始训练阶段 KNO 可观察行为评估

一、KNO 胜任力可观察行为解析

ICAO 在九项胜任力中明确给出每一项胜任力的描述以及可观察的行为，并且说明胜任力和可观察行为没有按照任何预先定义的优先顺序列出，可观测行为包括但不限于表格中所列可观察行为。其中知识的应用（KNO）框架如表 6.7 所示。

表 6.7　胜任力-知识的应用框架

胜任力	描述	可观察的行为
知识的应用（0）	展现与信息、操作指南、飞机系统和运行环境相关的知识和理解	OB0.1 展现出对于限制和系统以及它们之间相互影响的、实用的、恰当的知识
		OB0.2 展现出具备公布操作指南需要的知识
		OB0.3 展现出关于自然环境、空中交通环境包含航路、天气、机场和运行基础设施的知识
		OB0.4 展现出适用法律所需的恰当知识
		OB0.5 知道从何处获取信息
		OB0.6 展现对获取知识的积极兴趣
		OB0.7 能够高效地对知识进行应用

同时，通过对胜任力的分析和溯源，发现每一项胜任力都离不开知识的应用。也就是说知识的储备是其他胜任力展现的一个前提，知识的学习和应用贯穿整个飞行训练过程，是基础胜任力。然而，ICAO 九项胜任力，在知识的应用这一胜任力中，对 OB0.1-OB0.7 这七个可观察行为的描述是比较笼统的，无法直接应用到飞行训练中去。这就要求在初始飞行训练中，必须将知识胜任力进行更加细致明确的阐述，并将其与飞行训练必须学习和掌握的每一类知识对应起来，从而对飞行学员知识能力进行客观科学的评估。

从上文对初始飞行训练飞行学员知识结构的系统分析中，同样地，以私照训练阶段为例，可以总结出飞行学员需要掌握的知识可归纳为七个部分，分别为执照和文件、飞行性能、飞机系统、气象、领航、转场飞行、人的因素。本书将这七个部分与 KNO 的 OB 项进行对应，如表 6.8 所示。

表 6.8　KNO 的 OB 对应表

KNO 胜任力 OB 项	私照阶段需掌握的知识项
OB0.1 展现出对于限制和系统以及它们之间相互影响的实用的、恰当的知识	飞行性能、飞机系统
OB0.2 展现出具备公布操作指南需要的知识	执照和文件
OB0.3 展现出关于自然环境、空中交通环境包含航路、天气、机场和运行基础设施的知识	气象、领航、转场飞行
OB0.4 展现出适用法律所需的恰当知识	执照和文件

　　通过对比不难看出，飞行学员在初始飞行训练阶段的知识能力集中在 OB0.1-OB0.4 这几个基础胜任力中，而对于 OB0.5、OB0.6 并没有涉及太多。在初始飞行训练中，飞行学员主要还是以吸收掌握知识为主，对于知道从何处获取信息或展现对获取知识的积极兴趣并没有强硬的要求，这也符合初始飞行训练的特点。

二、训练实践中 KNO 胜任力的评价方法

　　尽管胜任力的引入为改进基于科目训练的传统模式提供了思路，但也存在一些不足，如在实际操作中如何对可观察行为指标 OB 进行规范界定，如何对 OB 的展现数量和频次进行测量和量化分级缺乏量化标准。为此，本书借鉴传统飞行训练考核运行模式以及 ICAO 构建的基于核心胜任力飞行训练评价理论，设计了一种基于 VENN 准则的训练评估方案，可适用于初始飞行训练各阶段的 CBTA 知识胜任力评估，具体框架如图 6.9 所示。

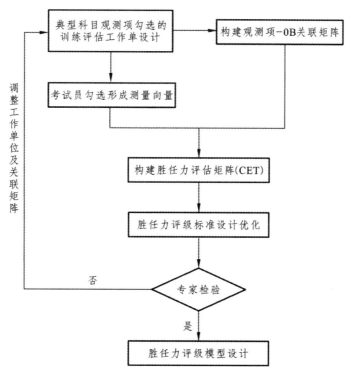

图 6.9　基于 VENN 准则的训练评估方案

（一）基于科目的知识观测项设计和评分标准

科目是初始飞行训练组织实施的一个重要载体，即通过若干典型科目的训练培养飞行学员掌握相关技能，并通过考察飞行学员在各项科目的表现评估训练质量。本书借鉴传统训练考核组织实施的特点，由飞行专家对每个检查项目设计统一的评估工作单，规范需考察的典型科目，以及每个科目的观测项和完成标准，实现对飞行学员技能的掌握程度的统一量化度量，详见表6.9。同时在考核过程中，由考试员依据该训练评估工作单的完成标准，对飞行学员在每个科目的观测项进行评分，如表6.9所示。

表6.9　初始飞行训练评估工作单设计

	科目观测项	评分标准		分值			
科目1	观测项1	1分：能够完成；0分：		3分：d；	不能完成		…
	观测项2	2分：d；1分：			…；0分：	…	
	…	…					
科目K	观测项$m{-}1$ 观测项m	3分：d；2分：d；1分：		…；0	分：分：	…	
		3分：d；2分：d；1分：		…；0			

根据局方颁布的飞行训练实践考试标准和各训练机构的教学大纲要求，可以解析出各训练科目的观测项和评分标准，评分标准定义为两种：

（1）勾选项目，得分为0或1，在于评估飞行学员是否掌握该科目，如掌握则为1，未掌握则为0。

（2）重点考察项目，其重点在于细化评分标准刻度，得分为3、2、1、0。

最终由考试员对照评估工作单对飞行学员的实际完成情况进行评分，即可得到式（6.3）。

$$A = (a_i)_{m \times 1} = (a_1, a_2, \cdots, a_m)^{\mathrm{T}}, i = 1, 2, \cdots, m \tag{6.3}$$

式中　a_i——第i个观测项的评分，其最大值$a_i^{\max}$为该观测项的满分值。当所有观测项均取满分时可得到观测向量$A^{\max} = (a_1^{\max}, a_2^{\max}, \cdots a_m^{\max})^{\mathrm{T}}$。

（二）构建观测项与知识可观察行为的关联矩阵

在评估工作单中，每个观测项都对应某项胜任力的可观察行为OB。本书根据飞行训练的特殊性，利用德尔菲调查法征求飞行专家意见，经过反复验证，构建任意观测项i与胜任力可观察行为指标OB_j之间的关联，并以关联矩阵B表示，即可得到式（6.4）。

$$B = \begin{bmatrix} B_1, B_2, \cdots, B_n \end{bmatrix} = \begin{bmatrix} b_{11} & b_{12} & \cdots & b_{1n} \\ b_{21} & b_{22} & \cdots & b_{2n} \\ \vdots & \vdots & & \vdots \\ b_{m1} & b_{m2} & \cdots & b_{mn} \end{bmatrix} \tag{6.4}$$

式中　b_{ij}——第i个观测项与第j个OB的关联属性，$i = 1, 2, \cdots, m; j = 1, 2, \cdots, n$。$b_{ij} = 1$时表示第$i$个观测项与第$j$个$OB$存在映射关系，即存在映射关联取1，否则取0。

（三）构建知识胜任力评估矩阵

根据 VENN 准则，飞行学员的胜任力等级可以通过统计其在考核中所展现 OB 的数量和频度测量，本书利用观测向量 A 和关联矩阵 B，建立胜任力评估矩阵 Y，即可得到式（6.5）。

$$Y = \left[Y_1, Y_2, \cdots, Y_n\right] = \begin{bmatrix} a_1b_{11} & a_1b_{12} & \cdots & a_1b_{1n} \\ a_2b_{21} & a_2b_{22} & \cdots & a_2b_{2n} \\ \vdots & \vdots & \vdots & \vdots \\ a_mb_{m1} & a_mb_{m2} & \cdots & a_mb_{mn} \end{bmatrix} \tag{6.5}$$

式中　a_ib_{ij}——第 i 个观测项对于 OB_j 的贡献水平，即飞行学员在该科目的胜任力得分水平。

利用向量/矩阵的范数的所具有的度量向量（或矩阵）空间长度的属性，并通过 Y 矩阵的范数表征可观察行为（OB）的展现频度（HOWOFTEN）和展现数量（HOWMANY）。根据飞行训练实际情况，约定当 OB 展现频度高于最大值的 25% 时，认为展现出该项 OB，低于则未展现。最终通过计算评估矩阵范数得到基于胜任力评估矩阵的 OB 展现数量（f_{many}）、频度（f_{often}）计算评估模型，具体式（6.6）式（6.7）如下：

$$f_{many} = count\left\{Y_j, \| Y_j \|_1 \geqslant 25\% * A^{max} * B_j, \forall j = 1, 2, \ldots, n\right\} \tag{6.6}$$

$$f_{ofn} = \|Y\|_1 = \sum_{i=1}^{m} \sum_{j=1}^{n} a_ib_{ij} \tag{6.7}$$

同样地，当所有观测项均取满分也即观测向量 $A_{max} = (a_1^{max}, a_2^{max}, \cdots, a_m^{max})^T$ 时，根据评估矩阵可得到 OB 展现数量（f_{many}）、频度（f_{often}）的最大值为，如式（6.8）、式（6.9）所示。

$$f_{many}^{max} = count\left\{Y_j, \| Y_j^{max} \|_0 > 0, \forall j = 1, 2, \cdots, n\right\} \tag{6.8}$$

$$f_{ofn}^{max} = \sum_{i=1}^{m} \sum_{j=1}^{n} a_i^{max} b_{ij} \tag{6.9}$$

鉴于不同训练机构、不同训练课程所涉及训练考核工作单在观测项及完成标准设置上存在差异的情况，且为便于统一胜任力评级标准，本书引入相对范数对评估结果进行优化，如式（6.10）、式（6.11）所示。

$$\overline{f_{many}} = \frac{f_{many}}{f_{many}^{max}} \tag{6.10}$$

$$\overline{f_{often}} = \frac{f_{often}}{f_{often}^{max}} \tag{6.11}$$

式中　$\overline{f_{often}}$——$\overline{f_{often}} \in [0,1]$；

　　　$\overline{f_{many}}$——$\overline{f_{many}} \in [0,1]$。

（四）知识胜任力评级算法设计

从前文的总结描述中可以明确初始飞行训练是一个基础阶段，主要是通过培训飞行学员的基础胜任力来达到培训效果，对于 VENN 准则中的威胁与差错管理（TEM）并没有太多的涉及和着重培训。威胁和差错管理是一种安全概念，它涵盖了航空运行和人的表现。作为一种安全分析工具，它能够在进行事故/事故征候分析时关注单个事件，或在运行审计时对多个事件进行系统化分析。

并且，VENN 准则中也有明确说明，在某些情况下，TEM 维度的结果可能与一些课程的培训目标无关，比如初始飞行阶段课程并不需要着重考虑飞行学员的 TEM 能力。在这种情况下，必须根据评估每个能力的相关 OB 来确定。即培训课程仅基于可观察行为的能力评估方法，具体描述为飞行学员在需要时演示了多少 OB 以及飞行学员在需要时演示 OB 的频率，并且将 HWOWELL 的结果分别对应到 GRADING 的五个等级中（图 6.10）。

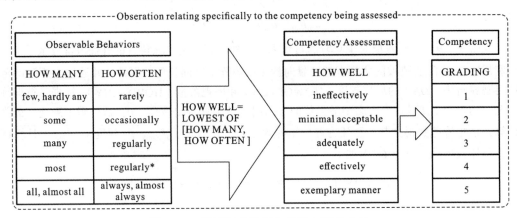

图 6.10 基于可观察行为的能力评估方法

同时，传统飞行训练评估在最终的实践考试环节，对飞行学员的评估结果只采用了通过或者不通过这种方式来评估飞行学员，但一些培训机构会在某些重要的节点根据飞行学员的表现对其各项能力采用优、良、中、差四级评级分类标准。以广汉分院筛选检查为例，除了最终考核的分数以外，分院从理论知识、操纵能力、模仿能力、反应能力、心理素质、情景意识、协调能力以及飞行耐力八个方面进行对飞行学员进行优良中差四级评估。虽然在对飞行学员的最终评价中，这部分没有作为主要评价准则，但在对飞行学员能力的分级上也具有一定的参考意义。

因此，本书在设计基于 OB 的胜任力评级标准时仍沿用此分级方法，定义 P_{exa} 为考试员对飞行学员的等级评分，有 $P_{exa} = \{优, 良, 中, 差\} = \{4, 3, 2, 1\}$。以考试员对飞行学员的能力评级为参照构建如式（6.12）～式（6.15）的胜任力评估模型。

$$\min \sum_{s=1}^{m} | P_{OB} - P_{exa} | \tag{6.12}$$

$$P_{often} = \begin{cases} 1, 0 \leqslant \overline{f_{often}} < \partial_1 \\ 2, \partial_1 \leqslant \overline{f_{often}} < \partial_2 \\ 3, \partial_2 \leqslant \overline{f_{often}} < \partial_3 \\ 4, \partial_3 \leqslant \overline{f_{often}} \leqslant 1 \end{cases} \tag{6.13}$$

$$P_{many} = \begin{cases} 1, 0 \leqslant \overline{f_{many}} < \gamma_1 \\ 2, \gamma_1 \leqslant \overline{f_{many}} < \gamma_2 \\ 3, \gamma_2 \leqslant \overline{f_{many}} < \gamma_3 \\ 4, \gamma_3 \leqslant \overline{f_{many}} \leqslant 1 \end{cases} \tag{6.14}$$

$$P_{OB} = \min(P_{often}, P_{many}) \ \partial_1 \leqslant \partial_2 \leqslant \partial_3; \gamma_1 \leqslant \gamma_2 \leqslant \gamma_3 \qquad (6.15)$$

式中　P_{often}——OB 展现频度（$\overline{f_{often}}$）的等级；

P_{many}——OB 展现数量（$\overline{f_{many}}$）划分的等级；

∂_1、∂_2、∂_3——关于 OB 展现频度（$\overline{f_{often}}$）的分级阈值；

γ_1、γ_2、γ_3——关于 OB 展现数量（$\overline{f_{many}}$）的分级阈值；

P_{OB}——根据 P_{often} 和 P_{many} 并参照 VENN 准则得出的胜任力评级；

∂_1、∂_2、∂_3 和 γ_1、γ_2、γ_3——通过求解式（6.12）~式（6.15）构成的优化问题来确定。

三、飞行学员知识胜任力评价方法验证研究

（一）筛选检查阶段知识胜任力评价

筛选考试即筛选检查，一般是在经过 11.5 个小时的真机训练和 2 小时的模拟机训练后的考核，也称 13 小时检查。在筛选检查前期的训练中，飞行学员需要从心理和生理上适应飞行，在达到训练标准后，提出筛选检查申请。筛选检查不过关将会面临着被淘汰的风险，因此筛选检查是飞行学员在初始飞行训练阶段的第一个关口，它在一定程度上决定了飞行学员能否从事飞行工作，是极为重要的一步。本书以飞行学院广汉分院筛选检查阶段考核为例对飞行学员进行知识胜任力训练评价。

本书首先根据筛选检查要求确定由 24 个典型科目构成的工作单以及对应的观测项和评分标准，观测项由不同科目对应的共 99 项组成，知识胜任力的可观察行为 OB 共 7 项，然后由飞行专家构建观测项——胜任力 OB 关联矩阵，如表 6.10 所示。

表 6.10　胜任力 OB 关联矩阵

科目	观测项	知识的应用						
		OB0.1 展现出对于限制和系统以及它们之间相互影响的实用的、恰当的知识	OB0.2 展现出具备公布操作指南需要的知识	OB0.3 展现出关于自然环境、空中交通环境包含航路、天气、机场和运行基础设施的知识	OB0.4 展现出适用法律所需的恰当知识	OB0.5 知道从何处获取信息	OB0.6 展现对获取知识的积极兴趣	OB0.7 能够高效地对知识进行应用
（1）证照和文件	1.出示并指明飞行人员三证	0	0	0	1	0	0	0
	2.明确证照有效期的信息和相关规定	0	0	0	1	0	0	0
（2）系统操作	1.明确主操纵系统的组成及其相关舵面基本工作原理	1	0	0	0	0	0	0

科目	观测项	知识的应用						
		OB0.1 展现出对于限制和系统以及它们之间相互影响的实用的、恰当的知识	OB0.2 展现出具备公布操作指南需要的知识	OB0.3 展现出关于自然环境、空中交通环境包含航路、天气、机场和运行基础设施的知识	OB0.4 展现出适用法律所需的恰当知识	OB0.5 知道从何处获取信息	OB0.6 展现对获取知识的积极兴趣	OB0.7 能够高效地对知识进行应用
（2）系统操作	2.明确辅助操纵系统的组成及其相关舵面工作	1	0	0	0	0	0	0
	3.明确盘舵运动和飞机状态改变的逻辑关系	1	0	0	0	0	0	0
	4.明确部分舵面失效的应急处置方法和原理	1	1	0	0	0	0	0
（3）运行安全	1.学院常见航空器尾流间隔要求	0	1	0	1	0	0	0
	2.明确地面滑行避让及优先原则	0	1	1	1	0	0	0
	3.如何避免侵入跑道	0	0	1	1	0	0	0
	4.运行区域行走安全注意事项	0	0	1	0	0	0	0
	5.基本的手势使用和含义	0	1	1	0	0	0	0
	6.附近油车加油时开车间隔	0	0	1	0	0	0	0

其次，选取 2020 年 93 名受训飞行学员作为样本，对其在筛选检查中的观测项进行逐一打分统计，并根据关联矩阵得到关于飞行学员"KNO"胜任力的评估矩阵，并求解出 93 名飞行学员各项 OB 的得分情况，及其知识应用能力的 OB 展现数量（$\overline{f_{many}}$）、频度（$\overline{f_{often}}$），其中 OB 的频度表示某个 OB 展现了多少次，OB 的数量则表示一共展现了多少 OB，并规定当展现频度大于最高值的 25%时，则表示展现了该 OB，前 25 名飞行学员的各项 OB 结果数据如表 6.11 所示。

表 6.11 前 20 名飞行学员 OB 计算结果

学员	OB0.1	OB0.2	OB0.3	OB0.4	OB0.5	OB0.6	OB0.7	OB 频度	OB 展现数量
1	43	103	37	31	0	0	38	252	5
2	52	135	53	41	0	0	46	327	5
3	50	135	45	38	0	0	45	313	5

学员	OB0.1	OB0.2	OB0.3	OB0.4	OB0.5	OB0.6	OB0.7	OB 频度	OB 展现数量
4	48	138	48	40	0	0	43	317	5
5	49	133	45	36	0	0	42	305	5
6	47	140	48	40	0	0	46	321	5
7	53	137	53	45	0	0	46	334	5
8	47	136	43	38	0	0	44	308	5
9	54	148	43	35	0	0	48	328	5
10	57	144	55	42	0	0	45	343	5
11	52	131	53	45	0	0	46	327	5
12	51	148	40	33	0	0	49	321	5
13	48	139	45	37	0	0	44	313	5
14	42	140	42	42	0	0	51	312	5
15	53	130	50	50	0	0	42	316	5
16	48	127	41	38	0	0	39	293	5
17	55	132	47	37	0	0	45	316	5
18	53	126	48	38	0	0	38	303	5
19	64	153	60	46	0	0	54	377	5
20	52	134	47	41	0	0	42	316	5

同时，当筛选工作单的 24 个科目所有观测项均取最大值时，根据 4.2 节所定义的式（4-5）、式（4-6），可以得到 OB 展现数量（$\overline{f_{\text{many}}}$）最大值为 5，展现频度（$\overline{f_{\text{often}}}$）最大值如表 6.12 所示。

表 6.12　OB 频度与数量的最大值

	OB0.1	OB0.2	OB0.3	OB0.4	OB0.5	OB0.6	OB0.7	总和
频度 MAX	80	188	60	48	0	0	64	440
数量 MAX（频度的 25%）	20	47	15	12	0	0	16	5

进一步将 93 名飞行学员的 OB 频度按照式（4-8）、式（4-9）进行归一化处理，得到最终的频度数据结果。同时，因 93 名飞行学员在 OB 数量的展示上均表现为最大值，意味着 93 名飞行学员都展示出了所有 OB，在此不做具体统计。并采取 OB 频度计算结果作为飞行学员的基于胜任力的评估结果。最终，93 名飞行学员的 OB 统计成绩和筛选考试成绩如表 6.13 所示。

根据 OB 计算统计结果可以看出，93 名飞行学员的 OB 频度区间（四舍五入取小数点后两位）为[0.57，0.86]，即最高为 0.86，最低为 0.57。同时，根据 4.3 节胜任力评级算法求出最优解，最终 KNO 胜任力分级标准及数据分析结果如表 6.14 所示。

表 6.13　OB 统计成绩与筛选考试成绩

学员	OB 统计成绩	筛选考试成绩	学员	OB 统计成绩	筛选考试成绩	学员	OB 统计成绩	筛选考试成绩
学员 1	0.572 727 273	1	学员 2	0.743 181 818	3	学员 3	0.711 363 636	3
学员 4	0.720 454 545	3	学员 5	0.693 181 818	2	学员 6	0.729 545 455	3
学员 7	0.759 090 909	3	学员 8	0.7	3	学员 9	0.745 454 545	3
	…			…			…	
学员 91	0.713 636 364	3	学员 92	0.645 454 545	2	学员 93	0.702 272 727	2

表 6.14　KNO 胜任力分级结果

等级	1	2	3	4
OB 频度划分区间（$\overline{f_{often}}$）	[0，0.57）	[0.57，0.70）	[0.70，0.82）	[0.82，1]
OB 数量划分区间（$\overline{f_{many}}$）	—	—	—	1
基于 OB 的评级个数（个）	1	27	62	3
考试员的评级个数（个）	2	33	54	4

　　根据分级结果并结合实际情况，当飞行学员知识胜任力分级越高则表示其知识胜任力越强。由上表数据分析结果，OB 频度划分区间在[0，0.57）的飞行学员知识能力等级为 1，表明该等级飞行学员知识胜任力水平低，该区间中基于 OB 评级的样本个数为 1，考试员评级的个数为 2。以此类推，在[0.57，0.70）区间的等级为 2，表明该等级飞行学员知识胜任力水平较低，基于 OB 评级的样本个数有 27 个，考试员评级样本为 33 个。在[0.70，0.82）区间的等级为 3，表明该等级飞行学员知识胜任力水平较高，基于 OB 评级的样本个数有 62 个，考试员评级样本为 54 个。在[0.82，1]区间的等级为 4，表明该等级飞行学员知识胜任力水平高，基于 OB 评级的样本个数有 3 个，考试员评级样本为 4 个。通过比较不同等级的基于 OB 的评级样本数量与考试员评级样本数量可以发现，两组评级之间不同等级的样本数量规模具有相似性，表明了对飞行学员知识胜任力评价方法的有效性。

　　同时，根据样本数据以及 OB 展现数量表明，在筛选阶段飞行学员展现出的 KNO 胜任力可观察行为集中于 OB0.1-OB0.4、OB0.7 这 5 个维度，而 OB0.5、OB0.6 这两项高阶 KNO 能力则未涉及，这也符合筛选检查主要侧重于对基础知识理解并应用的特点。

（二）评估标准的验证分析

　　为进一步验证基于 OB 评级的可靠性，本书将 93 名样本飞行学员基于 OB 的 KNO 胜任力评级与考试员给出的评级进行深入对比，验证本书所设计胜任力评估方案可行性。首先，采用非参数假设检验方法计算 Spearman 秩相关系数，对基于 OB 评级、考试员评级之间的相关性进行分析，从两个变量是否协同一致的角度检验这两者之间是否存在相关性，最终得到相关系数为 0.637，表明基于 OB 评级和考试员等级具有显著相关性，如表 6.15 所示。

表 6.15   Spearman 相关性分析结果

		OB 评级	考试员评级
OB 评级	相关系数	1.000	0.637[**]
	显著性（双尾）	/	0.000
	N	93	93

进一步地，为形象比较 93 个样本的基于 OB 评级与考试员评级的不同，如图 6.11 所示，经分析可以得到：

（1）基于 OB 评级与考试员评级完全一致的样本有 76 个，占比 82%。

（2）评级偏差在 1 级（如基于 OB 评级为 3，考试员评级为 2）以内的样本有 15 个，占比 16%，且因考试员评级受主观性影响对相邻两个等级间的界限把握存在一定模糊性，该偏差属于可接受的评级偏差范围。

（3）评级偏差在 2 级及以上（如基于 OB 评级为 2，考试员评级为 4）的仅有 2 个样本。

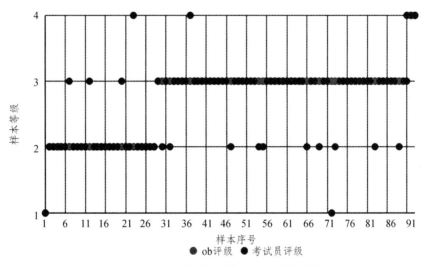

图 6.11   OB 评级与考试员评级对比分析

由此可见，在可接受的评级偏差范围内，基于 OB 评级与考试员评级完全一致的样本有 81 个，也就是说两种评级结果相一致的概率为 97%。因此，通过构建胜任力评估矩阵测量 OB 展现数量和频率可以实现对飞行学员知识胜任力的量化评级，从而验证了基于胜任力评估方案的有效性。

本节在考虑传统飞行训练工作单评估模式的基础上，通过构建典型科目观测项与 OB 关联矩阵和胜任力评估矩阵，设计了一种面向初始飞行训练阶段的知识胜任力量化评价方案，结合筛选检查阶段作为案例验证方案的可行性。该方法很好地利用了初始飞行训练中基于科目的教学组织特点，可推广到初始训练各个阶段的 CBTA 评估，所不同的是需根据各阶段训练课程教学要求和特点设计相应的考核工作单、评估矩阵并建立相关胜任力评级模型。

第七章 初始飞行训练效率评估

在初始飞行训练培训过程和飞行训练资源分析的基础上，基于飞行训练资源选取了投入指标，基于胜任力设计了训练产出指标，构建了飞行训练效率评价指标体系。进一步，本章对主成分分析和数据包络分析的原理和模型进行了介绍，并在此基础上，构建了基于 PCA-DEA 的训练效率评价模型，用于对飞行训练的效率评估。

第一节 初始飞行训练资源需求分析

目前，初始飞行训练的航校有 XX 家，规模训练资源是对飞行训练过程实现的最有效支撑，本章主要对飞行训练中所占用的资源进行深入分析，对训练机构而言，资源紧张且有容量限制，因此如何发挥各种资源的使用效率，关系到飞行训练的成本、安全，进而引出研究训练效率的必要性。以效率的概念为切入点，进而分析飞行学员训练效率，通过对现有的飞行训练效率现状进行阐述，为飞行训练效率的评估研究提供了理论支持。

一、本场资源

初始飞行训练的主要训练任务，根据训练场地的不同，可以分为本场训练和转场训练，本场训练是转场训练的基础。本场训练是指在同一个机场管制区域内进行的飞行训练，主要训练内容是起落航线的建立和空域动作的练习，强化飞行学员对飞机驾驶感的熟悉和基本驾驶技能的掌握；转场训练是指在距起飞机场直线距离 50 千米以外的机场进行着陆的飞行，主要训练重要的导航技巧、特殊机动科目等。据统计，本场训练大约占据飞机训练时间的 2/3，因此本场训练中所消耗的飞行资源不容小觑。就本场训练而言，本场训练主要通过起落训练，使飞行学员不断练习掌握飞机性能和锻炼自己的操纵能力，是飞行学员锻炼基本驾驶术和飞行技能的重要训练。以私照为例，在 63 小时的飞机训练时间中，有 38.5 小时的训练是进行本场的训练，占比达到 61%，因此，在初始飞行训练的过程中，本场训练需要占用的机场、空域等资源较多，下面对飞行训练当中所需要的本场资源进行简单介绍。

（一）机场

机场是在陆地或水面上划分的一块特定区域，包括其周边附属的建筑物、装置和设施，是为飞机实施各种飞行活动及组织飞行保障活动的固定场所。机场是航空飞行活动中的一个必不可少的组成部分，机场场道的面积和飞行保障设施可以决定着使用飞机的机型大小、运载重量和飞行速度。在航空运输的科学研究领域中，大多数学者将机场统一划分为飞行区、航站区、进出机场的地面交通系统三部分[93]，机场的基础设施如图 7.1 所示。

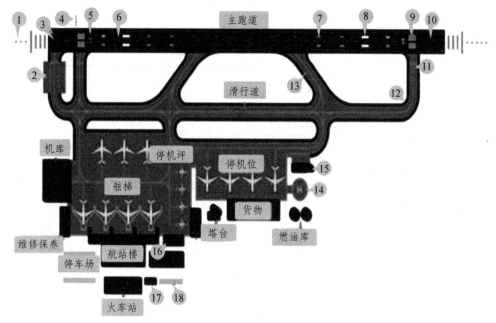

1—跑道灯；2—融冰区域；3—净空道；4—跑道指引；5—跑道标识；6—跑道中心线；7—着陆区；8—着陆瞄准点；
9—跑道入口；10—防吹坪；11—等待区；12—边缘标识；13—高速滑行道；14—直升机停机坪；
15—消防站；16—航空公司服务区；17—公共汽车站；18—出租车扬据点。

图 7.1　机场基础设施示意图

（二）本场空域

　　本场空域是由该机场提供管制服务的空域，主要进行起落航线和机动动作的训练。本场空域有特定的使用高度，设置本场空域目的主要是为基本起降的练习和基础技能养成训练。在本场空域内，起落航线是在机场附近所划分的飞行轨迹路线，如图 7.2 所示，该训练是初始飞行学员所必须掌握的必要技能的训练，是练习后续复杂动作、复杂空域的基础。起落航线以航空器起飞至着陆为顺序，由五条边和四个转弯组成，包含起飞、上升、平飞、下降和落地等环节[94]，分别由一边（upwind）、一转弯、二边（crosswind）、二转弯、三边（Downwind）、三转弯、四边（Base）、四转弯、五边（Final）组成。起落航线的训练重在培养飞行学员建立航线和注意力分配等飞行中最基础的驾驶技能，为后续复杂飞行训练奠定了重要的基础。在本场空域内进行的空域机动动作有小速度机动飞行、无功率失速、大坡度盘旋等，机动动作的练习可以进一步加强操纵者的注意力分配和在飞行性能极限下操纵飞机的能力。

　　因此，以广汉机场为例，在广汉机场的管制区域内，本场训练一般能够容纳 20 ~ 25 架飞机。在广汉机场的地面运行中，飞机必须依次起飞，飞行人员和管制人员要时刻关注本机与其他飞机之间的安全距离，防止间隔过小[95]。为保障飞机之间不发生运行冲突，飞机的管制放飞间隔时间一般是 10 分钟放飞一架，在正常情况下，以 10 分钟放飞一架的速度来看，一条航线上的最佳容量是 3 架飞机。综上，对于在私照阶段的飞行学员，主要利用本场空域训练起落航线和基本的飞行动作；在仪表和商照的飞行学员中，本场空域主要进行复杂机动动作和特情的处置。因此，在飞行流量较大、训练批次较多、飞行密度较大前提下，本场空域的资源使用紧张，成为限制训练的主要因素。

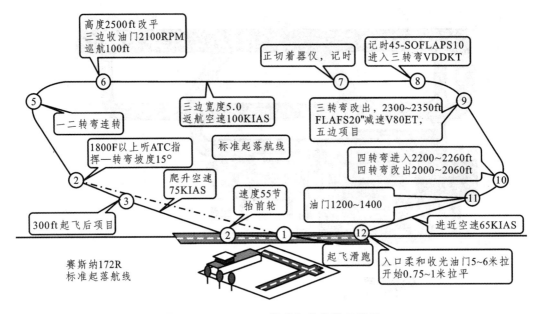

图 7.2　Cessna172R 标准起落航线示意图

二、空域资源

空域是根据特定的训练需要而划定的一定范围的空间，我国空域类型均为管制空域，没有按照空域性质进行分类管理和立体分层，存在空域的浪费现象严重，制约了空域资源利用率的提高[96]。以广汉分院为例，广汉分院的飞行训练活动都是在管制范围内实施，其空域由空军管理和实施，广汉机场的训练空域如图 7.3，通过访问教员得知，由于临近的运输机场活动、空军活动等因素，广汉机场空域被压缩得严重，主要通过利用 211 空域进行训练。为了安全考虑，最大程度地避免航空器在垂直方向上的相撞风险，航空器在空中的飞行是严格按照高度层进行划分的，即将空域进行不同高度层的划分，不同高度层有助于提高航路运行效率，提升安全系数。

在飞行训练时，飞机之间不仅要保持垂直方向的间隔，还要保持水平方向的间隔，广汉机场放飞的水平距离间距一般在保持 1.5～2 海里，即前一架飞机与后一架飞机至少相距 1.5 海里-2 海里的安全距离。按照训练科目的不同，日常飞行训练可能分布在不同的高度层，一般情况下，风险越大的科目，所处的高度层相对较高，如在多发商照中，科目紧急下降可能瞬时会损失较多高度，因此为了安全起见，避免与障碍物相撞的风险，该科目所需练习的高度层就会相对较高。

近些年来，随着民航的迅猛发展，广汉分院训练架次保持着持续增长，训练飞机数量多时，同场飞机架次多，飞行科目穿插多，起落频繁，飞机的可使用空间和高度范围将进一步缩小，而且在出现意外情况告警时，由于空域有限且在空域中运行的飞机多，如何及时解除风险以保障飞行安全，是运行中出现的难题。因此，在飞行学员人数、训练架次稳定增长的情况下，空域资源的缺乏成了限制发展、威胁安全的主要因素。

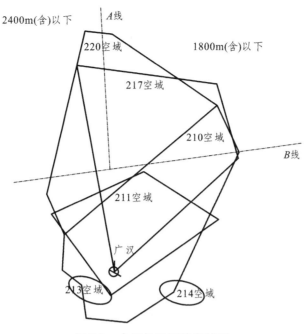

图 7.3　广汉机场训练空域图

三、航线资源

航线是指航空器由始发机场到目的地机场的一条飞行路径，是沿着规定的地表面飞行，联络两个或几个地点进行定期或不定期运输业务的空中交通线。为了保障空中的飞行安全，维护空中交通秩序，不发生冲撞，加快飞行效率，节省飞行时间，每架飞机必须按照规定的航线飞行，因此航线不仅仅规定了飞行方向、起讫与经停地点，还明确了两架飞机必须保持的间隔距离和间隔时间。

对广汉分院而言，飞行训练主要是临近几个机场之间的航线飞行，可供练习转场训练和本场训练，目前，在川内的飞行训练中，主要训练场地分布在新津、广汉、绵阳、遂宁、自贡五个机场，构成了川内中低空的转场训练航线网络，如图 7.4 所示。不同直线训练航线以及转点训练航线分别满足不同训练任务的需要[97]，其中新津—广汉段受军航温江及凤凰山机场活动的限制[98]，航线相比较而言，广汉—遂宁段与绵阳—遂宁段受限制因素较少，所以导致训练流量较大，成为转场训练中所使用的主要航线。综上，目前广汉机场所使用的航线集中在广汉—绵阳、广汉—遂宁、广汉—新津、绵阳—遂宁。

根据 CCAR-141 部的训练要求，仪表等级课程和商照课程中必须安排有长转场飞行训练，着重训练飞行学员的转场程序和技能，尤其在机长训练中，长转场飞行居多，培养学生机长的注意力分配和特情处置能力等。但是由于培训基地的客观条件限制，符合长转场距离的航线较少，由此得知，在航线资源方面，广汉机场可供使用航线有限，此外新津机场常有空军活动，白天的大部分时间无法飞去新津机场，自贡机场有无人机活动，也经常出现短时不接收的情况，所以长转场资源非常紧张，很容易出现飞机转不出去，且自贡方向有遂宁机场的飞机，遂宁到自贡航路是单高度运行的，因此从遂宁到自贡一次一般只放行 3 架飞机。对于每天都安排有大量训练任务广汉机场而言，如何在如此有限的航线资源下合理分配飞行任务，做到最大化地利用现有的航线资源，安全、高效地培养出飞行员，是管制员、教员共同关注的问题。

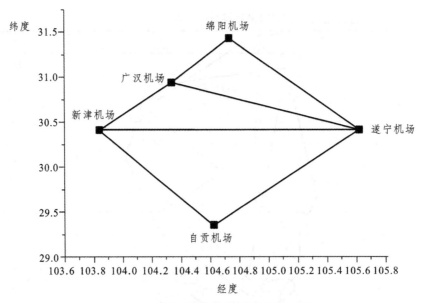

图 7.4　广汉分院主要训练航线示意图

四、教员资源

飞行学员在完成在校的地面理论培训后，会进入飞行分院进行飞行训练，飞行学员第一次由书本上的理论知识过渡到真机和模拟机的实践操作，此时，教员的重要性不言而喻。相比于美国而言，我国的教员资源是非常稀缺的，美国拥有强大的通航基础，有大量的储备飞行员，并且在航校任职教员可以更快地积累飞行经历时间，便于日后进入运输航空担任副驾驶和机长，因此美国的教员人数较多，且易获得。

完成一次飞行训练，需要的保障资源有教员、飞机、塔台管制、维修人员等，其中教员作为专业技术人才，行业进入门槛较高，飞行教员既是一名教师，担任着教学任务，又是一名飞行人员，要进行飞行训练，因此飞行教员是一个特殊的职业群体。在我国通用航空人才极度紧缺的情况下，教员需要具备一定的资质才能任职，因此对航校而言，飞行教员是一个非常重要的资源和衡量航校培养水平的标准之一。

我国航校目前在任的飞行教员主要来源于优秀的飞行学员留校任教，以广汉分院为例，流程如图 7.5 所示。通过选拔的飞行学员即可参加培训，然后回到大队进行改装飞行，即根据 CCAR-141部中《基础飞行教员等级课程》《仪表飞行教员等级课程》，完成训练即可获取基础教员签注、仪表教员签注。新教员在完成约 1 年的培训后，大概需要 0.5-1 年时间可以完成独立带飞新飞行学员。此外，新的教员在改装飞行中，通过了基础教员培训和仪表教员培训后，只能带单发私照、仪表、单发商照阶段的飞行学员，不能带双发商照和高性能阶段的飞行学员。由此得知，从飞行学员成为一名新任教员，起码需要 4-5 年，一般需要带飞 3 年才能算成熟的教员，因此，培养一名教员所需要的周期较长。

由于行业的特殊性，教员不仅需要飞行，而且在这个过程中承担教授飞行技术和监督飞行安全，因此为了保障安全和提高训练质量，在 CCAR-91-R2《一般运行和飞行规则》中，对教员的飞行时间也有明确规定，如表 7.1 所示。以广汉分院为例，目前，广汉分院的教员月均飞行 80～90小时。由于飞行学员的培训周期较长，一般从私照训练开始到过渡课程结束，需要耗时两年左右，在此期间，教员不仅要训练飞行学员的飞行技能，还要进行飞行前的知识回顾和飞行后的讲评，因此教员的时间精力是非常有限的。在保障教员精力和训练质量的前提下，对教员同时所能带飞的飞行学员数量是有限制的，一般情况下教员可以同时带 10 名飞行学员，教员会根据每个人的特点针对性地进行教学，10 名飞行学员可能处于不同的飞行阶段，当飞行学员完成飞行训练，即会有新的飞行学员进来，小组内带飞的飞行学员是保持流动性的稳定状态。

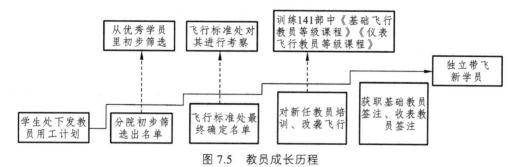

图 7.5　教员成长历程

表 7.1　教员飞行时间限制　　　　　　　　　　　　　　　单位：小时

	7 个连续日历日	每个日历月	每个日历年
飞行时间要求	≤40	≤120	≤1 400

从一名普通的飞行学员到成为合格的飞行教员，不仅需要自身飞行专业基础知识理论扎实，专业操纵技能过硬，还需要具备展示飞机操作的实际演示能力，具备传授知识、教书育人的本领[99]。综上，教员的带飞训练和教学任务都安排得很紧凑，且在把握专业水准的同时，还要注重飞行学员职业素养的培养，以及训练过程中涉及到的安全意识、情境意识及危机意识等非技术性能，都需要教员去着重培养。因此，对于航校而言，教员是飞行训练过程中重要的生产资源因素，没有足够的具有资质的教员，飞行效率和训练质量是无法保证的，合理、高效地利用教员这一资源显得至关重要。

五、教练机资源

飞行培训机构的对象主要是初次接触飞行的飞行学员，飞行技能仍在养成和巩固阶段，因此机构使用的训练机型不同于运输航空的机型，使用速度较小、性能较简单的教练机作为训练机型，以此不断练习空域机动动作和熟练飞行操作。教练机是用于培养飞行员的飞机，方便对飞行学员进行"手把手"教学。根据航空器降落时的主要特性，可以将飞机分为五个大类，如表 7.2 所示，航校一般使用的教练机通常属于 A 或 B 类，如塞斯纳、钻石等。

表 7.2　航空器分类

分类	跑道入口速度（节）	起始进近速度（节）	最后进近速度（节）	最大盘旋速度（节）	目视机动最大盘旋速度（节）	复飞最大速度（节）
A	<91	90-150（110*）	70-100	90	100	100
B	91-120	120-180（140*）	85-130	120	135	130
C	121-140	160-240	115-160	140	180	160
D	141-165	185-250	130-185	165	205	185
E	166-210	185-250	155-230		240	230

飞机作为航校的硬件设施，直接决定航校的训练体量和训练规模。不同机型根据其性能特点，所适用的飞行训练阶段和训练内容有所差异，可以将教练机分为初级教练机（简称初教）、中级教练机（简称中教）和高级教练机（简称高教）。初教机主要面对的对象是新飞行学员，担负的飞行训练任务包括基本飞行技能操纵，通常只有一台活塞式发动机，结构简单，易于操纵。中教机主要用于训练以及掌握了基础的飞行技能，可进行下一步的训练，如仪表、复杂机动动作等。高教机在飞行学员的最后训练阶段使用，主要用来训练特情处置及复杂气象飞行。为便于更好了解各种教练机的差异，以初教机塞斯纳 C172、中教机西门诺尔 PA44 和高教机奖状 CJ1 作为代表机型，三种机型的性能比较如表 7.3 所示。

表 7.3　机型性能比较

		初教机 C172	中教机 PA44		高教机 CJ1
起落架		固定式，不可收放	油汽可收放式		液压可收放式
发动机个数		单发	双发		双发
性能数据	航程/km	1 272	1 695		2 700
	实用升限/m	4116	5 210		12 497
	巡航速度/（km/h）	226	311		704
技术规格	长度/m	8.28	8.40		13.00
	高度/m	2.72	2.60		4.20
	翼展/m	11.00	11.80		14.30
	最大起飞重量/kg	1 112	1 723		4 812

目前在航校使用的训练机主要有塞斯纳、西锐、钻石等，其次还有便于学习和训练的模拟机。飞机资源成本高昂，因此出于飞行训练效率考虑，减少停飞损耗，尽量做到飞机保持持续运行状态，达到最优的运行时间和利用率，飞行训练的同时也带来巨大的成本消耗，以训练起落航线为例，所耗费用根据机型不同也不同。以单发教练机为例，一次起落航线大概花费 2 000 元，其次在空中完成一定的飞行时间后，飞机需要完成一次大修，且每年需要有维护费用，大约为售价的 10%。综上，教练机对于航校来说，不仅是不可或缺的硬件设施，教练机的使用效率与航校的运行成本息息相关，很大程度上决定了航校的训练容量和未来发展。

六、其他训练保障资源

除了上述所介绍的本场资源、空域资源等，为了保障飞行学员顺利完成飞行训练，还需要其他保障资源，如航油、空中交通管制、食宿等。航空油料是飞机的"血液"，其质量的优劣，直接影响着航空安全。对航校的训练飞行，由于其训练飞行次数多、密度大，航油必不可少，航油的使用流程从采购、接收、储存和加注到航空器，由于航油具有易燃、易爆、易积聚静电等特点，操作作业过程中要格外小心谨慎，如果发生泄漏，可能会引发不可挽回的灾难事故[100]。其次，航油的消耗在整个运行成本中占据很大的地位，尤其在飞机飞行作业中消耗的航油成本，包括滑行、爬升、巡航、降落四个阶段的航油成本[101]。综上，航油是训练飞行中不可或缺的保障资源，且由于大量的飞行训练活动，成为增加运行成本的一大因素。

对于飞行训练机构，在本场空域训练时，为了避免航空器相撞，管制人员负责本管辖范围内的航空器机动飞行动作，做出相应的指示，并根据有关规定来安排安全间隔，将不同的飞行科目训练分配到不同的高度。在转场训练中，由于机场的不同，在不同终端区提供管制服务的机构不同，则在转场过程中，应保持和地面管制的沟通。由此得知，管制作为保障航空器安全运行的重要支柱，其能提供的服务、管制员的精力等都是有限的，因此，管制员的人力资源、可用时间限度与航空器的安全运行、高效训练等息息相关。

随着民航强国战略的持续深入推进，我国民航业规模不断扩大，安全关口不断前移，由此带来的是不仅强调飞行员的数量，更注重其质量的需求。通过对训练资源的分析，得知航线、空域等资源是训练发展受限的主要来源，此外训练成本的高昂也是训练的特点之一，训练资源处于高度紧张，因此飞行训练资源的不足，是制约飞行员快速高质量供给的重要瓶颈。

第二节　效率评价指标体系的构建

一、指标选取原则

飞行学员的培训在航校进行，飞行训练的正常进行还需要大量的人力和资金，因此，通过对飞行学员的综合评估发现存在的问题，进而解决问题，为飞行学员提供改进的建议，可以更好地检验和提高后续的训练质量效果，并节约不必要的成本消耗，为进一步科学全面地评估飞行学员的训练，就需要引入飞行训练效率评价指标体系，对其进行综合性的评价。在飞行训练中进行投入产出的有效性评价时，评价指标体系必须能够正确反映飞行学员的飞行训练效率，主要包括：

（1）系统性。

对飞行学员的飞行训练开展有效性评价具备系统性和复杂性，因此必须同时采用多个指标进行全面衡量，选取的评价指标和设置的评价标准要能够反映飞行训练的全部过程。系统优化的原则主要体现在以下方面：评价指标的数量尽可能少而具有代表性，要能够体现出训练过程的全面性和客观性，避免指标数量过多造成的信息冗余，也要避免单因素指标的情况。

（2）可操作性。

指标的选取要具有可获取性，如可以通过系统、网站等方式直接获取到，或者可以通过问卷发放等形式获取，所以指标选取的原则之一是能否顺利采集到原始数据，在保证数据的可采集性之外，需要考虑各指标所得到的结果是否具有可解释的意义，即是否具备可操作性。

（3）实用性。

在具备可操作性的基础上，评价指标体系还需要具备实用性。对于使用人员而言，要确保指标可以被理解和应用，评价指标体系要具有指导作用，不能过于复杂难操作，要具有明确的问题指向性，得出的结果可以给出明确针对性的措施。

二、基于训练资源的投入指标选取

投入指标也叫输入指标，即对飞行学员训练效率起负向作用的指标，指标数值越小即越优。对整个私用驾驶员训练（PPL）课程进行分析，发现进入 13 小时筛选、首次单飞、实践考试均需要一定的考核条件，且飞行学员在这三个节点上的水平差异、所使用资源等较为明显，因此选择飞行学员在 PPL 阶段的飞行训练效率进行研究，本书选取三个关键性节点进行分析[102]，做出如下分析：

（1）13 小时筛选。

按飞行训练课程大纲中规定，飞行训练 13 小时后会进行筛选考试，在进行筛选考试之前的飞行训练中，重点培训空域机动动作、起落航线等科目的训练，使飞行学员掌握基本的机动飞行动作。筛选考试的目的是根据本次考核结果，评估飞行学员是否具备继续培养的潜质，即"天资选拔"，通过筛选的飞行学员会继续下一阶段的飞行训练，不通过筛选检查的飞行学员则会终止飞行训练。通过调研数据可知，在该阶段飞行学员之间的起落架次会存在较大的差异，起落次数较多的飞行学员可直接反映出在掌握机动动作上，其接受的程度较差、操作掌握较慢，则训练效率较低。

（2）首次单飞。

最初的飞行训练由教员带飞，飞行学员不承担全程动作的操控，经过带飞训练一段时间后，飞行教员认为飞行学员可以自行实施飞行训练，即允许飞行学员进行首次单飞操作，此时飞行学员具备本次驾驶机型等理论知识的充足储备，掌握飞行基本驾驶技能。飞行学员从带飞训练过渡到单飞阶段，由于飞行学员的接受水平不同，导致进入首次单飞阶段起落次数会有不同，如进入单飞阶段所需要的起落次数较多，可反映出飞行学员的基本驾驶技能掌握不足，需要累计练习较多的起落才可以进入首次单飞阶段，则相比之下训练效率较低。

（3）私照考试。

按局方大纲规定，累计飞机训练时长达到 63 小时即可进行实践考试，私照实践考试既是对学生飞行水平的综合测试，又是获取私用驾驶员执照的途径。如飞行经历时间，理想情况下是训练 63 小时即有能力通过实践考试，但部分同学可能需要 65 小时甚至更久，一定程度上反映出其飞行学员养成技能所需时间较长，考试次数一定程度上也可以反映出飞行学员训练水平，如需要进行两次，表明飞行学员的应试能力较差或技能不稳定。

根据米磊[103]对于军队训练质量效益的评估，选取训练时间、弹药消耗情况等指标来评估训练效率，那么结合调研经验丰富的教员和专家咨询调查，根据对关键性节点分析，认为飞行学员在这三个关键训练节点的投入水平可以比较客观地反映飞行学员的训练质量。选择投入指标如表 7.4 所示。

表 7.4　驾驶员训练课程效率评价投入指标构成

关键性节点	指标要素
筛选	累计起落次数（I_1）
首次单飞	累计起落次数（I_2）
实践考试	累计飞行经历时间（I_3）
	累计起落次数（I_4）
	考试次数（I_5）
	训练时间跨度（I_6）

三、基于胜任力的飞行训练产出指标设计

对当前民航运输航空不安全飞行事件进行调查分析，发现大部分的不安全飞行事件可以归咎于人为失误，那么反映在飞行训练当中，即现有飞行训练模式单一、训练管理亟待改进，民航局颁布的《关于全面深化运输航空公司飞行训练改革的指导意见》给中国民航飞行训练指明了方向，也凸显出面向飞行员核心胜任力开展飞行训练的必要性和重要性。随着时代的发展，目前飞行训练的核心要点是树立"基于核心胜任能力发展，针对性实施飞行训练"，从以往的重点注重手动操纵开始转变，即充分考虑到飞行员的核心胜任能力水平，确保飞行员在面对突发情况时，不仅能够利用高超技术，更时刻具备避免危险发生的意识能力。国际民航组织将基于核心胜任力的飞行训练和评估（CBTA）定义为以表现为特征的培训和评估定位，表现是在飞行训练中表现出来的可观察行为，强调绩效标准及其衡量标准，即以可观察行为间接表征能力水平。

目前被大众认可的有 9 项胜任力，具体如表 7.5 所示。

表 7.5　胜任力及其描述

胜任力	描述	可观察行为（OB）
APK——程序的执行和遵守规章	正确理解并执行标准程序和规章	OB1.1～OB1.7
COM——沟通	在各类运行场景下均能有效沟通	OB2.1～OB2.10
FPA——飞行轨迹管理-自动飞行	使用自动化控制飞行轨迹	OB3.1～OB3.6
FPM——飞行轨迹管理-手动飞行	使用手动化控制飞行轨迹	OB4.1～OB4.7
LTW——领导力和团队合作	依靠合作达成团队的目标	OB5.1～OB5.11
PSD——问题的解决和决策	识别征兆，缓解困难并决策	OB6.1～OB6.9
SAW——情景意识和信息管理	察觉、理解、管理信息并预见其对运行的影响	OB7.1～OB7.7
WLM——工作负荷管理	制订并分配任务以保持足够的工作负荷余量	OB8.1～OB8.8
KNO——知识的应用	展现并理解相关的知识	OB0.1～OB0.7

传统的训练方式是基于时间和科目的训练，如果飞行学员的该课程训练效果不佳，则会通过训练时间的累加达到满意的效果，缺乏对飞行学员能力的深层次剖析。其次，在考核环节，如实践考试，考试仅是对于完成项目的评判，进而判断其通过与否，是传统的勾选式，评估没有区分度，如同样是通过的飞行学员，可能一个是刚达到及格的标准，一个是达到优秀的水准，所以评估结果停留在完成与否存在很大的弊端，且结果较为笼统，不够精细。基于飞行员技能全生命周期（PLM）的理念，强调飞行员训练数据的连续性，即初始训练中就应该有较为细致的评价和观察，不仅得到一个评估结果通过与否。因此，有必要探索一种新的方法，对传统的训练方法和评估方式进行改进，即设计基于胜任力评估矩阵的飞行训练效率产出指标。

由于现行的训练考核结论中只有"通过""不通过"的表述，难以全面表达训练绩效，因此，考虑到实际工作的可操作性，本书以科目为载体，以飞行学员在科目中展现胜任力的强度作为产出指标，并设计了基于胜任力强度观测方案和计算模型。具体评估步骤如下：

（1）设计训练评估工作单、构建观测向量。

科目是初始飞行训练组织实施的一个重要载体，即通过若干典型科目的训练培养飞行学员掌

握相关技能，并通过考察飞行学员在各项科目的表现评估训练质量。借鉴传统训练考核组织实施的特点，由飞行专家对每个检查项目设计统一的评估工作单，规范需考察的典型科目，以及每个科目完成标准，实现对飞行学员技能的掌握程度的统一量化度量，详见表7.6。设计初始训练评估工作单，在考核过程中，由考试员依据该训练评估工作单的完成标准，对飞行学员在每个科目的观测项进行评分。

表 7.6 初始飞行训练评估工作单的设计

科目	评分标准	考试员评分
科目 1	1分：能够完成；0分：不能完成	⋯
科目 2	3分：⋯；2分：d；1分：d；0分：d	⋯
⋯	⋯	⋯
科目 K	3分：⋯；2分：d；1分：d；0分：d	⋯

根据局方颁布的飞行训练实践考试标准和各训练机构的教学大纲要求，可以解析出各训练科目的观测项和评分标准，评分标准定义为两种：

① 勾选项目，得分为 0 或 1，在于评估是否掌握，如掌握则为 1；

② 重点考察项目，重点在于细化评分标准刻度，得分为 3、2、1、0。

在对飞行学员进行培训时，会有不同科目的训练，每个科目有对应的考核标准，飞行学员的不同表现会对应着不同分值，不同得分构成了观测向量，将观测向量表示为 A，则 $A = \begin{bmatrix} a_1 & a_2 & \cdots & a_m \end{bmatrix}^{\mathrm{T}}$，其中 i 为第 i 个观测项，$i = 1, 2, \cdots, m$。

（2）构建观测项——胜任力关联矩阵。

每个观测项都对应于某项胜任力，比如在小速度飞行科目中，观测项高度偏差即对应着飞行轨迹管理手动飞行该项胜任力，利用德尔菲调查法征求飞行专家意见可以构建任意观测项与胜任力建立关联，并以关联矩阵 B 表示，见式（7.1）：

$$B = \begin{bmatrix} B_1, B_2, \cdots B_n \end{bmatrix} = \begin{bmatrix} b_{11} & b_{12} & \cdots & b_{1n} \\ b_{21} & b_{22} & \cdots & b_{2n} \\ \vdots & \vdots & & \vdots \\ b_{m1} & b_{m2} & \cdots & b_{mn} \end{bmatrix} \tag{7.1}$$

式中　b_{ij}——第 i 个观测项与第 j 个胜任力的关联属性，$i=1$，2，$\cdots$，m，$j=1$，2，$\cdots$，n。$b_{ij}=1$ 时表示第 i 个观测项与第 j 个胜任力存在映射关系，否则取 0。

（3）构建胜任力评估矩阵。

利用观测向量 A 和关联矩阵 B，则胜任力评估矩阵可表示为

$$Y = \begin{bmatrix} Y_1, Y_2, \cdots, Y_n \end{bmatrix} = \begin{bmatrix} a_1 b_{11} & a_1 b_{12} & \cdots & a_1 b_{1n} \\ a_2 b_{21} & a_2 b_{22} & \cdots & a_2 b_{2n} \\ \vdots & \vdots & & \vdots \\ a_m b_{m1} & a_m b_{m2} & \cdots & a_m b_{mn} \end{bmatrix} \tag{7.2}$$

产出指标为胜任力强度，则基于胜任力强度计算模型可表示为

$$Z = \sum_{i=1}^{m} \sum_{j=1}^{n} a_i b_{ij} \qquad (7.3)$$

由此可知，通过对航校训练情况的调研，以及向航校的飞行教员进行咨询访谈后，发现有些飞行学员由于自身学习能力较慢，导致其耗费的时间较长；有些基本驾驶术技能掌握得较不稳定，因此在训练过程中需要练习更多的起落，就导致花费的起落次数较多；有些在刚接触飞行时，需要耗费的资源过多，但随着飞行阶段的深入，其能力得到明显的提升。基于相关文献、法规以及专家的咨询访谈、调查研究结果，设定了如表 7.7 的评价指标。

表 7.7　飞行学员训练效率指标体系的构建

准则层	指标层	指标含义	变量
投入	筛选累计起落	从首次飞行到筛选课程所累计的起落次数（次）	I_1
	首次单飞累计起落	从首次飞行到首次单飞课程所累计的起落次数（次）	I_2
	实践考试累计飞行经历时间	从首次飞行到实践考试课程所累计的机上飞行训练时间（小时）	I_3
	实践考试累计起落	从首次飞行到实践考试所累计的起落次数（次）	I_4
	实践考试次数	在私照阶段训练结束后，实践考试的次数（次）	I_5
	训练时间跨度	从首次飞行到私照实践考试结束所经历的日期跨度（天）	I_6
产出	胜任力强度	在私照考试所展现出的胜任力强度	Z1

第三节　初始飞行训练效率评价方法

一、主成分分析法

深入分析多变量样本数据发现，变量的多少往往会影响研究结果的准确性和合理性，变量过多会增加工作量，变量过少则得出的结果不具有代表性、可信度较低。因此，主成分分析作为一种定量分析方法，可以将指标数量进行简化，但是数据所代表的大部分信息又可以完整被保留下来。主成分分析法（Principal Components Analysis，PCA）思路是经过一系列的数学变换，确保在数据信息丢失最少的情况下[104]，对指标进行处理，对初始指标进行主要信息的提取，进而得到少量的综合指标，相关模型如下：

（1）获取初始矩阵。

获取 n 个样本，每个样本中均有 p 个变量，可构造出一个 $n \times p$ 阶的数据矩阵，该矩阵可表示为：

$$\boldsymbol{X} = \begin{bmatrix} x_{11} & x_{12} & \dots & x_{1p} \\ x_{21} & x_{22} & \dots & x_{2p} \\ \vdots & \vdots & & \vdots \\ x_{n1} & x_{n2} & \dots & x_{np} \end{bmatrix} = (\boldsymbol{x}_1, \boldsymbol{x}_2, ..., \boldsymbol{x}_p) = (\boldsymbol{x}_{ij})_{n \times p} \qquad (7.4)$$

（2）标准化矩阵转换。

$$Z_{ij} = \frac{x_{ij} - x_{\bar{j}}}{\sqrt{\operatorname{var}(x_j)}} \tag{7.5}$$

式中　　$x_{\bar{j}}$——$x_{\bar{j}} = \dfrac{\displaystyle\sum_{i=1}^{n} x_{ij}}{n}$，$i = 1, 2, \cdots, n$，$j = 1, 2, \cdots, p$；

$\operatorname{var}(x_j)$——$\operatorname{var}(x_j)$ 满足 $\sqrt{\operatorname{var}(x_j)} = \sqrt{\dfrac{\displaystyle\sum_{i=1}^{n}(x_{ij} - x_{\bar{j}})^2}{n-1}}$，$i = 1, 2, \cdots, n$，$j = 1, 2, \cdots, p$。

标准化矩阵可表示为 $\boldsymbol{Z} = (z_{ij})_p$。

（3）求解相关系数矩阵。

相关系数矩阵可表示为 $\boldsymbol{R} = \begin{bmatrix} r_{11} & r_{12} & \cdots & r_{1p} \\ r_{21} & r_{22} & \cdots & r_{2p} \\ \vdots & \vdots & & \vdots \\ r_{p1} & r_{p2} & \cdots & r_{pp} \end{bmatrix}$，其中 $r_{ij}(i, j = 1, 2, \cdots, p)$ 可表示为

$$r_{ij} = \frac{\displaystyle\sum_{k=1}^{n}(zki - z\bar{i})(zkj - z\bar{j})}{\sqrt{\displaystyle\sum_{k=1}^{n}(zki - z\bar{i})^2 \sum_{k=1}^{n}(zkj - z\bar{j})^2}} = \frac{z'z}{n-1} \tag{7.6}$$

（4）特征值和特征向量。

求解特征方程 $\lambda |I - R| = 0$（I 是单位向量）的特征值 $\lambda_i(i = 1, 2, \cdots, p)$，并将求特征值依次排序，即 $\lambda_1 > \lambda_2 \cdots > \lambda_p > 0$，再通过运算求解出与特征值 λ_i 对应的特征向量 $e_i(i = 1, 2, \cdots, k)$ 的值。

（5）计算贡献率和累计贡献率。

主成分 Z_i 的贡献率为

$$Z_i'' = \frac{\lambda_i}{\displaystyle\sum_{k=1}^{p} \lambda_k}, \qquad i = 1, 2, \cdots, p \tag{7.7}$$

其累计贡献率为

$$Z_i' = \frac{\displaystyle\sum_{k=1}^{i} \lambda_i}{\displaystyle\sum_{k=1}^{p} \lambda_k}, \qquad i = 1, 2, \cdots, p \tag{7.8}$$

一般取累计贡献率达到 85% 以上的特征值[105]作为具有代表性的主成分因子。

二、数据包络分析法

数据包络分析（Data Envelopment Analysis，DEA）是基于线性规划，用投入指标和产出指标的比值来衡量研究对象的效率水平。由于 DEA 方法不仅局限于评价单个指标的投入、产出问题，其优势是能够解决多项投入和多项产出的问题，且权重不需要人为设定，极大避免了主观性的干扰，因此可广泛应用于生产、保险、银行、体育、环境等多个领域。

决策单元（Decision Making Units，DMU）即评估对象，是评价的每一个样本。每个决策单元都具有投入和产出两部分，决策单元的功能是把一定量的投入转化为一定量的产出[106]。在运用 DEA 方法时，对决策单元的选取具有特定的要求，需要满足同质性，以此来保证可对比性，即具有相同的外部环境、投入产出元素和目标。

DEA 作为绩效评价的发展，由最初的单一性投入、产出指标发展为多项投入、产出，DEA 在不断发展过程中有两个基本的模型，分别是 CCR 模型和 BCC 模型，具体内容主要包括：

（1）CCR 模型。

设有 n 个同类型的决策单元，用 DMU_j 表示。每个 DMU 有 m 种投入和 q 种产出，投入记作 x_i，投入的指标权重记作 v_i，其中 $i=1,2,\cdots,m$；产出记作 y_r，产出指标的权重记作 u_r，其中 $r=1,2,\cdots,q$。x_{ij} 代表在第 j 个决策单元（$j=1,2\cdots,n$）中第 i 种投入的值，y_{rj} 代表在第 j 个决策单元中第 r 种产出的值。所以，对于 DMU_k ($k=1,2,\cdots,n$)，可以计算得出效率值 h_k。效率值 h_k 可表示为

$$h_k = \frac{y_{1k}u_1 + y_{2k}u_2 + \cdots + y_{qk}u_q}{x_{1k}v_1 + x_{2k}v_2 + \cdots + x_{mk}v_m} = \frac{\sum\limits_{r=1}^{q} y_{rk}u_r}{\sum\limits_{i=1}^{m} x_{ik}v_i} \quad (u,v \geqslant 0) \tag{7.9}$$

为了便于不同决策单元的效率值具有可比性，在这里令效率值最大为 1，则其他 DMU 的效率取值范围为[0,1]。因此在 DEA 中，以相对效率 $\dfrac{\sum\limits_{r=1}^{q} y_{rk}u_r}{\sum\limits_{i=1}^{m} x_{ik}v_i} \leqslant 1$ 为模型求解的目标，可以得到 CCR 模型的分式规划表达式如下所示：

$$
\begin{aligned}
&\max \frac{\sum\limits_{r=1}^{q} y_{rk}u_r}{\sum\limits_{i=1}^{m} x_{ik}v_i} \\[2em]
&\text{s.t.} \frac{\sum\limits_{r=1}^{q} y_{rk}u_r}{\sum\limits_{i=1}^{m} x_{ik}v_i} \leqslant 1 \\[2em]
&u \geqslant 0; v \geqslant 0; j=1,2,\cdots,n; \ i=1,2,\cdots,m; \ r=1,2,\cdots,q
\end{aligned}
\tag{7.10}
$$

利用 Charnes-Cooper 变换，使分式规划转换为线性规划，令 $t = \dfrac{1}{\sum\limits_{i=1}^{m} x_{ik} v_i}$，$w = tv$，$\mu = tu$，则相应的线性规划模型可表示为：

$$
\begin{aligned}
&\max \ \mu y_k \\
&\text{s.t. } w'x_j - \mu'y_j \geqslant 0 \\
&\quad w'x_k = 1 \\
&\quad w \geqslant 0, \mu \geqslant 0
\end{aligned}
\tag{7.11}
$$

为了解决直接求解该模型时计算量大且复杂的难题，在模型中加入投入和产出的对偶变量，使其转换为对偶规划模型，并通过线性规划处理，得到如下 CCR 模型。

$$
\begin{aligned}
&\min \left[\theta - \varepsilon \left(\sum_{r=1}^{q} S_r^+ + \sum_{i=1}^{m} S_i^- \right) \right] \\
&\sum_{j=1}^{n} \lambda_j x_{ij} + S_i^- = \theta x_{ik} \\
&\sum_{j=1}^{n} \lambda_j y_{rj} - S_r^+ = y_{rk} \\
&\lambda_j, \ S_r^+, \ S_i^- \geqslant 0; r = 1, 2 \cdots, q; i = 1, 2, \cdots, m
\end{aligned}
\tag{7.12}
$$

式中　θ——飞行学员 j 的训练效率；

λ_j——飞行学员 j 的投入和产出指标的组合权重；

$\sum\limits_{j=1}^{n} \lambda_j x_{ij}$——飞行学员 k 所计算得出的投入指标值；

$\sum\limits_{j=1}^{n} \lambda_j y_{rj}$——飞行学员 k 所计算得出的产出指标值；

x_{ik}——飞行学员 k 的投入向量；

y_{rk}——飞行学员 k 的产出向量；

S_i^-——剩余变量；

S_r^+——松弛变量；

ε——阿基米德无穷小量。

$\theta*$ 是 CCR 模型的最优解，当 $\theta* = 1$ 且 S_r^+ 和 S_i^- 均为 0 时，说明 DMU$_j$ 为 DEA 有效；当 $\theta* = 1$ 且 S_r^+ 和 S_i^- 有一个不为 0 时，说明 DEA 还存在优化的空间，即弱有效；反之，当 $\theta* \leqslant 1$ 时，即 DMU$_j$ 为 DEA 无效。

（2）BCC 模型。

CCR 模型是在不变规模收益的条件下的评价模型。为了考虑可变规模收益条件下的评价，研究者在 CCR 模型的基础上增加了一个限制条件即公式 $\sum\limits_{j=1}^{n} \lambda_j = 1$，从而可以对决策单元的技术有效性做出相应评价，此模型即为 BCC 模型。BCC 模型可表示为：

$$\min\left[\theta - \varepsilon\left(\sum_{r=1}^{q} S_r^+ + \sum_{i=1}^{m} S_i^-\right)\right]$$

$$\sum_{j=1}^{n} \lambda_j x_{ij} + S_i^- = \theta x_{ik}$$

$$\sum_{j=1}^{n} \lambda_j y_{rj} - S_r^+ = y_{rk}$$

$$\lambda_j,\ S_r^+,\ S_i^- \geqslant 0; r = 1, 2, \cdots, q; i = 1, 2, \cdots m$$

（7.13）

BCC 模型不同于 CCR 模型之处在于，BCC 模型是投入导向型，即从投入的角度分析效率评价问题，因此本书选取基于投入角度的 BCC 模型对训练效率进行分析。

第四节　实例分析

本节选取研究对象进行实证分析，通过飞行训练管理系统进行相关数据的提取，对教员进行问卷调研得到产出指标数据，进而利用主成分分析法得到主成分因子，避免重复信息之间的干扰。采用数据包络分析得到效率结果，并从多方面对结果展开详细分析，对其中发现的问题提出针对性的建议。

一、PCA 分析

A 航校从事飞行训练的历史悠久，具备一定的规模，因此，选取 A 航校的飞行学员作为研究对象，数据如表 7.8 所示。飞行训练管理系统是记录飞行学员各项飞行数据信息，可以查询并提取出指标数据，选取该航校同时期的一批飞行学员，针对产出指标的收集，采取对教员进行咨询访谈的方式，请其对带飞的飞行学员进行综合性的评价打分，综上指标数据的获取是通过专用系统和实际调研并经适当整理得到。

表 7.8　A 航校部分飞行学员的评价指标原始数据表

学员	投入指标						产出指标
	I_1	I_2	I_3	I_4	I_5	I_6	O_1
DMU$_1$	30	81	63.28	135	1	166	253
DMU$_1$	37	70	63.06	147	1	168	229
DMU$_3$	38	87	63.04	152	2	201	185
DMU$_4$	29	78	64.5	135	2	192	183
DMU$_5$	26	39	63.57	120	1	190	182
DMU$_6$	30	71	63.2	138	1	184	159
DMU$_7$	18	71	63.32	116	1	186	159

学员	投入指标						产出指标
	I_1	I_2	I_3	I_4	I_5	I_6	O_1
DMU$_7$	18	71	63.32	116	1	186	159
DMU$_8$	25	62	63.09	146	1	144	159
DMU$_9$	44	104	63.29	155	1	144	159
DMU$_{10}$	45	104	63.14	170	1	193	240
DMU$_{11}$	34	83	64.07	154	1	196	257
DMU$_{12}$	37	84	63.03	145	1	175	251
DMU$_{13}$	27	58	65.46	131	2	318	249
DMU$_{14}$	57	110	63	179	1	168	248
DMU$_{15}$	47	97	63.3	168	1	207	259
DMU$_{16}$	28	66	63.2	155	1	163	258
DMU$_{17}$	23	63	63	128	1	177	239
DMU$_{18}$	44	95	63	157	1	222	258
DMU$_{19}$	34	72	63.15	147	1	221	261
DMU$_{20}$	32	78	63.21	147	1	215	258

（一）适用性分析

从训练管理系统中提取评价指标体系中的数据，由于产出指标只有一个，在这里只对投入指标进行主成分分析，进行主成分分析之前对原始数据进行 KMO 值和 Bartlett 球形检验，以确定其是否适用于主成分分析。从表 7.9 中的 KMO 检验值来看，本案例的 KMO=0.729，其值 KMO>0.5，适合做主成分分析；从 Bartlett 球形检验结果来看，Sig=0.000，小于显著性水平值 0.05，即表明原始变量之间存在相关性。因此，主成分分析法适用于对投入指标提取主成分，可以进行下一步的分析。

表 7.9　投入值 KMO 和 Bartlett 检验表

KMO 和 Bartlett 的检验		
KMO 取样适切性量数		0.729
Bartlett 的球形度检验	近似卡方	68.706
	df	15
	Sig	0.000

（二）提取主成分

分析主成分的适用性后，使用 SPSS 软件对投入指标数据做数据处理与分析工作，主要包含相关系数矩阵、累计方差贡献率、因子载荷矩阵、因子得分系数矩阵以及结果的分析。6 个投入指标之间绝大多数存在关联性，表明某些指标之间存在可替代性。因此可以通过提取主成分对变量信息进行综合，指标相关系数矩阵如表 7.10 所示。

表 7.10　投入指标相关系数矩阵表

	I_1	I_2	I_3	I_4	I_5	I_6
I_1	1					
I_2	0.843**	1				
I_3	−0.288	−0.300	1			
I_4	0.889**	0.793**	−0.323	1		
I_5	−0.132	−0.105	0.658**	−0.184	1	
I_6	−0.077	−0.180	0.677**	−0.149	0.526*	1

　　运用主成分分析法对投入指标因子进行降维处理。根据主成分提取条件，特征值大于 1 说明可替代原变量，基于 Kaiser 标准抽取特征值大于 1 的因子，共可抽取 2 个主因子。通过公共因子的贡献率反映出代表原始数据的信息含量，2 个主成分因子所能代表的累计信息量的 82.496%，表明该数据能够代表原有数据的大部分信息，即采用主成分因子不会使原始数据信息失真。因此，投入指标可选取 2 个主成分因子代替原有指标，第一主成分特征值为 3.102，第二主成分特征值为 1.848，共计保留了 82.496% 的原有信息，主成分分别用 CI_1、CI_2 表示，投入指标贡献率如表 7.11 所示。

表 7.11　投入指标贡献率

成分	初始特征值			提取平方和载入		
	合计	方差/%	累积/%	合计	方差/%	累计/%
1	3.102	51.694	51.694	3.102	51.694	51.694
2	1.848	30.802	82.496	1.848	30.802	82.496
3	0.491	8.178	90.674			
4	0.264	4.406	95.080			
5	0.199	3.310	98.389			
6	0.097	1.611	100.000			

（三）计算主成分得分

　　为了更好对指标进行划分，并对主成分做进一步的分析解释，需要对指标数据进行旋转。旋转的作用是进行数学转换，经过转换后可以使因子之间的区分度更加明显，并且能够反映其特定意义，使得主成分因子的命名和解释更加方便和容易。旋转的目的是更好地解释该指标应该归属于哪一个主成分，因此需要进一步求解旋转后的因子载荷矩阵。

　　因子载荷矩阵如表 7.12 所示，载荷值越高代表这个原始变量与各因子之间的相关性越强，载荷矩阵的主成分主要包括：

　　（1）筛选累计起落（I_1）、首次单飞累计起落（I_2）、实践考试累计起落（I_4）在第 1 主成分因子上具有较高的载荷，可将其命名为起落因子，用 CI_1 表示。

（2）实践考试考试次数（I_5）、训练跨度日期（I_6）、实践考试累计飞行经历时间（I_3）在第 2 主成分因子上具有较高的载荷，可将其命名为过程因子，用 CI_2 表示。

表 7.12　投入指标旋转后的载荷矩阵

指标	主成分	
	CI_1	CI_2
I_1	0.963	−0.070
I_2	0.920	−0.112
I_4	0.935	−0.139
I_5	−0.049	0.841
I_6	−0.040	0.853
I_3	−0.236	0.878

通过计算成分矩阵可得到主成分因子矩阵，即表达式系数矩阵，如表 7.13 所示。两个主成分可表达式为：

$$CI_1 = 0.370I_1' + 0.349I_2' - 0.003I_3' + 0.352I_4' + 0.066I_5' + 0.071I_6'$$

（7.14）

$$CI_2 = 0.065I_1' + 0.040I_2' + 0.391I_3' + 0.029I_4' + 0.392I_5' + 0.399I_6'$$

由式（7.14）可求出主成分得分，其中 I_i'(i=1,2,···,7)是原始数据标准化之后的值，根据式（7.14）和标准化后的数据值可求出主成分得分分析结果，如表 7.14 所示。

表 7.13　主成分得分系数矩阵

指标	主成分	
	CI_1	CI_2
I_1	0.370	0.065
I_2	0.349	0.040
I_3	−0.003	0.391
I_4	0.352	0.029
I_5	0.066	0.392
I_6	0.071	0.399

表 7.14　投入指标主成分分析结果表

学员	CI_1	CI_2
DMU_1	−0.439	−0.551
DMU_2	−0.118	−0.625
DMU_3	0.609	0.840
DMU_4	−0.313	1.560
DMU_5	−1.708	−0.259
DMU_6	−0.537	−0.426

学员	CI_1	CI_2
DMU$_7$	−1.479	−0.450
DMU$_8$	−0.811	−0.965
DMU$_9$	0.954	−0.597
DMU$_{10}$	1.414	−0.133
DMU$_{11}$	0.223	0.339
DMU$_{12}$	0.129	−0.541
DMU$_{13}$	−0.638	3.454
DMU$_{14}$	2.148	−0.379
DMU$_{15}$	1.335	0.113
DMU$_{16}$	−0.383	−0.646
DMU$_{17}$	−1.197	−0.713
DMU$_{18}$	0.970	0.038
DMU$_{19}$	−0.095	−0.016
DMU$_{20}$	−0.065	−0.042

二、基于 DEA 模型的飞行训练效率评估

（一）指标的标准化处理

由主成分分析结果可知，数值有正有负，而导入 DEA 模型必须为正值，因此在 DEA 分析之前要先做归一化处理，将数值全部转化为正值。目前在处理主成分分析中存在负数的问题，匡海波[107]利用幂指数相关知识将主成分分析法计算得到的数据作为指数；王春芝等[108]利用指标的每个数据分别与该指标中的最小值进行相减；刘玥[109]为了避免数值出现 0 值，采用边界值信息使所有的数据都落在[0.1,1]内，对原始数据进行线性变换，对主成分结果采用改进的离差标准化方法处理，对主成分结果进行处理的方法可表示为

$$zC_{ij} = 0.1 + \frac{c_{ij} - \min\{c_j\}}{\max\{c_j\} - \min\{c_j\}} \times 0.9 \tag{7.15}$$

式中　　c_{ij}——决策单元 i 的第 j 个主成分；

$\max\{c_j\}$——主成分 j 的最大值；

$\min\{c_j\}$——主成分 j 的最小值；

zC_{ij}——取值范围为[0.1,1]，处理后的指标标记为 CI_1' 和 CI_2'。

投入指标标准化处理后的数据如表 7.15 所示。

（二）计算结果及对策分析

将表 7.15 中经过标准化的投入指标数据和产出指标数据代入 DEA 模型求解，进行 DEA 分析，得出如表 7.16 所示的结果。

表 7.15　投入指标标准化的数据

学员	CI'_1	CI'_2
DMU$_1$	0.396	0.184
DMU$_2$	0.471	0.169
DMU$_3$	0.641	0.468
DMU$_4$	0.426	0.614
DMU$_5$	0.100	0.244
DMU$_6$	0.373	0.210
DMU$_7$	0.153	0.205
DMU$_8$	0.309	0.100
DMU$_9$	0.721	0.175
DMU$_{10}$	0.829	0.269
DMU$_{11}$	0.551	0.366
DMU$_{12}$	0.529	0.186
DMU$_{13}$	0.350	1.000
DMU$_{14}$	1.000	0.219
DMU$_{15}$	0.810	0.319
DMU$_{16}$	0.409	0.165
DMU$_{17}$	0.219	0.151
DMU$_{18}$	0.725	0.304
DMU$_{19}$	0.477	0.293
DMU$_{20}$	0.483	0.288

表 7.16　DEA 法计算结果

学员	综合效率	纯技术效率	规模效率	规模收益
DMU$_1$	0.867	0.907	0.956	drs
DMU$_2$	0.853	0.856	0.997	drs
DMU$_3$	0.26	0.332	0.783	irs
DMU$_4$	0.306	0.34	0.899	irs
DMU$_5$	1	1	1	—
DMU$_6$	0.478	0.653	0.732	irs
DMU$_7$	0.763	0.993	0.769	irs
DMU$_8$	1	1	1	—
DMU$_9$	0.571	0.571	1	—
DMU$_{10}$	0.561	0.564	0.995	drs
DMU$_{11}$	0.444	0.724	0.613	drs

学员	综合效率	纯技术效率	规模效率	规模收益
DMU_{12}	0.849	0.859	0.988	drs
DMU_{13}	0.391	0.911	0.429	drs
DMU_{14}	0.712	0.72	0.989	drs
DMU_{15}	0.511	0.651	0.786	drs
DMU_{16}	0.985	1	0.985	drs
DMU_{17}	1	1	1	—
DMU_{18}	0.535	0.564	0.948	drs
DMU_{19}	0.563	1	0.563	drs
DMU_{20}	0.566	0.847	0.668	drs

1. 综合效率分析

由 BCC 模型可知，纯技术效率代表决策单元对于投入资源的使用情况，效率值越高代表其使用效率越高，规模效率可以衡量决策单元的投入和产出比例是否恰当。综合效率值为 1 代表该决策单元处于有效状态，小于 1 代表处于无效状态。对于本书选取的 20 名研究对象而言，DMU_5、DMU_8、DMU_{17} 在综合效率、纯技术效率和规模效率的值均为 1，说明 DEA 处于有效状态，处在生产前沿面，表明其在当前的投入下其产出是最大的。相比于其他决策单元来讲，上述 3 名飞行学员的训练效率是最佳的，没有出现投入冗余或产出不足的情况。

其余 17 个决策单元综合效率值小于 1，说明非 DEA 有效，表明在这些单元中投入方面存在冗余或产出方面存在不足的情况，即现有的投入水平仍有产出增加的空间，或在现有产出不变的条件下可以适当减少投入水平。DMU_{16} 的综合效率达到了 0.985，说明只需要在投入、产出方面稍作调整就可以达到有效效率的水平。DMU_3、DMU_4 的综合效率均处于 0.3 附近，说明综合效率水平较为低下，后续需要针对性地加大调整力度，从整体统计数据可以看出，在投入飞行资源与其他飞行学员并无明显差别的情况下，其胜任力的产出能力较低，导致整体的训练效率偏低，可能有以下两方面原因：

（1）飞行学员的学习能力欠佳，在同等的训练条件和培训环境下训练效果的产出远低于其他飞行学员，说明飞行学员接受能力较差。

（2）飞行学员的技能养成水平不稳定，忽高忽低，导致整体的训练产出处于较低的水平。

综上所述，对于训练效率相对低下的飞行学员，需要尽快确定其训练效果偏差的原因，如接受能力较差则需要查明在理论培训阶段是否基本功扎实等，及时"对症下药"，避免后续训练效率低下。

由表 7.16 的综合效率数据可得到飞行学员训练效率折线图，如图 7.6 所示。综合效率的均值为 0.66，其中 11 名飞行学员的综合效率值低于均值，占比 55%。对于培训机构而言，整体效率的提升空间较大，在某些方面仍存在投放比例不科学的现象，因此在后续可做出相应改进，一方面可进一步调整飞行资源的投入比例，另一方面需要重点关注飞行学员的训练质量，合理优化产出，以此达到训练效率的有效性。

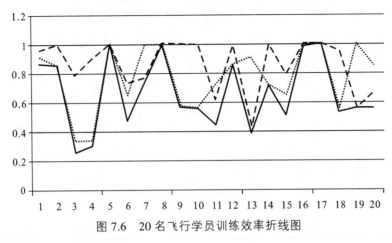

图 7.6　20 名飞行学员训练效率折线图

2. 纯技术效率分析

纯技术效率是衡量投入资源利用程度的一项指标，即在保持决策单元投入不变的情况下获得最大产出的能力，其值越高代表投入使用效率越高。由表 7.16 可知，纯技术效率值为 1 的决策单元有 DMU_5、DMU_8、DMU_{16}、DMU_{17}、DMU_{19}，说明纯技术 DEA 有效，在去除了规模因素的影响外其投入资源得到充分的利用，利用率较高。其余决策单元的纯技术效率值小于 1，说明纯技术非 DEA 有效，投入资源未能充分利用，利用率较低。如 DMU_3 的纯技术效率仅为 0.34，远低于纯技术效率的均值为 0.78，由该飞行学员数据可知投入相对较高，尤其在起落因子方面占用量排名在 20 名研究对象的第 5 位，因此在后续的培训中应关注其每次的训练质量效果。在实践过程中，秉承"缺什么补什么"的原则，对于不能通过累计飞行次数等来达到训练目标的飞行学员，在飞行后及时查漏补缺环节，做到理论与实践紧密结合，使其充分利用投入的飞行资源，确保训练飞行的效果。

3. 规模效率分析

规模效率主要用于衡量决策单元的投入与产出比例是否恰当，规模效率值越大代表其生产效率越高。表 7.16 的规模效率均值为 0.86，在综合效率、纯技术效率、规模效率三者中，规模效率的均值最高，说明飞行学员的训练效率不高主要归结于纯技术效率较低，图 7.6 也可清晰表现了同样的结论。DMU_5、DMU_8、DMU_9、DMU_{17} 在规模效率上达到有效值，表明其投入资源与产出分配上的比例适当，但对于 DMU_{19}，其纯技术效率为 1，规模效率为 0.563，说明其纯技术 DEA 有效，则投入资源的利用率达到最优，但规模效率小于 1 表明其综合效率值无效的原因在于其规模没有达到最优，即投入、产出比未达到最佳比例，在后续训练中应注意投入资源与产出效果的比例关系，不能仅仅强调训练投入或训练效果产出，要在训练过程中做到两方面并重。在 20 名飞行学员中，有 8 个决策单元的规模效率值低于均值，占比 40%，说明飞行学员当中规模效率值普遍较技术效率值高。

4. 规模收益及松弛变量分析

规模收益是衡量投入和产出的变化比例情况，是指投入按一定比例变化，产出也会以投入比例进行变化。规模收益可分为规模收益递增、规模收益不变和规模收益递减 3 类，具体内容包括：

① 规模收益递增是指投入按一定比例变化，产出变化的幅度超出投入变化的幅度。

② 规模收益不变是指投入按一定比例变化，产出变化的幅度等于投入变化的幅度。

③ 规模收益递减是指投入按一定比例变化，产出变化的幅度低于投入变化的幅度。

由表 7.16 可知，DMU_3、DMU_4、DMU_6、DMU_7 的规模效率较低，且规模收益处于递增状态，意味着这 4 个决策单元在训练过程中需要科学合理地增加投入资源力度，提高管理效率，从而全面提高其产出效率；对于规模收益递减的决策单元，重点在于需要控制投入的量，进而提高资源的利用效率，达到整体效率的有效性。

根据 DEAP 软件的输出结果，将松弛变量整理如表 7.17 所示，其中：

（1）$S+$ 表示产出不足，是指在保持目前投入的情况下其产出是存在不足的。

（2）$S-$ 表示投入冗余量，是指在保持目前整体产出不变的情况下其投入是可以减少的。

表 7.17　20 名飞行学员的投入冗余量和产出不足量

评估对象	投入冗余量（$S-$）		产出不足量（$S+$）
	CI_1	CI_2	O_1
DMU_1	0.000	0.005	0.000
DMU_2	0.172	0.000	0.000
DMU_3	0.000	0.000	51.182
DMU_4	0.000	0.000	20.520
DMU_5	0.000	0.000	0.000
DMU_6	0.000	0.000	58.202
DMU_7	0.000	0.000	47.840
DMU_8	0.000	0.000	0.000
DMU_9	0.103	0.000	0.000
DMU_{10}	0.239	0.000	0.000
DMU_{11}	0.000	0.101	0.000
DMU_{12}	0.116	0.000	0.000
DMU_{13}	0.000	0.000	0.000
DMU_{14}	0.411	0.000	0.000
DMU_{15}	0.096	0.000	0.000
DMU_{16}	0.000	0.000	0.000
DMU_{17}	0.000	0.000	0.000
DMU_{18}	0.000	0.006	0.000
DMU_{19}	0.000	0.000	0.000
DMU_{20}	0.000	0.079	0.000

由表 7.17 可知，决策单元 DMU_5、DMU_8、DMU_{13}、DMU_{16}、DMU_{17} 和 DMU_{19} 的投入量和产出量均为有效值，投入产出比较合理，即投入不存在冗余、产出不存在不足的情况，充分利用了资源。其他决策单元则存在不同程度的投入冗余或产出不足现象，如 DMU_2 存在投入冗余的情况，对于起落因子这个投入指标，在训练过程中可通过减少 0.172 个单位的起落，同样可以达到产出不

变的效果；对于 DMU_3 存在产出不足的情况，在训练投入不变的情况下可增加 51.182 个单位的产出，则应重点关注训练效果的产出层面。表 7.17 的数据是标准化分析后的结果，虽不能提供直接训练的参考数据，但是可以给出训练改进方向，调整的幅度越大说明该飞行学员在后续训练中应更注重该方面的练习与改进。

三、提升飞行训练效率的建议

上述实例分析的结果表明，在 20 个决策单元的整体效率评价上仅有 3 个决策单元综合效率处于有效状态，其他决策单元均存在投入冗余或产出不足的情况，可以根据上述计算结果提出几点改进建议：

（1）把握全局，因材施教。

① 在投入方面，开展飞行训练活动是多方协调的结果。训练时间和起落架次等安排取决于教员的带飞计划和飞行学员自身能力水平，作为教员应该把握全局，在教员与相关部门进行充分沟通、协调、交流的基础上最大程度地利用现有训练资源，精心制订飞行计划表。

② 在把握全局的基础之上，更应聚焦于"细"。由于飞行学员之间存在差异性，应该使用不同的教学方式方法做到因材施教。对于地面知识较稳固但真机训练过程中表现较差的飞行学员，如果仅通过增加真机训练次数和训练时间提升其飞行技能，会造成较大的资源浪费，以及训练效果不佳，因此应注重飞行后的沟通和反思环节，真正了解到飞行学员存在的薄弱环节，对症下药才能做到药到病除。

③ 飞行学员应积极主动地去适应从地面理论学习过渡到飞行训练，把握好每次飞行训练，做到次次飞行有所获。对于存在的疑问点，应及时在飞行后讲评环节请教教员，并在课下做好飞行笔记、心得等，不断学习、完善、精进飞行技能。

（2）科学考核，动态监管。

目前飞行训练的核心逐步向核心胜任能力转变，对于飞行学员的训练考核不能仅仅停留在通过与否的层面，应注重其在训练过程中所体现出来的能力，并与相应的行为指标进行对应。这样不仅能够量化飞行学员的训练效率产出，更能真正做到从重视结果标准化向关注过程标准化的转化，将飞行学员每一阶段的训练、考试等数据详细记录在册，实现对飞行学员的技能培养和养成进行长时段监控、全方位监管、可回溯监督，助力飞行员技能全生命周期管理体系（PLM）的实现。

下篇
CBTA 在中飞院
初始飞行训练中的
应用实践

第八章 基于 CBTA 的飞行训练改革总体方案

飞行训练是保证飞行安全、促进民航高质量发展的基础。中国民航局结合 ICAO 相关标准和国内飞行训练实际情况，提出了运输航空飞行员技能全生命周期管理（PLM）体系建设实施路线图，其中初始飞行训练为 PLM 体系建设的首要阶段，如何高质量推进基于胜任力实施飞行训练评估尤为关键。本章主要介绍以中飞院为代表的 CCAR-141 航校的 CBTA 飞行训练改革总体方案。

第一节 飞行训练改革总体思路及原则

一、CBTA 飞行训练改革总体思路

中飞院 CBTA 训练体系，以 ICAO 文件为指导，总结 9868、9941 与能力训练有关的理论和方法论。在体系建设过程中，关注文化差异和飞行学员的个体差异，更加符合实际训练。

CBTA 飞行训练改革明确了推进 CBTA 训练改革需要完成的主要工作，主要包括：

（1）制订培训规范。

根据 CBTA 的整体思想，在传统培训规范的基础上系统优化培训目标、训练大纲和训练标准。

（2）构建胜任力模型。

每个胜任力模型都是该课程各阶段所需胜任力的最低要求。如私照课程一阶段、二阶段，以及私照考试前的检查等。

（3）设计评价体系。

根据胜任力模型制订各阶段的评价标准，特别是各胜任力对应的可观测行为指标。通过收集有效且可靠的评价数据，建立定性、定量的评价标准，对飞行学员或者受训者进行量化评价；通过数据分析飞行学员缺失的胜任力。在建立训练库的基础上实施有效的训练，使所缺失胜任力训练和新胜任力训练相结合，保持训练的连续性。

（4）编写培训材料。

针对训练科目以及飞行教员的编写能力，提升培训指南或教材的质量。

（5）建立运行支持体系。

建立与 CBTA 相适应的质量管理体系和安全管理体系，特别是能够支持 CBTA 运行的训练管理软件系统。

二、CBTA 飞行训练改革推进原则

CBTA 飞行训练改革推进原则主要包括：

（1）针对面临的问题和实际需求，制订运输航空飞行员培初始训方案，构建执照培训、过渡训练、副驾驶训练等于一体的训练管理体系和课程的建设标准。

（2）研究飞行员从零基础到合格副驾驶胜任力形成规律。分段、分级逐步搭建飞行员核心胜任能力框架，通过训练达到最终目标。

（3）研究执照培训、副驾驶训练飞行技术管理对接方案。通过副驾驶训练的绩效反馈内容，建立供给需求式的训练管理模式，根据运输航空飞行员训练所需胜任力调整执照训练的大纲、标准等。

（4）研究针对飞行员从零基础到合格副驾驶的质量管理体系，达到可追溯、可溯源的一体化质量管理机制，并按照各阶段训练绩效来调整训练方案，实施因人而异的训练大纲，提高教学绩效。

第二节　CBTA 课程体系构建目标

新的训练体系目标是逐步实现从强调手动操纵能力转向胜任能力全面培养，为此需要实现基于科目训练转向基于课程训练、从执照培训转向职业化特征训练，特别是需要将 TEM 和 CRM 训练融合到执照训练课程中，全面提升飞行员培训品质[110]。此外，CBTA 体系的核心是建立一套科学有效的评估体系，以指导和实施教学训练。评估结果是改进教学、提升训练质量、完善训练体系的重要依据。基于 CBTA 的飞行训练改革成功的关键在于建立标准化的课程体系，主要包括：

（1）课程大纲开发标准化。

在学习、理解基于核心胜任能力训练理论的基础上，按照课程目标，依据国际标准课程开发逻辑或方法，按照当地（国内和国外）民航规章要求，使用课程开发工具开发符合质量目标的 CBTA 训练大纲和课程，并梳理开发课程和训练大纲的逻辑和思路来制订课程大纲开发指南。结合训练评估发现的胜任力缺陷，逐步将"一人一策"的训练方式应用于飞行员培训过程中。课程大纲开发以执照训练为基础，以运输航空飞行员（职业飞行员）的核心胜任力需求为导向，按照训练规律设置飞行训练科目，通过初阶、进阶、高阶胜任力的训练逐步搭建飞行员核心胜任力，按照各阶段训练标准进行评估，通过训练使零基础飞行学员达到职业化行为特征，满足质量目标的要求。

基于国际标准框架下开发的训练课程，有利于向外推广，有利于国际交流。如果把符合国内飞行员培训课程的开发和是否具备 CBTA 训练大纲作为海外航校的审定内容，推出我国民航飞行员培训标准，可以提高我国飞行员培训在海外训练的质量。

（2）训练教材标准化。

训练教材是飞行学员学习飞行技术、飞行教员掌握教学技巧的指导性材料。训练教材将对飞行手册、训练大纲、飞行员培训手册（PTM）中的飞行科目、飞行动作和飞行程序，从理论、注意力分配、操作技巧、操作要领、偏差修正等方面进行专业描述，为学生学习、教员教学提供指南。训练教材是实施细则和评估指标建设的重要依据，按照课程在知识、技能、态度上的要求，将评估指标与核心胜任力所表现出的 OB 进行关联，形成评估体系模型。

（3）训练过程标准化。

训练过程标准化是指训练从结果标准化向过程标准化转化的具体体现。按照进阶训练的思路，以标准程序、飞行教材为训练依据，明确每个阶段胜任力框架，通过统一的训练程序、训练动作、操作要领和训练标准实施教学，逐步搭建飞行学员所需胜任能力。

（4）训练评估标准化。

训练评估是对训练绩效的检验，对飞行教学具有极强的导向性和牵引作用。训练评估标准化是以实践考试标准和实施细则为依据，搭建两级评价指标体系框架，建立定性和定量的评价标准。评价指标和评价结果的内容主要包括：

① 一级评价指标是以实践考试标准为依据，将每项标准与胜任力所对应的 OB 进行关联。

② 二级评价指标是为了对应实践考试标准，通过对实施训练科目的每个动作（实施细则）建立可量化评估标准进行标准化评估，最终将每个训练科目的训练评估结果以九项胜任力雷达图的形式输出，实现多维度飞行员胜任力动态画像的目的。

③ 评价结果是技能全生命周期管理的重要指标，也是不同训练阶段的技术管理接口，改进训练方法、提升技能的重要依据，后续研究的重点。

（5）飞行教员标准化。

建立基于能力训练的教学资质要求，除具备基础教员资质能力要求以外，还需要进行训练理念、教学方法、教学技巧、运输航空运行知识等培训，以保证飞行教学效果。

中飞院基于 CBTA 的飞行训练改革总体目标如图 8.1 所示。

图 8.1　中飞院基于 CBTA 的飞行训练改革总体目标

在实施基于 CBTA 的飞行训练改革过程中，应牢牢把握的关键主要包括：

（1）坚持将基本驾驶技术作为初始训练的重点，将手动飞行能力（基本驾驶术）的培训贯穿于整个初始培训的全过程。

（2）基于现行标准，开展实践。

在现行实践考试标准的基础上，对照运输航空飞行员所需的胜任力指标，将传统的训练科目和训练动作与可观察的行为进行对标，并在不同阶段的训练过程中逐级拓展胜任力的教学，使学生既能达到执照训练的要求，又能按照运输航空飞行员胜任力需求进行拓展训练。

（3）打通质量管理通道。

通过建设评价系统，利用统一的胜任力指标对接各阶段训练，形成能力画像，搭建运输航空飞行员初始培训阶段的技术管理通道，这是技能全生命周期管理的初始阶段，为后续的 EBT 训练做好铺垫。

第九章　面向 CBTA 的初始飞行训练课程设计

为了提升飞行训练课程的开发质量、统一课程的设计标准，ICAO 提出一套面向航空业务培训的课程设计工具"ISD"和 ADDIE。本章首先介绍这两种设计工具，然后介绍中飞院基于课程设计工具开发的初始飞行训练课程。

第一节　课程设计工具

目前，澳大利亚、美国及欧洲多国成功实践了 CBTA-EBT。鉴于这种培训理念的先进性和有效性，国际民航组织（ICAO）、国际航空运输协会（IATA）及多国民航管理机构大力推广这种培训体系。我国民航局于 2020 年发布了《中国民航运输航空飞行员技能全生命周期管理体系建设实施路线图》，要求深化飞行训练改革，依照 CBTA-EBT 原则实施飞行员培训。由此可见，CBTA-EBT 将成为国际和国内主流的飞行员培训方式。

中国民航 PLM 实施分第一阶段（2020—2022 年）、第二阶段（2023 年）、第三阶段（2024 年）、第四阶段（2025—2026 年）和第五阶段（2027—2030 年）。其中，第四阶段（2025—2026）要求 CBTA 融合，包括 CCAR-141 整体课程（全覆盖）、CCAR-141 高性能课程及 ACPC，因此相应的课程开发设计需要结合 ICAO 等国际民航机构课程开发设计工具。

目前常用的课程设计工具包括教学系统设计 ISD 和 ADDIE 模型，其中教学系统设计（ISD）是设计培训的一个正式过程，包括分析、设计和生产、评估和反馈三个阶段。FAA 于 1991 年首次将 ISD 应用于航空培训，开发完成了高级资格认证计划（Advanced Qualification Program，AQP）。AQP 的成功证明了 ISD 在飞行员培训领域的可行性和可靠性，ISD 随后成为 ICAO 标准的培训开发工具，如表 9.1 所示。

ADDIE 模型则是由 ISD 发展而来，专门用于 CBTA 培训的设计和开发，如表 9.2 所示，循证培训（EvidenceBasedTraining，EBT）便是应用 ADDIE 模型的优良示范。最近几年，国际民航组织明确了 ADDIE 是 CBTA 培训开发的工具，并将其编入了《空中航行服务程序—培训》（国际民航组织，Doc 9868 号文件）第三版，供课程开发人员使用。

教学系统设计（ISD）和 ADDIE 两个课程设计工具的对比如表 9.3 所示。

表 9.1　ICAO 教学系统设计 ISD

类别	阶段	产出
分析	第 1 阶段：初步分析	培训建议及理由，拟议的行动方针
	第 2 阶段：工作分析	任务描述和绩效标准
	第 3 阶段：培训对象分析	飞行学员的特点与现有技能和知识
设计和制作	第 4 阶段：课程设计	培训目标，掌握情况测试，单元的次序
	第 5 阶段：单元设计	授课方式，训练技巧与手段，起草培训材料
	第 6 阶段：生产和开发测试	制作所有飞行学员材料
评价	第 7 阶段：验证和修订	试用课程并根据需要进行修订
	第 8 阶段：实施	经过培训的人力资源
	第 9 阶段：培训后评价	评价培训效果，补救行动计划

表 9.2　ICAO"ADDIE"模型

编号	组成部分	成果
1	分析培训需求	培训规范
2	设计本土化的基于胜任能力的培训和评估	经调整的胜任能力模型培训计划、评估计划
3	编制培训和评估材料	培训材料、评估和考试
4	根据培训和评估计划授课	具有胜任能力的受训人员
5	评价课程，包括培训和评估计划	课程报告

表 9.3　对比教学系统设计（ISD）和 ADDIE 模型

对比项目	ISD	ADDIE
主要用途	（1）探查系统缺陷、人员绩效缺陷，提出管理解决方案和/或培训解决方案（2）设计培训（3）开发胜任能力框架	设计 CBTA 培训
资源消耗	过程复杂，人力和时间成本较高	步骤简明，资源消耗较少
对开发人员的要求	高	一般
优点	用途广泛；开发过程扎实可靠；培训结果针对性强，能最大程度满足组织机构的特别需求	基于已有的胜任能力框架，不同职业的培训开发流程相同，课程调整和修改比较灵活，可通过"特别强调"的手段强化某些胜任能力或 OB；绩效为导向的设计思路让受训人摆脱了任务的束缚，让其更好地应对未知场景
缺点	开发工作量大，上手门槛高；对现有任务的依赖限制了受训人应对未知场景的能力；课程调整和修改难度大，可能需要计算机技术的协助	用途单一；组织机构的特别需求受到已有的胜任能力框架、任务清单限制；对已有胜任能力框架文本解读可能存在偏差，对培训和评估产生负面影响

对有意研发 CBTA 培训的组织机构而言，完整的 ISD 开发难度高、开发周期长，机构内可能没有高水平的开发人员可以胜任相关工作。ADDIE 模型在 ISD 基础上省去了一些较为复杂的开发的过程（如开发胜任能力框架），降低了开发难度，简化后的流程也方便了培训内容的改进，可以持续优化其原本存在的不足。因此本书将使用 ADDIE 模型作为开发 CBTA 课程的样例工具。

第二节　基于 ADDIE 的 CBTA 课程设计

为了与 ICAO、IATA 相关文件保持一致，本节使用 ADDIE 模型作为样例工具。ADDIE 模型包含五个阶段：分析（Analyse）、设计（Design）、编制（Develop）、实施（Implement）和评估（Evaluate）。每一个阶段的描述已经根据飞行员 CBTA 课程的需要进行了调整，图 9.1 所示流程图介绍了基于胜任能力培训和评估的分析、设计、编制、实施和评价的五个工作流程。

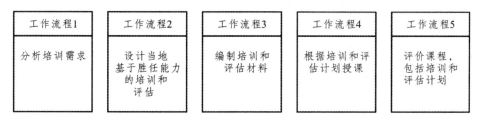

图 9.1　基于胜任能力的培训和评估的工作流程

图 9.1 所示工作流程的内容主要包括：

（1）工作流程 1 和工作流程 2 制订了培训规范和经调整的胜任能力模型。

（2）工作流程 3 和工作流程 4 用于编制和实施培训课程的评估计划和培训计划。

（3）工作流程 5 审查所开展的培训和评估的有效性，并酌情提出改进建议。

本节重点介绍了工作流程 1 和工作流程 2，同时还提供了对其余工作流程的概览。对工作流程 1 和工作流程 2 采取了分步骤介绍的方法，详细阐述了所需投入、需经过的流程、完成各项流程后取得的成果。其中，工作流程 1 的成果为工作流程 2 的投入。

一、工作流程 1：分析培训需求

基于胜任能力的培训和评估方案，首先是开展培训需求分析，见图 9.2 所示。在培训的需求分析过程中，结合最终提供培训课程的运行、技术、监管和机构要求，审议培训的目的是制订一项培训规范，包括在设计培训内容时需要满足的各种要求。

培训规范应详细阐述培训的目的、任务、运行要求、技术要求、监管要求、机构要求、其他要求和模拟设备要求，主要包括：

（1）培训目的。

① 培训的目的。

② 培训分哪些阶段，如初训、单元培训、进修、复训和/或转型培训。

③ 圆满完成培训后，受训人员将获得哪些资格。

（2）培训的任务。

①与培训目的相关的任务。

②为了界定培训规范，只需要一个任务列表。这一任务列表可以从现有的工作和任务分析中摘选，或者从列出运行环境各种岗位与职责的运行手册获取。

③在某些情况下，可能需要编制这一任务列表。

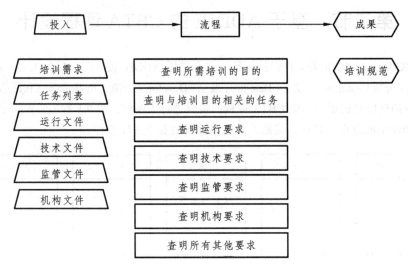

图9.2 分析培训需求

（3）运行要求。

①将适用哪些运行程序。

②将在何种运行环境中开展培训。

③需要哪些非常规情况来顺利完成培训。

④如何设置工作环境。

（4）技术要求。

需要哪些具体的运行（或模拟运行）系统和/或设备来实现培训的目的。

（5）监管要求。

①适用哪些规则和规章。

②是否存在影响培训设计的监管要求，如持续时间、内容、评估程序和课程审批等。

（6）机构要求。

机构的哪些要求会影响培训。

（7）其他要求。

其他可能影响培训的要求，如拟使用多种语言。

（8）模拟设备要求。

①为了取得培训成果，需要制订哪些模拟要求。

②说明模拟器的类型，如部分任务训练器、高保真模拟器或运行控制工作职位仿真模拟器，或者模拟器/制造商的名称。

二、工作流程 2：设计当地基于胜任能力的培训和评估

基于胜任能力的培训和评估方案的第二步是设计当地基于胜任能力的培训和评估，其目的是建立处理工作流程 1 中培训规范调整的胜任能力模型、设计用来评估受训人员胜任能力的评估计划以及设计能够编制和提供培训课程的培训计划。该工作流程分为两部分，第 1 部分涉及到调整后胜任能力模型的设计，第 2 部分涉及到评估和培训计划的设计。

（一）第 1 部分——设计调整后的胜任能力模型

为了设计调整后的胜任能力模型，对相关的国际民航组织胜任能力框架进行了调整，以便利用培训规范所包含的信息来满足机构胜任能力要求。图 9.3 对设计流程作了框架性说明，主要包括：

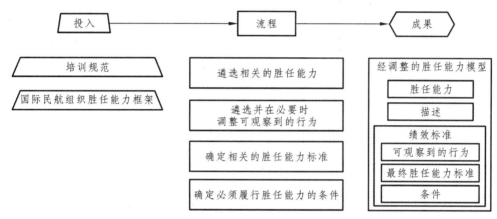

图 9.3　设计经调整的胜任能力模型

（1）胜任能力的遴选。

国际民航组织胜任能力框架提供了在特定航空学科中开展的一整套必要的通用胜任能力，因此绝大多数调整后的胜任能力模型都将包含相似的胜任能力列表，如果决定增加或删减某项胜任能力，应当具有这样做的明确且合理理由。

（2）对可观察行为的遴选和调整。

国际民航组织胜任能力框架提供了与每一项胜任能力相关的可观察综合行为列表，应当对与当地环境中相关的可观察到行为进行遴选，并在必要时进行调整。

（3）确定胜任能力标准。

胜任能力标准是指适用于所有可观察到的行为，并涉及到国家规章、运行手册、政策和程序手册等文件中包含的各种标准、程序以及规则、规章。在某些情况下，可能存在与特定可观察到行为相关的具体标准。

① 工作流程 1 中完成的培训规范可用于查明涉及到的与展示绩效环境相关的某些条件，其中大部分条件将普遍适用于已经被确定为调整后的胜任能力模型可观察到的行为，少数情况下的具体条件可能与某些可观察到的行为相关。

② 调整后的胜任能力模型和最终胜任能力标准的条件相同。作为向最终胜任能力标准迈进的一部分，可能需要制订中期胜任能力标准，以下将介绍在建立中期胜任能力标准时如何修改条件。

③ 现有可能被认为是最终胜任能力标准的不同类型条件：与背景相关的条件（运行和环境背

景的性质及复杂程度）、与工具和系统或设备相关的条件、受训人员得到教员或评估员支持或帮助程度有关的条件。

④ 在培训的早期阶段，受训人员获得教员积极的辅导和传授，但是随着受训人员逐步接近最终的胜任能力标准并获得独立上岗的更大信心后，教员将采取比较被动的教学方式，偶尔提供如何提高效率的意见，或者在可能发生安全危害时才进行干预。

⑤ 对于调整后的胜任能力模型中的条件即关于最终胜任能力标准的描述，受训人员将在教员不提供帮助的情况下独立完成。

（二）第 2 部分——设计评估和培训计划

1. 胜任能力评估原则

制订评估和培训计划之前拟定审议的问题，在制订评估和培训计划时进行的审议必须基于胜任能力的评估原则、通常的评估方式、重要阶段的概念、最终胜任能力标准以及中期胜任能力标准，同时还应当理解调整后的胜任能力模型与培训和评估计划之间的关系。

适用于基于胜任能力环境的评估原则主要包括：

（1）使用明确的绩效标准评估胜任能力。

调整后的胜任能力模型确定了这些绩效标准。

（2）观察到的胜任能力的综合绩效。

正在接受评估的受训人员必须展示出全部胜任能力及其相互之间的无缝隙互动。

（3）进行多重观察。

为了确定受训人员是否达到中期和/或最终胜任能力标准，必须进行多重观察。

（4）评估有效。

必须对构成调整后的胜任能力模型的所有胜任能力进行评估。必须有充分证据确保受训人员掌握了胜任能力，并达到了中期胜任能力标准和/或最终胜任能力标准。不得要求受训人员为调整后的胜任能力模型范围之外的活动提供证据或接受评估。

（5）评估可靠。

在进行评估时，所有评估员都应达成相同结论。所有评估员都应当接受培训和监测，采取评分者间信度评估绩效的主要方式进行实际评估，以此来核实胜任能力的综合绩效。实际评估可能需要采用其他形式的评价予以补充。由于监管要求，这些方式是证实被评价者已经达到胜任能力的必要方式，因此可能包含补充性评价。

2. 实际评估

在模拟或运行环境中开展实际评估，目前有进展性评估和总结性评估两类评估方法，主要内容包括：

（1）进展性评估是学习过程的一部分，教员向受训人员提供他们在实现中期或最终胜任能力标准的进展情况。此类评估使受训人员能够逐步巩固已掌握的胜任能力，并且应当查明差距，有助于以后的学习。如果受训人员在培训结束后才收到反馈意见或评估，他们便没有机会利用该信息来提高他们的绩效。评估的频率和数量应该根据培训的持续时间、教学大纲的结构及其评估计划而有所不同，但评估应当用于激励受训人员、查明受训人员的强项与弱项，以促进学习。

（2）总结性评估提供了一种使教员/评估员能够与受训人员进行合作的方式，以便收集有关中期或最终胜任能力标准拟展示胜任能力的证据或绩效标准。总结性评估在培训过程中的某个时间点和/或培训结束时进行，按照中期或最终胜任能力标准可以评判为"胜任"或者"不胜任"，也可以进一步发展成一个更加细致的评分系统，并且采用一个更加合理的评判等级为受训人员和培训人员提供反馈意见。评价受训人员进展情况的总结性评估通常由教学小组进行，参与此类评估的教员如果不是与受训人员开展合作的教员，那么评估会更客观。在培训结束时颁发的证书和进行评级的总结性评估，既具有法律影响也具有安全影响，因此需要参与此类评估的教员具备必要的专业能力和职业操守来客观评估并满足相关部门的各项要求。在评估过程中应当向参与评估的教员提供必要的工具，以系统和可靠的方式收集证据，确保评分者的可信度。

3. 补充实际评估

为了评估胜任能力，可以采用适当的补充方式，包括各种项目和小组作业，如口头评估就是一种可用于补充总结性评估的方式。实际评估如果无法观察到所有胜任能力和运行的典型情况，以及实际评估时无法与受训人员开展讨论，那么口头评估为评估员提供了机会，可以面向实际环境中无法观察到的绩效方面，如紧急情况或季节性问题，重新集中精力关注实际评估过程中观察到的可能引发关切的行动，也可以在实际环境之外进行。评估通常以情景为基础，评估员对情景进行说明，要求受训人员阐述将采取的行动。在受训人员阐述其行动后，评估员可以要求受训人员进一步澄清疑问，评估员再评估受训人员对调整后的胜任能力模型的反应。考试被用于评价受训人员的理论知识，评价受训人员对某些基本技能的应用能力。考试可以是笔试，也可以借助数字设备和在线应用程序来完成。

4. 重要阶段

从教学的角度而言，重要阶段是指根据课程的持续时间或复杂程度，以及受训人员能否以可接受的进度掌握胜任能力，将课程划分为不同的阶段。课程被分为较大的关联部分或学习单元，通常按照由简入繁的逻辑顺序进行编排，在结束每个学习单元的培训和评估后即完成了重要阶段。重要阶段依次排列，因此受训人员需要顺利完成第一个重要阶段的培训和评估后才能进入下一个重要阶段。重要阶段可以根据模拟的数量或在职培训（OJT）的小时数来确定，或者根据学习的逻辑单元来确定，这意味着模拟单元环境中进行的培训将是第一个重要阶段，而作为在职培训进行的培训将成为第二个重要阶段。

最终胜任能力标准表示圆满完成初训课程后，受训人员将达到该阶段培训的最终胜任能力标准，这意味着受训人员顺利完成被确定为展示胜任能力所必须的全部培训和评估，并且符合经调整的胜任能力模型所要求的绩效标准。如果已经将课程划分为不同的重要阶段，则必须为每个重要阶段定义中期胜任能力标准。对于实际评估，可以通过以下方式实现：

（1）修改经调整的胜任能力模型，特别是条件和标准，如限制业务量水平和复杂程度。

（2）界定为每项绩效标准预计实现的程度。当顺利完成该重要阶段的全部所需评估（包括所有考试或其他评估方式），即实现了中期胜任能力标准。对经调整的胜任能力模型的条件进行重大修改以便建立中期胜任能力标准，在模拟环境中的培训更加常见。在模拟环境中，可以修改运行条件使其更加复杂。在职培训过程中，一般不修改运行条件。在职培训过程中修改的最典型条件，就是教员提供的支助水平。

进修和复训的基础是假设受训人员已经掌握胜任能力，一般不需要制订中期胜任能力标准；在转型培训过程中，培训变化的程度或复杂性及期限，是确定是否需要引入重要阶段和中期胜任能力标准的因素。图 9.4 显示了一个将课程分为两个重要阶段的示例，通过修改调整后的胜任能力模型的条件和标准，确定了重要阶段 1 的中期胜任能力标准，最终胜任能力标准与调整后的胜任能力模型直接相关，对条件和标准没作任何修改。

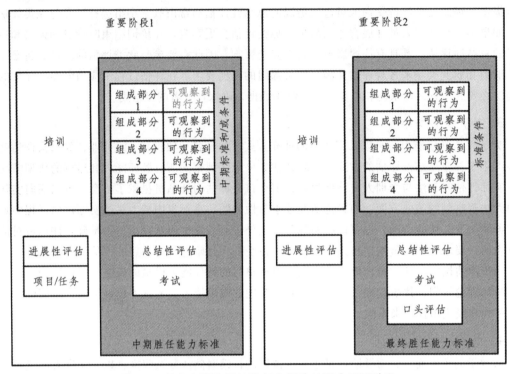

图 9.4　具有中期和最终胜任力标准的两个重要阶段

5. 评估计划

评估计划的目的是阐述如何确定胜任能力是基于胜任能力环境的评估原则的基础。评估计划详细阐述的内容包括：

（1）与最后重要阶段相关的最终胜任能力标准。

（2）与每个重要阶段相关的中期胜任能力标准（如需要）。

（3）需要为所界定的每个重要阶段进行的评估列表，如进展性和总结性评估、考试、口头评估等。

（4）应当开展评估的时间。

（5）在实际评估过程中拟用来收集数据的工具。

（6）项目、考试或口头评估的及格分数。

（7）如果需要，在开始总结性评估前拟开展进展性评估的最低数量。

（8）评估中期和最终胜任能力标准绩效的所需观察次数。

本书假设机构具备一项阐述有关管理程序的培训和程序手册，主要包括：

（1）可以开展评估的人员及其资格。

（2）人员在开展评估过程中的作用和职责。

（3）评估程序，包括筹备、进行及评估后续工作等。

（4）开展评估的条件。

（5）保持记录。

（6）受训人员达不到评估的胜任能力标准时拟采取的行动。

6. 培训计划

培训计划的目的是详细阐述课程设置和结构、教学大纲、重要阶段（如需要）、各项单元、培训活动及其完成次序和课程表，培训设计人员将利用培训计划来制订培训和评估材料，图 9.5 说明了重要阶段与评估和培训计划之间的关系，调整后的胜任能力模型与评估和培训计划之间的关系。

经调整的胜任能力模型与培训和评估计划之间的关系，是理解基于胜任能力的培训和评估如何发挥作用的基础。图 9.5 说明了重要阶段与评估和培训计划之间的关系，在工作流程 1 中制订的培训规范是制订调整后的胜任能力模型及培训和评估计划的共同基础。一般而言，制订调整后的胜任能力模型时，使用任务列表帮助从国际民航组织胜任能力框架中遴选可观察到的行为，以及运行、技术、监管和机构方面的要求，有助于制订适用胜任能力和可观察到行为的各种条件和标准。同样的任务列表和要求被用来制订培训计划，培训计划也被用于对受训人员开展评估，以便根据调整后的胜任能力模型来测评受训人员是否具有胜任能力。调整后的胜任能力模型和培训计划也可以用来制订评估计划。

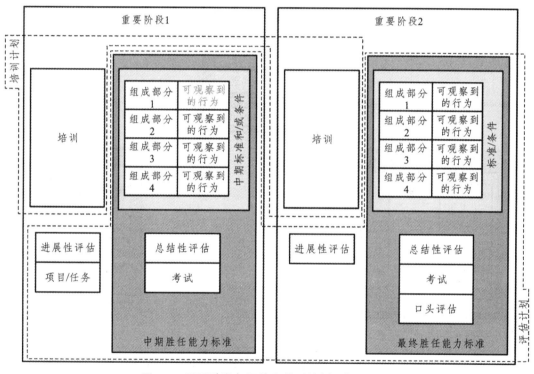

图 9.5　重要阶段与评估和培训计划之间的关系

培训计划中的教学大纲由通过任务和子任务产生的培训目标以及基础性的知识、技能和态度组成，但是在评估是否具备胜任能力时参照了调整后的胜任能力模型。因此，使用绩效标准来评估是否具备胜任能力，而受训人员开展的任务/子任务则是帮助开展评估的"手段"。图 9.6 阐明了工作流程 1 与工作流程 2 之间的关系。评估和培训计划的设计过程如图 9.7 所示的工作流程 2 的第 2 部分。

7. 确定子任务及知识、技能和态度

为了开展培训，必须确定受训人员将执行哪些任务和子任务，以及执行这些任务所需的知识、技能和态度。培训规范已经记录了任务列表（工作流程1），因此根据任务列表并结合运行、技术、监管和机构要求确定子任务及其知识、技能和态度。如果不需要列出每项任务的知识要素、技能要素和态度要素，只需要列出所要求的要素。

8. 培训差距分析

培训差距分析被用来比较胜任工作所需的任务和子任务、知识、技能和态度以及受训人群的现有水平，其分析的结果将被用来编制教学大纲的培训目标。在某些情况下，可能无法对目标人群进行准确分析（因为对其尚不知情），因此假设拟存在的任务/子任务以及知识、技能和态度的基线水平，并将根据这一假设编制培训计划。一旦了解目标人群的情况，就必须核实这些假设是否正确，如果不正确就需要调整任务/子任务及知识、技能和态度。

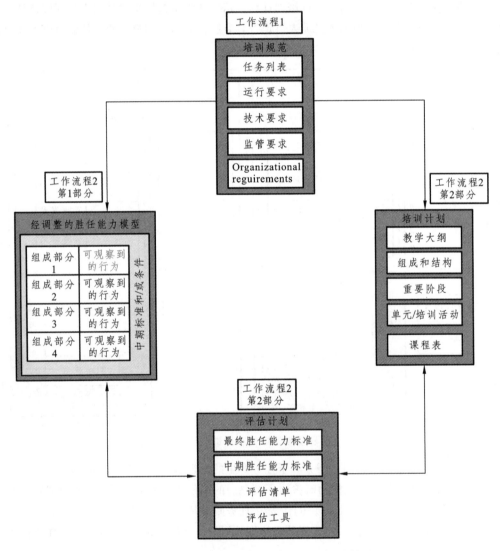

图 9.6 工作流程 1 与工作流程 2 之间的关系

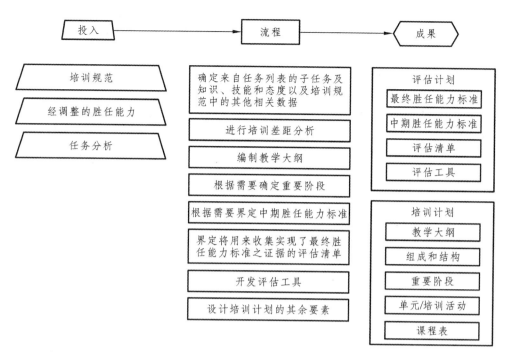

图 9.7　工作流程 2 第 2 部分

9. 制订教学大纲

教学大纲是一个任务/子任务及知识、技能和态度列表，将其编入培训目标，成为培训计划的一个要素。采用的结构使其能够用来衡量培训的规模，并在下列步骤当中判定是否必须引入重要阶段：

（1）确定重要阶段和中期胜任能力标准。

本节已阐明了重要阶段和中期胜任能力标准是如何确定的，其结果是对每个重要阶段的学习活动和环境、排列顺序进行了高级别阐述，以及与每个重要阶段相关的中期胜任能力标准进行了完整阐述。

（2）界定评估清单。

每个重要阶段所需的评估数量以及将要采用的方式，由培训的复杂性及所有监管要求来确定。

评估工具中用于支撑实际评估而制订的文件主要包括：

（1）证据指南。

证据指南是指调整后的胜任能力模型中绩效标准转化为教员/评估员可以预期看到的实际观察示例，它被用来消除教员/评估员之间的理解误差，并确保收集到有效且可靠的证据。证据指南详细说明了胜任能力、相关的可观察到的行为，以及按照中期或最终胜任能力标准应当观察到的预期绩效。

（2）胜任能力列表。

胜任能力列表详细说明了胜任能力和绩效标准，被用来记录每次进展性和总结性评估过程中取得的成绩，评估计划详细说明每个重要阶段应当完成的评估数量。

（3）胜任能力评估表。

胜任能力评估表被用来总结受训人员的所有评估结果，评判受训人员是否已经达到中期胜任能力标准或最终胜任能力标准。评估计划阐述了评估的数量和方式，胜任能力评估表必须与评估计划相呼应。

培训计划的构成要素主要包括：

（1）组成和结构。

组成和结构阐述了将进行的培训内容（组成）以及培训的各种要素之间如何相互关联（结构）的。如果课程仅涵盖一种培训（如机场等级），其组成便比较简单。当课程由多种类型的培训组成时（如课程涵盖基础+机场等级+监视等级），便需要说明在结构和顺序方面如何将这些类型的培训相互联系在一起。

（2）教学大纲。

教学大纲是课程结束前需要涵盖的培训目标列表，培训目标衍生自确定后的子任务及知识、技能和态度，以及开展培训差距分析中阐述的培训差距分析内容。教学大纲没有规定学习的主次或顺序，只是列出了培训的目标。为了布置各个重要阶段、单元和培训活动的培训目标，需要按照科目对教学大纲进行逻辑编组。

（3）重要阶段。

重要阶段确定了编排课程必需使用的阶段，评估计划已经界定了与每个重要阶段相关的中期胜任能力标准，以及最后的重要阶段结束前需要实现的最终胜任能力标准，为每个重要阶段布置了教学大纲的培训目标。

（4）单元、培训活动和顺序。

根据培训目标的数量、类型和复杂程度，可以将培训内容进一步细分为单元。如果需要重要阶段，在整个课程内或全部或某些重要阶段中进行细分。

培训计划结构如图 9.8 所示。

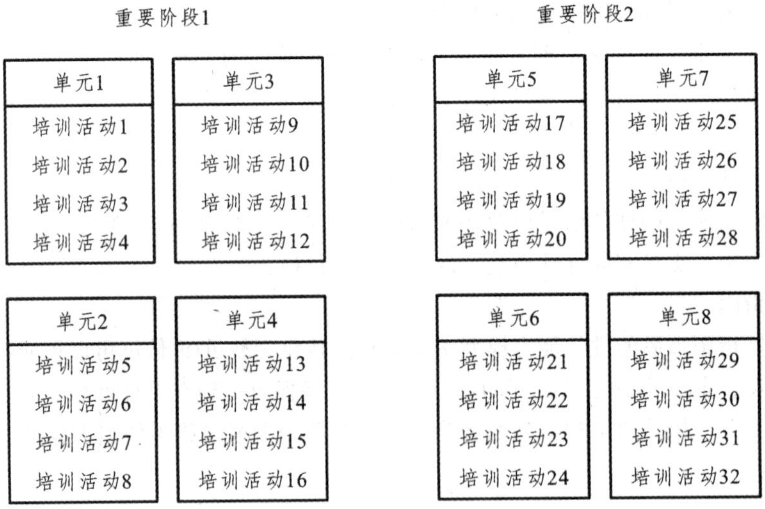

图 9.8　培训计划结构

无论确定何种子结构为适当结构（课程、重要阶段或单元），均开发了培训活动以支持子结构。培训活动是最小的学习单位，包括基于课堂课程的学习、模拟练习、基于网络的培训练习、案例研究等，包含以下信息：

（1）集合了哪些目标并且同时开展教学。

（2）每一组目标教学所需的课时数量。

（3）应当使用何种方式（如课程、案例研究、单独模拟、情况介绍、自学等）。

（4）使用哪些教学媒体（如模拟器、视觉辅助教具或教科书）。

（5）学习进度（如自修、有时间限制或实时）。

（6）提供个人培训或小组培训。应按授课顺序依次进行，其中良好的教学实践、所界定的子结构和评估要求[111]是培训设计者用来编制授课所需培训材料的模板。培训计划的结构如课程表，体现了培训活动与评估共同编入整个授课过程的方式。

三、工作流程 3：编写培训和评估材料

工作流程 3 的所有培训和评估材料都是基于调整后的胜任能力模型及培训和评估计划进行编制的。培训和评估材料包括但不限于培训笔记、练习简报、实际演练、案例研究、演示文稿、视频剪辑、自检测、考试、评估和评估工具。完成工作流程 3 的任务后，其成果应包括所有培训和评估材料、课程表以及其他适用的培训资源，图 9.9 对工作流程 3 作了说明。

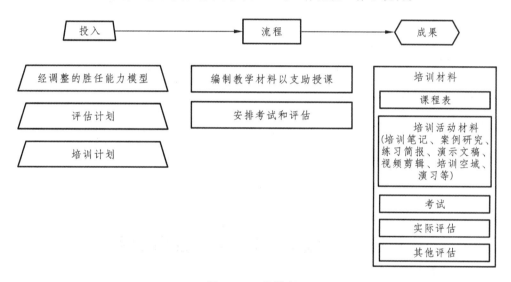

图 9.9　工作流程 3

四、工作流程 4：根据培训和评估计划授课

图 9.10 对工作流程 4 作了详细说明，包括投入、流程、成果的所包含的内容。

五、工作流程 5：评价课程，包括评价培训和评估计划

培训结束时，收集来自受训人员、教员、评估员和雇主对岗位绩效的反馈意见，以确定课程对受训人员获得岗位胜任能力的有效性。对于培训和评估计划的评价，应当基于有效且可靠的数据。本项评价可以优化课程内容，图 9.11 说明了课程的评价过程。

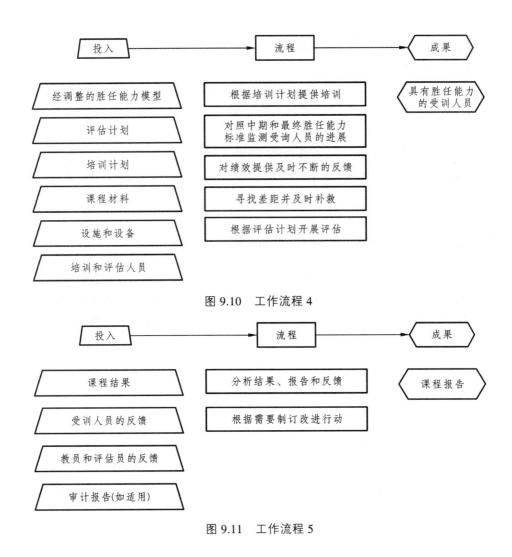

图 9.10　工作流程 4

图 9.11　工作流程 5

第三节　面向 CBTA 的课程升级

一、基于 ISD 的课程升级步骤

升级课程是指将民航培训机构的一门现有课程升级到航空培训升级版的标准培训课程过程。航空培训升级版的标准培训教程的编制方法是使用系统工程方法来设计培训课程，促成开发和执行结构化的基于能力的培训方案。这种方法称为系统方法，主要由分析、设计和生产三个主要阶段组成。在航空培训课程升级的方法中，这三个阶段又被细分为如表 9.4 所示的 7 个步骤，主要包括：

（1）步骤 1：初步研究。

在已经实施培训方案的地方，分析进程的第一个问题是找出需要通过培训来解决的问题，这取决于该课程是否有明确的目标。如果没有明确的目标，则必须决定目标是什么。课程开发人员将询问有员工参加培训的现场主管和经理，该课程是否达到了目标。

表 9.4　航空培训课程升级三阶段 7 步骤

步骤	阶段	内容
1		初步研究
2	分析	工作分析
3		受众分析
4		课程设计
5	设计和生产	模块设计
6		生产和开发测试
7	评估	认证和修订

初步研究的内容主要包括：

① 课程介绍。

② 受影响的系统。

③ 现有的培训（此处考虑需要升级的课程）。

④ 解决方案（在适合的情况下可使用的替代培训方案和非培训解决方案）。

⑤ 所需的资源。

⑥ 制约因素（如有）。

⑦ 培训开发项目规划和控制单。

⑧ 评估计划。

（2）步骤 2：工作分析。

一般现有课程都有比较系统性的工作分析、更为全面的教学大纲。在审议了目前教学科目清单后，课程开发人员能推导出现有课程所涵盖的职能和全部任务或大多数任务。因此，制订一份任务清单是切实可行的。制订标准的课程开发首先要明确课程的重要任务，确定每一任务的优先级别，更为重要的是删除现有课程中对于执行工作不再需要的任务。此外，课程开发需要利用任务说明单来确定各子任务和主要的知识、技能和态度（K/S/A）要求，详细程度如同开发新的标准培训课程一样。课程开发专家的指导也能使课程开发人员确定目前的程序、新技术和工作绩效的最新标准，确保每项任务都包含绩效、条件和标准的任务最新目标。工作分析就是明确任务的知识、技能和态度及其完成水平的过程。

（3）步骤 3：受众分析。

受众分析是指对基于以往培训的资料或面谈等方式搜集到的信息进行整理分析，根据年龄、教育程度、以前的职业培训和工作经验，建立已经完成现有课程的目标受众中飞行学员的平均状况，还需对目标受众的人数做粗略估计，因为这可能会影响对培训方案的选取。

（4）步骤 4：课程设计。

课程设计是关键步骤，因为航空培训升级版系统性课程开发进程通常都会导致培训顺序和内容的大幅变动，这涉及到根据任务目标组合成教学模块的过程。尽管现有课程已经具有自身的科目结构，一般基于教员自己对课程内容的解释，但不能被认为适用于作为航空培训升级版的标准培训教案，即使有可能重复使用课程的许多内容。此外，许多依靠教员的课程都是根据每日固定的时间表来安排上课时间，这导致有些教学重点得到太多时间，而分配给其他重点的时间不足。航空培训升级版的标准培训教程将构建以绩效目标为基础的模块，并不限于固定的时间。

核实现有课程结构效用的唯一途径是遵循目标排序的进程，利用任务说明单和根据目标组合的模块，通过课程设计建立新的模块结构，然后将其与现有课程进行比较，分析两者的异同。一旦确定标准培训课程的新模块结构，就应制订模块结束目标并编制相应的测验方案，并将方案各项信息填入模块大纲。在每一个新模块内，详细列出了中期目标和相应的教学重点。鉴于现有课程可能已有全面的教学大纲，标准培训教程将体现其中的教学重点，但对这些教学重点必须详加审查，与任务说明单上的子任务和知识、技能和态度（K/S/As）进行比较，才能转用到模块大纲上的相应位置。

（5）步骤5：模块设计。

虽然新的标准培训教案的课程结构也许与现有课程彻底不同，但现有课程中许多已知的在过去行之有效的部分可以直接使用，包括已经得到充分开发的练习。课程开发人员应该注意到课程开发并不是发明这项要素，而是希望采用自己的想法来代替他人的想法。比较有利的做法是保留现有教材，并在其基础上增加强化活动。

模块设计应遵循开发教学活动顺序、结构及内容和编制教学指南的标准办法，但是再次利用已成熟的教材内容。对于模块设计，有可能的创新在于选取培训的技术和媒介，而现有依靠教员的课程倾向于对每一个主题采用类似的培训办法。课程开发人员应该有创新意识，将更多创意纳入标准培训教程建设，同时确保这些创意适用于所教授的知识、技能和态度（K/S/As）以及每一模块需达到的目标。另外，在最初制作现有教材时可能不具备成熟的现代培训技术，如以计算机为辅助的培训技术，但当开发成本不超出获益的情况下可以予以采用。在升级课程时，课程开发人员应该铭记培训技术和媒介的选取应基于其有效性，而不是与技术进步的竞赛。

（6）步骤6：生产和开发测试。

基于现有课程生产一门标准培训教案，应该比生产、开发新的标准培训教案所需时间要短得多。课程开发人员保留现有培训教材内容之前，都需要加以审查。课程大纲可能需要对技术方面、程序或术语作出修订，有些术语需要加以替换才能在新的标准培训教案中使用。视觉投影材料可能需要改变案文、图像、编排或颜色，现有培训教材可能达不到航空培训升级版的标准培训教案要求的相同质量标准，有些现有培训练习可能需要新的技术投入。必要的审查必须在模块设计期间进行，与此同时也要编制教员指南。因此，在编制新的标准培训教案时，部分生产工作将同时进行。在升级标准培训教案时，如果现有课程仍在使用，可能将新的教材纳入当前教学中试用，以便进一步测试、完善新的教案。否则，开发新的标准培训教案应尽可能大量进行独立的开发测试。

（7）步骤7：评估。

由于课程升级将产生一个新的标准培训教案，现有课程的授课教员最好参加试讲并协助课程开发人员对新的标准培训教案进行比较和评估。在所有情况下，每一模块测验的结果必须与全新的标准培训教案相同，以便被接受为一个经过认证的、依靠教材的航空培训升级版标准培训教案。

（8）课程升级进程总结。

课程升级进程的总结就是对其进行审查、总结的过程，内容主要包括：

①检查是否有课程目标。如果有，是否达成这项目标，以便决定需要进行初步研究分析的程度。编制初步研究报告。

②审查现有课程教材、编制临时任务清单并组织课程开发研讨以完成工作的分析。填写任务清单和任务说明单。

③审查现有课程的目标并编制每一任务的任务最终目标。

④ 从现有课程的教员处得到有关目标受众特性的资料。

⑤ 实施目标排序并将其组合成模块的进程。

⑥ 制订模块结束目标并编制相应的熟练测验方案。

⑦ 草拟具有每一模块教学重点的模块大纲。

⑧ 审查现有课程的详细培训教材并按需制作新的教材。

⑨ 进行开发测试。如有可能，在现有课程教学实践过程中试用其中一些教材。

⑩ 将标准培训教案作为一门新课程，实施全面认证。

⑪ 编制最终接受升级课程作为经过认证的航空培训升级版标准培训教案的评估报告。

二、初始飞行训练课程改造升级

（一）改造升级的注意事项和原则

依靠规章、实践考试标准对初始飞行训练课程进行 CBTA 升级。升级此类课程前应当获取民航局批准并获取成功实施经验，其目的是实施 CBTA 课程开发中的主要培训方案，同时保留目标课程中已经证明有效的部分。进行 CBTA 升级过程中应该注意的事项主要包括：

（1）升级所耗时间应比开发 CBTA 课程的时间要少。若调查后发现升级工作量巨大，应当考虑对该课程重新进行 CBTA 课程设计。

（2）升级应当是对目标课程教学内容和培训技术的更新，最大程度保留现有培训资源。

（3）升级应当保持课程的持续合规，不应当出现对现有标准的偏离。

CBTA 课程升级应该遵守的原则主要包括：

（1）对于较长课程（如持续 1~2 年），先升级与工作技能密切相关的部分，再利用课程最后一个重要阶段实施验证。

（2）"如果管用，不要改动"。除非分析出升级的必要性，否则升级的出发点不应当是为了改变而改变。

（3）即使是精品课程也需要进行分析，以描绘出课程对应的胜任能力模型。

（二）改造升级的步骤

按照表 9.5 中列出的步骤，对 CBTA 课程进行升级。

表 9.5　CBTA 课程升级步骤

步骤		具体内容
1	人员准备	派遣机构内资深教学人员学习 CBTA 基本知识，储备课程开发经验
2	预先调查	调查 CBTA 课程升级必要性与工作量，形成调查报告
3	胜任能力分析	审查目标课程任务清单，按照绩效标准格式推测目标课程胜任能力模型
4	升级课程	根据分析结果，将 CBTA 原则应用于培训计划和评估计划
5	升级验证	选择目标课程的最后一个重要阶段进行 CBTA 升级验证，检验推测出的目标课程胜任能力模型是否有效
6	数据发布	公布 CBTA 课程升级后的胜任能力模型，以便其他 CBTA 课程进行数据对接
7	持续优化	收集课程数据对课程改进，考虑对目标课程进行完整的 CBTA 课程开发

1. 人员准备

人员准备的事项主要包括：

（1）需要实施 CBTA 课程升级的培训机构，应当选拔机构内资深教学人员进行 CBTA 基础知识的学习，内容至少应覆盖上节"工作流程 4：执行课程"中初始培训内容。

（2）建议机构参与课程升级的人员同时学习本信息通告中的 CBTA 课程开发技术，这将有助于加速升级过程，便于机构提升 CBTA 课程开发能力。

（3）培训机构也可以邀请具备 CBTA 课程开发资质的专家协助升级。选拔的资深教学人员可作为主题专家参与升级过程。

2. 预先调查

预先调查的事项主要包括：

（1）培训机构需要通过调查确定需要执行 CBTA 课程升级的目标课程和升级优先次序。一般来说，目标课程具备以下特征：

① 用人单位反馈需要进行更多有效的培训。

② 根据教员或受训人员的反馈内容判断该课程已过时。

③ 技术变化。

④ 运行程序变化。

⑤ 新的国际标准。

⑥ 需要减少该课程对精英教员的依赖。

（2）针对目标课程的 CBTA 升级，需出具调查报告，以帮助主任飞行教员决定是否进行升级、如何管理升级过程。此份报告应至少包括：

① 升级项目介绍。

② 受到影响的系统。

③ 现有的培训（目标课程）。

④ 所需的人力、财力资源。

⑤ 制约因素（如有）。

⑥ 评估计划。

⑦ 保证课程的持续合规的说明。

（3）培训机构需要向主任运行监察员/主任监察员说明升级意图。

3. 胜任能力分析

以飞行员培训课程为例。规章制度对受训人员的飞行训练内容有明确要求，并通过实践来细化考试标准。实践考试标准以规章为导向，包含了需要飞行员实施的任务清单。该清单相对于快速发展的行业要求，可能存在一定的滞后性。

实践考试标准还包含了一些绩效标准，但它们并非以胜任能力来划分的，这也要求升级目标课程之前必须进行细致的胜任能力分析，绘制目标课程的胜任能力模型。胜任能力分析的步骤如下：

（1）对比目标课程任务清单与国际民航组织飞机驾驶员各飞行阶段的任务，列出存在差异的任务、子任务。

（2）根据任务清单分析的结果，删除国际民航组织飞机驾驶员胜任能力框架当中完全不适用的胜任能力和可观察到的行为。

（3）根据培训机构实际运行现状，进一步对国际民航组织飞机驾驶员胜任能力框架进行调整，例如修改可观察行为的文字描述。

（4）将调整后的胜任能力框架与培训机构采用的最终胜任能力标准及条件进行组合，推测出目标课程调整后的胜任能力模型，如表9.6所示。

（5）TEM分析。把目标课程包含的任务与推测出的目标课程调整后的胜任能力模型关联起来，归纳实际训练中受训人员所获得技能可用于应对哪些威胁和差错。请列出所有相关威胁和差错的分类。

某个任务的威胁和差错分析如下表9.7所示。

表9.6　经调整的胜任能力模型

经调整的胜任能力	描述	绩效标准		
		可观察到的行为（OB）	胜任能力评估	
经调整的胜任能力1	描述1	OB1.1	最终胜任能力标准：适用于91部运行的民航规章、商用驾驶员执照实践考试标准、学院运行手册、学院安全程序与措施政策中包含的各种标准和程序	条件：适用于91部商业运行的：（1）环境（运行和环境背景的性质及复杂程度）。（2）需要使用的工具/系统或设备
		OB1.2		
		OB1.n		
经调整的胜任能力2	描述2	OB2.1		
		OB2.2		
		OB2.n		
经调整的胜任能力n	描述n	OBn.1		
		OBn.2		
		OBn.n		

表9.7　威胁和差错的分析

操作范围	任务	经调整的胜任能力模型	应对可能的威胁和差错	
Ⅲ.机场和水上基地的运行	B.起落航线	经调整的胜任能力1。经调整的胜任能力3。……	描述：碰撞危险，包括飞机、地形、障碍物和电线；分散注意力，丢失情景意识，或者任务管理不当；尾流或风切变	威胁和差错的分类法：E01.03；E02；E07；E08；B03；H01

完成胜任能力分析后将获得：

（1）推测出目标课程调整后的胜任能力模型。

（2）目标课程培训计划覆盖的TEM分类。

由于推测出目标课程调整后的胜任能力模型与国际民航组织飞机驾驶员胜任能力框架存在显著差异，可以采取与其他培训机构/运营人不同的最终胜任能力标准。因此，即便目标课程完成了

CBTA 课程升级，但依然不能称其为"CBTA 课程"。

4. 升级课程

课程的升级内容主要包括：

（1）利用推测出的目标课程调整后的胜任能力模型，在目标课程各重要阶段设置中期和最终胜任能力标准。

（2）根据中期和最终胜任能力标准，在尽可能保留原有培训活动的基础上将其整合成为模块，调整在教学重点上不合理的时间分配和教学顺序。

（3）教学重点由完成指定任务转变为应对任务中可能遇到的威胁和差错。升级后的课程应当让教员和受训人员知晓通过某任务获取的绩效，可以应对哪些可能的威胁和差错。

（4）把原有基于任务的评估计划变更为 CBTA 评估计划。

（5）在原有教材的基础上进行更新（特别是术语和概念），如更新授课媒介、为教员提供教员指南或者为受训人员提供课程实施细则等。

5. 升级验证

审查更新后的评估计划、培训计划及教材，便可以在一定范围内开展 CBTA 课程升级试点，新老课程的同步实施有助于检验课程升级后的效果。升级验证应当在最后一个重要阶段实施，以此评估受训人员是否能够达到最终胜任能力标准。

在最后一个重要阶段，若多次的进展性评估表明受训人员已达到最终胜任能力标准，则说明推测出的目标课程胜任能力模型是有效的；若多次的进展性评估表明受训人员达不到最终胜任能力标准，除了采取补救措施之外，还应当循环 CBTA 课程升级的 2～5 步。

升级验证应当紧密结合 TEM，利用诸如个人和团队对策、故障的类同性等手段，针对性地探查推测出目标课程胜任能力模型的有效性。

6. 数据发布

验证完成后，可以对外公布 CBTA 升级课程调整后的胜任能力模型及课程数据，这将有助于课程监管及与 CBTA 课程的对接，主要包括：

（1）调整后的胜任能力模型将成为"接力棒"。传统课程完成 CBTA 升级后，为后续 CBTA 课程提供了有意义的参考，有助于后续 CBTA 课程执行训练差距分析。

（2）受训人员 CBTA 绩效数据可以在不同机构流通，实现全技能生命周期管理。

（3）缩小了培训机构在培训理念上的差异，有利于受训人员在各培训机构间的流动。

7. 优化现有培训课程

收集课程数据，对课程进行优化。随着经验的积累，培训机构可以考虑对目标课程进行完整的 CBTA 课程开发。

第十章　基于 CBTA 的初始飞行训练实施

为了推进基于 CBTA 的飞行训练的具体实施，实现初始飞行训练过程的标准化，本章主要介绍中飞院开展的基于 CBTA 的航线运输驾驶员整体课程的升级，所形成的标准化训练课程大纲和训练中的标准化评估。在此基础上，介绍引入一些新技术开发的训练课程实例。最后介绍了在初始飞行训练阶段安全分析工具的使用和质量管理体系的建设。

第一节　初始飞行训练课程大纲

一、初始飞行训练典型阶段胜任力培养需求分析

为了进一步了解初始飞行训练典型阶段胜任力的培养需求，推进基于核心胜任力的初始飞行训练教学改革，以国际民航组织（International Civil Aviation Organization，ICAO）制定的成熟飞行员核心胜任力评价指标体系为基准，在中国民用航空飞行学院的飞行专家进行调研并广泛征求意见的基础上，确定了初始飞行训练典型阶段胜任力的培养需求。本节将介绍初始飞行训练阶段的胜任力需求分析的过程与结果。

"胜任力"（Competency）是指个体在特定的工作岗位或组织中，为了有效完成工作任务或实现组织目标所必须具备的一系列知识、技能、能力和特质的组合，可以采用可观察行为（Observable Behavior，OB）来衡量胜任力是否展现。胜任力是一个综合性的概念，涵盖了知识、技能、态度、价值观等多个方面。在这个广泛的定义之下，各行各业都可以提出针对于自身岗位需求的胜任力，其中 ICAO 就民航飞行员的安全驾驶提出了九大核心胜任力。该九大核心胜任力包含了飞行员之间的交流、对于问题的发现与解决、对于情景意识的管理以及对于所学知识的应用等，诸如"APK-程序的执行和遵守规章""COM-沟通""FPM-飞行轨迹管理-手动飞行"等类的重要指标，见表 10.1 所示。

从飞行员技能全生命周期管理 PLM 的角度来说，飞行员的技能与各项胜任力是一个逐渐形成并发展的动态过程，不同阶段对于胜任力培养的要求与目标也是有所区别的。对于同一项胜任力来说，在初始训练的各个阶段其所要求的 OB 可能也是不同的。某一个阶段应当掌握何种胜任力以及具备何种 OB，需要通过研究来确定。现有的初始飞行训练评估手段主要依赖于早期飞行训练中的典型科目清单，该方法采用以科目为载体的训练体系，对于是否达标采用简单的"勾选框"方式来判断，以达到对相关能力的培养目标。这种评估方法过于关注飞行学员完成的科目情况，不

能对飞行学员在执行科目过程中所展现的胜任能力及其组成要素进行充分的量化评价。因此，现有的传统考核方式无法体现新型"基于核心胜任能力实施飞行训练"的理念，所以对现有的飞行训练体系进行改革已经迫在眉睫。

表 10.1　胜任力及其可观察行为

胜任力	可观察行为（OB）
APK——程序的执行和遵守规章	$OB_{1.1} \sim OB_{1.7}$
COM——沟通	$OB_{2.1} \sim OB_{2.10}$
FPA——飞行轨迹管理-自动飞行	$OB_{3.1} \sim OB_{3.6}$
FPM——飞行轨迹管理-手动飞行	$OB_{4.1} \sim OB_{4.7}$
LTW——领导力和团队合作	$OB_{5.1} \sim OB_{5.11}$
PSD——问题的解决和决策	$OB_{6.1} \sim OB_{6.9}$
SAW——情景意识和信息管理	$OB_{7.1} \sim OB_{7.7}$
WLM——工作负荷管理	$OB_{8.1} \sim OB_{8.8}$
KNO——知识的应用	$OB_{0.1} \sim OB_{0.7}$

ICAO 制订的核心胜任力训练评估（CBTA）主要是面向航空公司的成熟航线运输飞行员，而从 PLM 的角度来看，在初始训练阶段飞行员的各项能力都是逐渐形成与发展的，可以通过了解飞行员在技能全生命周期的各个典型阶段的胜任力培养目标、培养需求来了解在各个阶段的飞行训练中应侧重于何种能力，这对于更新初始飞行训练标准与大纲、完善训练方法、改善训练课程设计、推进基于 CBTA 的初始飞行训练改革具有十分重要的意义。

在现今日益复杂的飞行环境中，了解并满足飞行员职业胜任力发展的需求变得至关重要。通过对初始飞行训练的训练特点、技能要求以及需求分析方法的详细探讨，所以有效地规划飞行员职业发展路径。这不仅有助于飞行员提升在航司中的竞争力和表现，还能够为其飞行职业生涯的成功奠定坚实的基础。

为了对初始飞行训练典型阶段的胜任力需求培养进行科学地分析，本书特邀 24 名航司检查员和 10 名中飞院飞行教员，共发放了 34 份胜任力需求调查问卷，专家参与度为 100%。图 10.1 所示左栏表示私照、仪表、商照三个训练阶段的考核，上栏表示九大胜任力以及每一项胜任力中需要展现的各种行为指标（OB）。此份调查问卷，1 代表此阶段该 OB 需求展现，0 代表此阶段该 OB 不需要展现。此次问卷调查一定程度上反映了航司检察员和中飞院教员对飞行学员在初始训练各个阶段关于胜任力的期望目标。

通过对 34 份调查问卷进行汇总，分析在初始训练的典型阶段中应该侧重于何项胜任力。以工作负荷（WLM）为例，得到如下图 10.2 所示的结果。百分比表示选择此 OB 需要展现的专家人数占受调查专家总人数的百分比。由图 10.2 可知，随着私照阶段、仪表阶段、商照阶段的训练深入，认为该项 OB 需要被展现的人数基本呈现逐渐上升趋势。对于"OB5.1（各种情况下都有良好的自我管理）""OB5.2（对任务进行有效的规划、优先级分配及时间节点安排）""OB5.7（认真对动作进行监控、回顾、交叉检查）""OB5.8（核实任务是否已到达预期结果）""OB5.9（执行任务时能够对打断、干扰、变化和错误进行有效的管理并从中恢复）"等 OB，大多数专家的意见是需要展现；对于 OB 5.4、OB 5.5，大多数专家的意见是在初始训练阶段则不需要展现。

注:1代表该OB要求展现，如果该项胜任力对于该阶段要求则取1	OB	单发私密照部分			仪表部分			多发商照部分			
		1.筛选阶段	2.本场及转场单飞阶段	3.实践考试(课程检查)	1.基本仪表飞行阶段	2.仪表进近转场阶段	3.实践考试(课程检查)	1.单发机动飞行阶段	2.单发综合飞行阶段	3.多发复杂飞行阶段	4.实践考试(课程检查)
知识应用(KNO)	OB0.1										
	OB0.2										
	OB0.3										
	OB0.4										
	OB0.5										
	OB0.6										
	OB0.7										
程序应用和遵守规章(PR0)	OB1.1										
	OB1.2										
	OB1.3										
	OB1.4										
	OB1.5										
	OB1.6										
	OB1.7										
人工航径管理(FPM)	OB2.1										
	OB2.2										
	OB2.3										
	OB2.4										
	OB2.5										
	OB2.6										
	OB2.7										
沟通(COM)	OB3.1										
	OB3.2										
	OB3.3										
	OB3.4										
	OB3.5										
	OB3.6										
	OB3.7										
	OB3.8										
	OB3.9										
	OB3.10										
工作负荷管理(WLM)	OB5.1										
	OB5.2										
	OB5.3										
	OB5.4										
	OB5.5										
	OB5.6										
	OB5.7										
	OB5.8										
	OB5.9										
问题解决与决策(PSD)	OB6.1										
	OB6.2										
	OB6.3										
	OB6.4										
	OB6.5										
	OB6.6										
	OB6.7										
	OB6.8										
	OB6.9										
自动航径管理(FPA)	OB7.1										
	OB7.2										
	OB7.3										
	OB7.4										
	OB7.5										
	OB7.6										
领导力与团队合作(LTW)	OB8.1										
	OB8.2										
	OB8.3										
	OB8.4										
	OB8.5										
	OB8.6										
	OB8.7										
	OB8.8										
	OB8.9										
	OB8.10										
	OB8.11										

图 10.1 典型阶段胜任力需求调查问卷

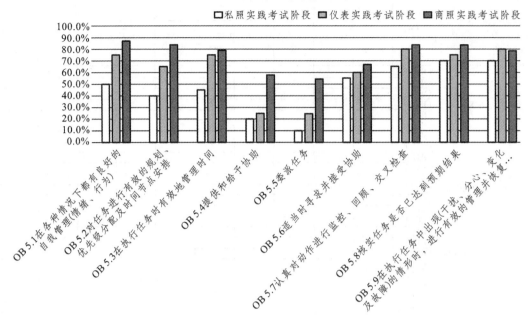

图 10.2　飞行专家对 WLM 能力的需求分析结果

图 10.2 还表明，同一项胜任力在不同训练阶段需要展现的 OB 也是有差异的。如，"OB5.9（执行任务时能够对打断、干扰、变化和错误进行有效的管理并从中恢复）"无论是在私照、仪表还是商照训练阶段，都有超过了 70% 的飞行专家认为该项 OB 需要展现，因此在任何典型阶段中都应重点关注该项 OB。对于分歧比较大的结果，如 "OB5.2（对任务进行有效的规划、优先级分配及时间节点安排）"有 40% 的专家认为在私照训练阶段需要展现，65% 的专家认为在仪表训练阶段需要展现，83.3% 的专家认为在商照训练阶段需要展现。由此可见，对于某项 OB 在初始训练各阶段是否需要展现，专家意见是存在分歧的。为了科学地统一专家们的意见，采用变异系数法对调查问卷数据进行整理分析。

变异系数（Coefficient of Variation，CV）是一种用于衡量数据变异程度的统计量，可表示为标准差与平均值之比，通常以百分比形式表示。变异系数法可以用来比较不同变量或不同样本的变异程度，以判断它们的稳定性或一致性，因此常用在需求分析、数据筛选中。变异系数的计算公式可表示为

$$CV = \left(\frac{S}{\overline{X}}\right) \times 100\% \tag{10-1}$$

式中　S——标准差；

　　　$\overline{X}$——平均值。

变异系数的数值越大，表示数据的变异程度越大。反之，数值越小，表示数据的变异程度越小。变异系数法界值的要求为变异系数不大于 0.3。对于不符合要求的指标，依据专家终审意见的具体建议进行相应的保留或删除。

采用变异系数法对初始飞行训练各个典型阶段的胜任力调查数据进行需求分析，得到如图 10.3 所示的调查报告。图中打勾的表示经过变异系数法对飞行专家原始数据进行需求分析后选择的各个典型阶段需要侧重训练的胜任力以及 OB，通过这种对每个典型阶段进行筛选，得到各个阶

段的侧重点，有助于更新初始飞行训练标准与大纲、完善训练方法、推进基于 CBTA 的初始飞行训练改革。

注:1代表该OB要求展现，如果该项胜任力对于该阶段要求则取1	OB	单发私密照部分			仪表部分			多发商照部分			
		1.筛选阶段	2.本场及转场单飞阶段	3.实践考试(课程检查)	1.基本仪表飞行阶段	2.仪表进近转场阶段	3.实践考试(课程检查)	1.单发机动飞行阶段	2.单发综合飞行阶段	3.多发复杂飞行阶段	4.实践考试(课程检查)
知识应用(KNO)	OB0.1		√	√	√	√	√	√	√	√	√
	OB0.2				√	√	√	√	√	√	√
	OB0.3				√	√	√	√	√	√	√
	OB0.4		√		√	√	√	√	√	√	√
	OB0.5	√	√		√	√	√	√	√	√	√
	OB0.6	√	√		√	√	√	√	√	√	√
	OB0.7		√		√	√	√	√	√	√	√
程序应用和遵守规章(PR0)	OB1.1		√	√	√	√	√	√	√	√	√
	OB1.2		√		√	√	√	√	√	√	√
	OB1.3		√		√	√	√	√	√	√	√
	OB1.4	√	√		√	√	√	√	√	√	√
	OB1.5	√	√		√	√	√	√	√	√	√
	OB1.6		√		√	√	√	√	√	√	√
	OB1.7				√	√	√	√	√	√	√
人工航径管理(FPM)	OB2.1	√						√	√	√	√
	OB2.2							√	√	√	√
	OB2.3	√						√	√	√	√
	OB2.4							√	√	√	√
	OB2.5		√					√	√	√	√
	OB2.6							√	√	√	√
	OB2.7							√	√	√	√
沟通(COM)	OB3.1		√	√	√	√	√	√	√	√	√
	OB3.2				√	√	√	√	√	√	√
	OB3.3	√	√		√	√	√	√	√	√	√
	OB3.4		√		√	√	√	√	√	√	√
	OB3.5		√		√	√	√	√	√	√	√
	OB3.6				√	√	√	√	√	√	√
	OB3.7	√			√	√	√	√	√	√	√
	OB3.8				√	√	√	√	√	√	√
	OB3.9		√	√	√	√	√	√	√	√	√
	OB3.10	√									
情景意识与信息管理(SAW)	OB4.1		√	√	√	√	√	√	√	√	√
	OB4.2		√	√	√	√	√	√	√	√	√
	OB4.3							√	√	√	√
	OB4.4							√	√	√	√
	OB4.5	√						√	√	√	√
	OB4.6	√						√	√	√	√
	OB4.7				√	√	√	√	√	√	√
工作负荷管理(WLM)	OB5.1		√	√	√	√	√	√	√	√	√
	OB5.2				√	√	√	√	√	√	√
	OB5.3										
	OB5.4	√									
	OB5.5	√									
	OB5.6	√			√	√	√	√	√	√	√
	OB5.7	√	√		√	√	√	√	√	√	√
	OB5.8	√			√	√	√	√	√	√	√
	OB5.9	√			√	√	√	√	√	√	√
问题解决与决策(PSD)	OB6.1				√	√	√	√	√	√	√
	OB6.2				√	√	√	√	√	√	√
	OB6.3				√	√	√	√	√	√	√
	OB6.4		√	√	√	√	√	√	√	√	√
	OB6.5										
	OB6.6										
	OB6.7	√		√	√	√	√	√	√	√	√
	OB6.8										
	OB6.9				√	√		√	√	√	√
自动航径管理(FPA)	OB7.1										√
	OB7.2						√	√			√
	OB7.3										
	OB7.4										
	OB7.5										
	OB7.6										
领导力与团队合作(LTW)	OB8.1	√									√
	OB8.2									√	√
	OB8.3								√	√	√
	OB8.4					√		√	√	√	√
	OB8.5							√	√	√	√
	OB8.6										√
	OB8.7	√									√
	OB8.8										
	OB8.9	√	√	√	√	√	√	√			
	OB8.10								√	√	√
	OB8.11									√	√

图 10.3　典型阶段胜任力需求调查分析结果

二、整体飞行训练大纲说明

(一) 训练大纲说明

本训练课程大纲根据 CCAR-121 部运行的航空公司对飞行员的入口需求进行设计，其中单发私照训练、仪表等级训练和多发商照训练部分满足 CCAR-141 部的相关要求。

按照课程的实施方法，本大纲的训练课分为地面课、模拟机/训练器课和飞行课三种。为了保证大纲的使用效果和教学质量，在实际训练过程中应注意大纲的执行内容和顺序。一般情况下，按照大纲学生在完成地面课后立即进入相应的飞行训练，条件不具备时也可以在完成所有的地面课后再进行飞行训练，但在进行每一课的飞行训练前应对相应的地面课程内容进行复习。在主任飞行教员的许可下可以调整地面课程的内容，必要时也可以增加课时，但不应打断课程的连续性。

在执行模拟机/训练器课和飞行课时，飞行教员有责任按照大纲课程的顺序和内容进行教学，确保大纲课程的所有项目和内容在训练过程中得到实施。必要时，主任飞行教员可根据学生的学习进展情况及其他因素，在同一阶段内调整执行顺序或改变课程内容。如果在实施过程中出现了偏离或未能实施某些项目和内容，必须进行确认并在学生训练记录上注明，再进行补充训练。

训练课程大纲是学院飞行训练教材体系的一个重要部分，而飞行训练教材体系是飞行教学质量管理体系的基础，是统一飞行标准、抓好飞行教学、提高教学质量的重中之重。学院的飞行训练教材体系主要分为基础理论教材、飞行员训练手册、标准课件、训练课程大纲。

基础理论教材讲述了飞行相关的基础知识，如飞行原理、领航、气象、基本飞行方法等，具体包括《飞机飞行指南》《仪表飞行指南》《飞行员航空理论教程》等。这些知识是学生在进入飞行训练前应具备的理论知识，同时也是飞行训练过程中遇到的实际问题解释的出处。

飞行员训练手册是针对各个机型单独编写的。它以机型操作手册为基础，结合通用的飞行方法详细地阐述和解释了该机型在飞行训练中涉及的所有飞行科目，是飞行训练过程中最直接的飞行方法参考手册。在基础理论教材、飞行员训练手册以及实践考试标准的基础上开发的飞行训练标准课件是对飞行训练重点和飞行教学方法的总结和提炼。它利用了电脑多媒体进行辅助教学，是飞行学员预习复习的重要参考资料，也是规范教员地面讲评和空中程序、加强教学效果的必要手段。

训练课程大纲是整个飞行训练教材体系的核心，也是连接教材体系各部分的脉络。大纲中的各个知识点都标注了在基础理论教材中的出处，所有的训练科目也有对应的标准课件。在飞行训练的执行过程中，只有按照训练课程大纲设计的标准流水线进行教学，才能确实控制飞行训练各个环节的质量，使每个飞行学员之间的教学效果具有可比性，才能更有效地发现教学过程中存在的问题，从而对现有飞行训练教材体系作出修订和改进，不断完善和发展飞行教学质量管理体系，提升学院在飞行员培训市场上的核心竞争力。

训练课程大纲按照训练内容及获取执照的不同可分为单发私照、仪表等级和多发商照部分。每种训练课程大纲根据教学规律的原理和训练重点的转移，又相应地分为如下阶段：

（1）单发陆地飞机私用驾驶员执照训练部分。

单发陆地飞机私用驾驶员执照训练部分的训练内容和训练时间完全满足 CCAR-141 部对单发陆地飞机私用驾驶员执照申请人的训练要求。学生在完成本部分训练后，应通过私用驾驶员执照的理论和实践考试，获取单发陆地飞机私用驾驶员执照。该部分分为本场筛选、本场及转场单飞两个阶段。

通过本场空域和起落航线的训练，飞行学员掌握了基本的目视飞行方法。同时对飞行学员自身的飞行综合能力进行判断，决定是否继续下一阶段的飞行训练。由于飞行学员完成此整体大纲训练后可直接进入 CCAR-121 部航空公司进行副驾驶改装训练，所以本场筛选阶段在我校质量管理体系中的选拔意义尤为明显和重要。巩固提高飞行学员的飞行技术水平，开始进入转场训练，完成法规规定的本场和转场单飞，达到对驾驶员的所有要求。

该部分的训练内容和训练时间完全满足 CCAR-141 部对飞机仪表等级申请人的训练要求，可以单独作为仪表等级课程进行训练[112]。飞行学员在完成本部分训练后，应通过仪表等级执照的理论和实践考试获取执照的仪表等级。该部分分为基本仪表飞行、仪表进近转场两个阶段。

（2）基本仪表飞行阶段。

熟悉仪表飞行环境，掌握基本仪表飞行方法，学会基本仪表导航设备的使用及等待的飞行方法，能够进行全仪表和部分仪表飞行。仪表进近转场阶段，结合仪表转场飞行以练习各种仪表进近，从而达到法规对增加仪表等级的所有要求。多发陆地飞机商用驾驶员执照训练部分，该部分的训练内容和训练时间完全满足 CCAR-141 R1 部对多发陆地飞机商用驾驶员执照申请人的训练要求。飞行学员在完成本部分训练后，应通过商用驾驶员执照的理论和实践考试，获取多发陆地飞机商用驾驶员执照。基本仪表飞行阶段分为单发商用飞行和多发飞机飞行两个阶段，主要包括：

① 单发商用飞行阶段

进行商用机动飞行及螺旋的训练，满足 CCAR-141R1 部关于特殊机动飞行训练的要求，同时开放设置学生机长训练课程的科目安排，积累学生机长经历时间，提高飞行综合能力水平。在训练器课程部分，增加模拟场景训练，旨在提高学生核心飞行能力。该阶段结束后，学生应达到单发商照实践考试标准中的相应要求。

② 多发飞机飞行阶段。

多发复杂飞机阶段，熟悉多发飞机和复杂飞机的特性，进行相应的特情训练，达到多发商照实践考试标准中的相应要求。

（二）各阶段课程开展模式

1. 地面课

地面课采用代码"GL"表示，其目的是满足对执照申请人理论知识方面的要求，课程设计主要包括课程目的、预习内容、教学内容、参考资料、完成标准等。地面课有多种开展方式，根据教学的需要，教员可以采取课堂讲授、分组讨论、现场演示、计算机辅助教学、PCATD 等方式融合教学，以达到最好的教学效果。

2. 飞行课

飞行课采用代码"FL"表示，其课程设计主要包括课程目的、进入条件、预习讲评内容、训练内容等。按照正常的课程实施顺序，学生首先应该明确要满足的"进入条件"，进行过哪些相应的训练才能进入该课的训练；然后阅读"课程目的"，对该课的教学方向有一个总体的把握。根据课程目的，学生应按照"预习讲评内容"使用参考资料以熟悉该课相关的知识点、程序、科目等。教员应按"预习讲评内容"，结合飞行学员的预习情况，对该课的整个训练思路以及涉及到的重点难点进行飞行前讲评，保证飞行学员在上机练习阶段前做好充分的准备。"训练内容"部分将科目按照不同的飞行阶段进行了分类，其中用"O"标出的偏重非技术技能，用"●"标出的偏重技术技能。知识、技能和态度是构成飞行员能力的基本组成部分，对于它们有不同的评价标准，具体请参见本说明的"训练科目评分标准"部分。"训练内容"中有"训练科目""标准"和"评分"三列。"标准"是指平均水平的学生按照预期应该在该课达到的分数标准，而"评分"是指学生在进行该课训练以后实际达到的水平。该列由教员据实填写，作为电子化训练记录。训练大纲示例如图 10.4 所示。

按照学习规律和大纲设计，完整的飞行课还包括飞行后讲评，这部分由教员根据该课的教学目的和学生的完成标准有针对性地安排时间进行，不在大纲中列出具体内容。

3. 综合课

大纲在所设计的课程内容满足法规对所有训练科目和知识点要求的前提条件下，设置了部分综合课。根据本阶段课程的完成情况以及学生的实际掌握水平，教员可在综合课内灵活、有针对性地安排训练内容，以达到查漏补缺、巩固练习、提高学生综合运用能力的目的。私照阶段综合课的使用范围为筛选之后，实践考试之前。仪表等级阶段综合课的使用范围为实践考试之前的所有课程之间。单发商业飞行阶段综合课的使用范围为阶段检查之前的所有课程之间。多发复杂飞机阶段综合课的使用范围为实践考试之前的所有课程之间。综合课的飞行性质为带飞性质。其时间除可用于上述用途外，还可以用于补充训练、补充检查以及不通过的阶段检查。

4. 实践考试准备课

大纲在所有阶段检查、实践考试之前都安排了实践考试准备课，目的为了满足法规对近期经历的要求，同时也是专门为阶段检查、实践考试做出有针对性的准备课程。在大纲设计的转场或复习阶段，部分飞行课安排的执行时间较长，以便教员按照需要灵活安排转场路线等训练内容。若课程实际执行时间小于大纲设计的执行时间，可以将该课内容分为多次执行，但仍需保证大纲设计的训练内容得到良好的实施，以达到预期的教学效果。

5. 模拟机/训练器课

模拟机/训练器课是飞行课有机和必要的补充，是提高飞行训练质量措施中必不可少的一部分。为了提高飞行训练效率，加强飞行训练效果，原则上所有的新飞行科目都应首先在训练器上进行练习。模拟机/训练器课采用代码"FFS"或"FTD"表示，其课程设计结构与飞行课相同。与飞机实际操作不同之处在于，模拟机/训练器的教官台上可以设置起飞机场、起飞重量、油量、温度、能见度等参数，这些参数对飞行学员的训练条件影响非常明显，如温度对爬升率的影响、机场对航路的影响，甚至某些科目只能在特定的条件下进行训练，如云高和能见度对目视飞行的影响。因此教员应尽量按照课程的要求对模拟机/训练器进行设置，保证学生在课程设计的飞行环境中达到最好的训练效果。

（三）整体飞行训练科目评分标准

整体飞行训练大纲在使用过程中，参照与训练阶段相应的实践考试标准，使用五分制来对学生在飞行课和模拟机/训练器课中的各种实际训练表现进行评价，其中 1 分为最低分，5 分为最高分。为便于大家理解和评估，将 1～5 分的含义归纳为"示范""提示""放手""达标""超标"。但对于不同类型的科目（如技术技能、非技术技能），每一分都有具体的描述和标准，教员应严格按照该标准进行评分，避免评价的随意性和主观性。

FL9:起落航线(1:00)

	飞行前讲评	飞行后讲评	飞机带飞	FTD	单飞/机长
推荐时间	1:30	0:30	1:00		
总时间			9:00	2:00	

课程目的
本课主要是让学生熟悉起落航线，练习飞行基本动作。

进入条件
完成相应地面课。

预习讲评内容　　　　　　　训练内容

科目	飞机飞行指南	仪表飞行指南
地面运行	2.3	
发动机启动	2.4	
停机	2.10	
关车	2.11	
飞行后	2.12	
固定和维护	2.13	
对飞机的感觉	3.3	
姿态飞行	3.4	
内外结合的注意力分配	3.6	
侧风起飞	5.5	
机场起落航线及其运行	7.1	
矩形起落航线	7.2	
标准起落航线	7.3	
正常进近与着陆	8.1	
五边下滑线低	8.10.1	
五边下滑线高	8.10.2	
五边进近速度小	8.10.3	
油门的使用	8.10.4	
拉平高	8.10.5	
拉平太晚或太快	8.10.6	
拉平过程中平飘	8.10.7	
拉平时拉飘	8.10.8	
起飞后发动机失效(单发)	15.5	

科目	标准	评分
地面		
○飞行准备	4	
○飞机外部检查	4	
○驾驶舱准备	4	
○无线电通讯和ATC灯光信号	4	
●检查单的使用	4	
●开车和试车	4	
●滑行	3	
●避让和防撞	3	
○起飞简述	4	
○起飞前检查	4	
起落		
●起落航线	3	
●正常和侧风条件下的起飞和爬升	3	
●进近速度飞行	3	
●目视观察和防撞	3	
●正常和侧风进近和着陆	3	
●起飞/中断着陆	3	
●着陆偏美	2	
●飞行后程序	4	
●停机关车	4	
○完成文档填写	4	

图10.4　整体训练课程大纲课程示例

1. 评分细则

评分结果取决于教员预期的能力水平和教员观察到的飞行学员实际表现，主要包括：

（1）1分。

获得1分的情形主要包括：

① 出现不可接受的偏差，包括超出限制后未能发现，或虽发现但不能在有效时间内进行修正。飞行安全受到了影响，教员不得不接管飞机操纵。

② 偏差动作一再出现，状态起伏特别大，对偏差的识别和修正异常的慢，或根本不能识别或修正，或根本达不到训练目标。

③ 飞机操作粗猛，极大地偏离了规定的限制。技术技能和知识水平差得不可接受。行为表现出丧失了情景意识，但未能识别或修正。如果没有教员或其他机组成员不间断地提示或指导，根本不能做任何飞行管理，飞行安全受到严重影响。

④ 不能将风险减小到可接受范围。

（2）2分。

相关能力要素处于受训状态或达到初次接触的水平。在做科目练习时，教员密切并准确地监控飞行学员的表现，督促飞行学员执行练习，正确地修正偏差。飞行学员需要教员的帮助才能达到要求的能力标准。

（3）3分。

获得3分的情形主要包括：

① 教员间或小量地操纵飞机以修正偏差。飞行学员留意教员的动作并作出补救动作。可能出现重大的偏差，包括短时超出规定限制，但能及时发现并在有效时间内进行修正。

② 由于偏差过大总体表现不好，但能识别偏差并在可接受的时间范围内进行修正。

③ 飞机操纵熟练程度有限，或短时偏离规定限制。

④ 技术技能熟练程度和知识水平深度有限。

⑤ 出现暂时丢失情景意识的行为，但经自己察觉或经机组成员提醒能够意识到并能做出修正。

⑥ 飞行管理技术有效但略低于标准。有时候个别项目只有在教员或其他机组成员的督促或提示下才能完成。飞行安全不受影响。仅能稍微减小风险。

（4）4分。

获得4分的情形主要包括：

① 不需要教员帮助。仅出现小的偏差，总体表现在规定限制之内。

② 飞行素质好。总体表现满足标准要求，虽然会有小的偏差，但无关大局。

③ 飞机操纵正确主动。在规定限制以内。技术技能和知识达到要求的熟练水平。

④ 表现出情景意识能有效保持的行为。飞行管理技能有效。能保持安全飞行。能令人满意地减小风险。

（5）5分。

获得5分的情形主要包括：

① 总体表现优秀，飞行管理技能极佳。在当前条件下表现完美。

② 飞机操纵柔和、精确（很好地保持在限制范围内）。技术技能和知识超出了所要求的水平（能始终如一地满足要求）。

③表现出能连续并准确保持情景意识的行为。飞行管理技能极佳。能保证飞行安全。风险被减轻得相当好。

技术技能标准如表10.2所示。

表10.2　技术技能标准

分数	评分标准
1	学生表现差 飞行素质差和/或安全意识差和/或错误判断和/或缺乏个人工作和/或低于标 准和/或能力差和/或机动科目不能准确完成
2	学生处于受训状态和/或初次接触 飞行学员不能自主完成，须教员完成科目，能力要素处于受训状态下
3	学生基本达标 能按标准正常完成标准但需要飞行后讲评，需要协助以达到标准
4	学生达到标准 无需教员帮助能完成科目并达到标准（达到最终的能力标准），能圆满完成训练科目和程序，能满意地控制飞机，具备良好的飞行素质
5	学生高于标准 训练科目和程序完成得非常好，决断能力和飞行素质非常好，表现超过标准

非技术技能标准如表10.3所示。

表10.3　非技术技能标准

分数	评分标准
1	学生在完成该课训练后，对该科目涉及的原理和方法缺乏相应的了解，在执行过程中基本依赖教员的讲解和示范
2	学生在完成该课训练后，能够对该科目涉及的部分原理和方法进行简单的描述和解释，但在讲解和执行过程中有较多的错误和不足，在教员的帮助下能够做出相应的处置并完成该科目
3	学生在完成该课训练后，能够对该科目涉及的原理和方法进行较正确的描述和解释，在运用过程中出现的错误需要在教员的提示下进行修正，能够在不出现任何特殊情况时按照正常的工作程序完成该科目
4	学生在完成该课训练后，在对该科目涉及的原理和方法进行正确的描述和解释的基础上，能够不借助教员任何帮助处置较常见的特殊情况，完成该科目，且水平达到实践考试标准的要求
5	学生在完成该课训练后，能够完全正确理解并综合运用与该科目相关的所有知识，独立管理好各项工作，对出现的各种情况进行快速准确的分析和评估，在执行的过程中不产生任何错误，完成水平高于实践考试标准的要求

2. 训练记录

训练记录是CCAR-141部对驾驶员培训学校的基本要求，也是对飞行教学质量进行过程控制的重要环节。

为了便于查询、统计和保存，提高工作的效率和准确性，中飞院的配套训练课程大纲推出了电子化训练记录系统。该系统通过网络的形式将所有飞行学员的训练记录统一存放在服务器上，实现了训练记录的跨地区即时访问，并能在第一时间对划定范围的学生训练情况进行详细统计，以指导、改进飞行教学工作。

在执行每次训练任务时，飞行教员可先将飞行学员的训练表现简要地记录在该飞行学员的训练课程大纲中课程及科目的预留评分位置处。待该次训练任务完成后，飞行教员应及时使用个人账号登录该系统，认真填写训练记录，保证考试员在阶段检查或实践考试前能够使用和查阅这些记录。在飞行学员完成全部训练后，相应的飞行训练管理部门按照相关法规及运行手册的要求封存训练记录，保证在有需求时能够随时将相应的训练记录打印出来，提交经过教员签字确认的训练记录和成绩。

电子化训练记录系统的详细使用方法请参见系统内部说明。

3. 阶段检查

在每个阶段的最后都设置了一次阶段检查课。该检查课由学院依据相关法规和运行手册聘任的检查教员按照标准的阶段检查工作单执行，是控制学生飞行训练质量、掌握教员教学水平的重要工具，是飞行教学质量体系中的关键环节。凡是阶段检查不合格的飞行学员都不能进入下一阶段的训练。

4. 补充训练

任何在阶段检查或实践考核中不合格的飞行学员，都视为没有完成该阶段的飞行训练。必须在助理主任教员的授权下增加时间进行补充训练，待学生达到相应水平后，重新进行阶段检查或实践考试，合格后方可继续下一阶段的训练、申请相应的执照或获取结业证。

5. 教学指南

在教员使用的飞行课和模拟机/训练器课大纲后面，附加了一个"教学指南"。

该部分内容主要包括大纲中这一课的设计目的、思路、重点，推荐的教学顺序、机组资源管理的实际运用，在执行该课程训练过程中学生易犯的错误及相应的教学方法等，指导教师用最有效的方式达到最好的教学效果。该部分内容主要由经验丰富的飞行教员撰写，既是传统飞行教学法的总结，又是最新教学实践经验的结晶，对引导新教师如何正确地展开教学具有重要的指导作用。推荐飞行教员在 理解的基础上，结合学生的实际情况，按照教学指南进行教学。

训练器/模拟机的教学指南中包含了教官台设置的内容，这些设置的要求和技巧可以使学生更好地进入状态，加强练习效果，提高练习效率，推荐教员按照其进行设置。

由于教学指南的内容针对性较强，因此仅供本学院飞行教员使用，不对飞行学员或其他人员提供。

6. 训练课程大纲的更新

在训练课程大纲每页正文的页眉位置有该页大纲的版本日期，如 2018-11-28，它代表该页大纲内容的发布日期。能够保持持续的更新和修订是本大纲的重要特征。在使用过程中如果发现其内容有需要改进或增补之处，无论是训练科目的分布还是教学指南的编写，或者其他任何地方，欢迎大家向所属训练管理部门反映情况并提出修改建议。飞标处将会在全学院范围内负责搜集相关意见建议，编排整理之后定期对训练课程大纲进行修正和完善，并重新发布新版本，保持大纲的时效性，提升大纲的实用性。

（四）训练时间安排

训练时间安排如表 10.4 所示。

表 10.4　训练时间安排

训练阶段		训练内容及时间			
		地面课时间/h	飞行课时间/h	训练器时间/h	飞机时间/h
单发私照部分	筛选阶段	21	15	2	13
	本场及转场单飞阶段	16.5	51.5	3	48.5
	实践考试		1.5		1.5
	小计	37.5	68	5	63
仪表部分	基本仪表飞行阶段	10.5	13	6	7
	仪表进近转场阶段	24.5	25	8	17
	实践考试		2		2
	小计	35	40	14	26
多发商照部分	单发商用飞行阶段	32	86	8	78
	多发复杂飞机阶段	14.5	34	8	26
	实践考试		2		2
	小计	46.5	122	16	108
合　计		119	230	35	195

（五）阶段科目安排

阶段科目安排如表 10.5 所示。

表 10.5　阶段科目安排

训练阶段		训练内容及时间								
		训练时间/h	训练器时间/h	飞机时间/h	带飞时间/h	单飞时间/h	机长时间/h	转场时间/h	仪表时间/h	夜航时间/h
单发私照部分	筛选阶段	15	2	13	13				0.5	
	本场转场单飞阶段	51.5	3	48.5	38.5	10	10	14	2.5	3
	实践考试	1.5		1.5	1.5					
	小计	68	5	63	53	10	10	14	3	3
仪表部分	基本仪表飞行阶段	13	6	7	7				7	
	仪表进近转场阶段	25	8	17	17			5	17	
	实践考试	2		2	2				2	
	小计	40	14	26	26			5	26	
多发商照部分	单发商用飞行阶段	86	8	78	25		53	13	4	
	多发复杂飞机阶段	34	8	26	14		12	11	7.5	7
	实践考试	2		2	2		2			
	小计	122	16	106	39		67	24	7.5	7
合　计		230	35	195	118	10	77	43	36.5	10

（六）每个科目时间安排

每个科目时间安排如表 10.6 所示。

表 10.6　每个科目时间安排

序号	课程名称	训练时间/h	训练器时间/h	飞机时间/h	带飞时间/h	单飞时间/h	机长时间/h	转场时间/h	仪表时间/h	夜航时间/h
1	FTD1 座舱实习、程序练习									
2	FL1 地面程序、体验飞行			1	1					
3	FL2 熟悉空域进出、基本动作			1						
4	FL3 空域机动动作	1								
5	FTD2 程序练习									
6	FL4 空域机动动作、基本仪表动作								0.5	
7	FL5 起落航线									
8	FL6 起落航线									
9	FL7 起落航线			1						
10	FL8 起落航线	1		1						
11	FL9 起落航线									
12	FL10 起落航线	1		1	1					
13	FL11 起落航线、空域机动动作复习	1.5		1.5	1.5					
14	FL12 筛选	1.5		1.5	1.5					
	第一阶段小计	15	2	13	13				0.5	
15	FL13 本场带飞	1		1	1					
16	FL14 本场带飞									
17	FL15 本场带飞									
18	FL16 本场带飞									
19	FL17 本场带飞									
20	FTD3 应急操作		1							
21	FL18 应急操作	1.5		1.5	1.5					
22	FL19 本场带飞	1.5		1.5	1.5					
23	FL20 单飞前检查、首次单飞	1		1	0.5	0.5	0.5			
24	FL2]本场带飞	1.5		1.5	1.5				0.5	
25	FL22 本场带飞	1.5		1.5	1.5				0.5	
26	FL23 本场带飞	1.5		1.5	1.5				0.5	
27	FL24 夜间本场带飞	1.5		1.5	1.5					1.5
28	TD4 转场飞行	2	2							
29	FL25 转场带飞	2.5		2.5	2.5			2.5		
30	FL26 转场带飞	2.5		2.5	2.5			2.5		
31	FL27 夜间转场带飞	1.5		1.5	1.5			1.5	1	1.5

序号	课程名称	训练时间/h	训练器时间/h	飞机时间/h	带飞时间/h	单飞时间/h	机长时间/h	转场时间/h	仪表时间/h	夜航时间/h
32	FL28 转场带飞检查及应急操作	2.5		2.5	2.5			2.5		
33	FL29 单飞前检查、起落单飞	2.5		2.5	0.5	2	2			
34	FL30 单飞前检查、空域起落单飞	3		3	0.5	2.5	2.5			
35	FL31 单飞前检查、转场单飞	2.5		2.5	0.5	2	2	2		
36	FL32 单飞前检查、转场单飞	3.5		3.5	0.5	3	3	3		
37	FL33 实践考试准备课	3		3	3					
38	FL34 阶段检查	1.5		1.5	1.5					
39	FL35 综合课	8.5		8.5	8.5					
	第二阶段小计	51.5	3	48.5	38.5	10	10	14	2.5	3
40	FL36 实践考试	1.5		1.5	1.5					
	第一部分合计	68	5	63	53	10	10	14	3	3
41	FTD5 全仪表飞行	1								
42	FL37 全仪表飞行	1.5		1.5	1.5				1.5	
43	FTD6 部分仪表飞行	1								
44	FL38 全仪表及部分仪表飞行	1.5		1.5	1.5				1.5	
45	FTD7 传统导航设备导航		1							
46	FL39 传统导航设备导航	1.5		1.5	1.5				1.5	
47	FID8 标准仪表进离场程序	1								
48	FL40 标准仪表进离场程序	1.5		1.5	1.5				1.5	
49	FTD9 等待程序									
50	FL41 等待程序								1	
51	FTD10 阶段检查		1							
	第三阶段小计	13	6	7	7				7	
52	FTD11 精密进近	1								
53	FL42 精密进近									
54	FTD12 非精密进近	1.5	1.5							
55	FL43 非精密进近	2		2	2				2	
56	FTD13 部分仪表进近	1.5	1.5							
57	FL44 部分仪表进近	1.5		1.5	1.5				1.5	
58	FD14GPS 导航及 RNP 飞行程序	2	2							
59	FTD15 转场飞行	2	2							
60	FL45 转场飞行	2		2	2			2	2	
61	FL46 长转场飞行	3		3	3			3	3	
62	FL47 实践考试准备课	3		3	3				3	

序号	课程名称	训练时间/h	训练器时间/h	飞机时间/h	带飞时间/h	单飞时间/h	机长时间/h	转场时间/h	仪表时间/h	夜航时间/h
63	FL48 阶段检查	1.5		1.5						
64	FL49 综合课	3		3	3				3	
	第四阶段小计	25	8	17	17			5	17	
65	FL50 实践考试	2		2	2					
	第二部分合计	40	14	26	26			5	26	
66	FTD16 商用机动飞行	2	2							
67	FL51 螺旋及急盘旋下降	2		2	2					
68	FL52 商用机动飞行	3		3	3					
69	FL53 应急操作	1.5		1.5	1.5					
70	FL54 应急操作	1.5		1.5	1.5					
71	FL55 先进导航技术的介绍	2		2	2				2	
72	FL56 先进导航技术的介绍	2		2	2				2	
73	FL57 学生机长训练	2		2			2			
74	FL58 学生机长训练	2		2			2			
75	FL59 学生机长训练	2		2			2			
76	FL60 学生机长训练	2		2			2			
77	FL61 学生机长训练	2		2			2			
78	FL62 学生机长训练	2		2			2			
79	FL63 学生机长训练	3		3			3			
80	FL64 学生机长训练	3		3			3			
81	FL65 学生机长训练	3		3			3			
82	FL66 学生机 K1 练	3		3			3			
83	FL67 学生机长训练	3		3			3			
84	L68 学生机长训练（转场飞行）	3		3			3	3		
85	FL69 学生机长训练（转场飞行）	3		3			3	3		
86	FL70 学生机长训练（转场飞行）	3		3			3	3		
87	FL71 学生机长训练（转场飞行）	4		4			4	4		
88	FL72 学生机长训练	3		3			3			
89	FL73 学生机长训练	4		4			4			
90	FL74 学生机长训练	4		4			4			
91	FTD17 模拟场景训练	6	6							
92	FL75 阶段检查	2		2			2			
93	FL76 综合	13		13	13					
	第三部分合计	86	8	78	25		53	13	4	

序号	课程名称	训练时间/h	训练器时间/h	飞机时间/h	带飞时间/h	单飞时间/h	机长时间/h	转场时间/h	仪表时间/h	夜航时间/h
94	FTD18 介绍多发复杂飞机									
95	FTD19 本场空域									
96	FL77 本场空域	2		2	2				1.5	
97	FTD20 仪表进近									
98	FL78 仪表进近	1.5		1.5	1.5				1.5	
99	FTD21 多发应急操作	2.5	2.5							
100	FL79 多发应急操作	1.5		1.5	1.5					
101	FL80 昼间目视转场	2		2	2			2		
102	FL81 夜间转场	2		2	2			2		2
103	FTD22 夜间本场	1	1							
104	FL82 夜间目视起落	2		2			2			2
105	FTD23 夜间应急操作	1.5	1.5							
106	FL83 夜间目视转场	3		3			3	3		3
107	FL84 仪表进近									
108	FL85 长转场飞行	4		4			4	4	1.5	
109	FL86 实践考试准备课	3		3	3					
110	FL87 阶段检查	2		2			2			
111	FL88 综合课	2		2	2					
	第五阶段小计	34	8	26	14		12	11	7.5	7
112	FL89 实践考试	2		2			2			
	第四部分合计	36	8	28	14		14	11	7.5	7
	合计	230	35	195	117	10	78	43	36.5	10

三、基于 CBTA 的整体训练课程大纲升级

飞行员的九大核心胜任力包括知识的应用、程序的执行和遵守规章、沟通、飞行轨迹管理-自动飞行、飞行轨迹管理-手动飞行、领导力和团队合作、问题解决和决策、情景意识和信息管理和工作负荷管理。[113]基于 CBTA 的课程升级强调数据驱动的系统设计，根据对过去 5 年整体训练课程飞行学员的飞行训练大数据，如各阶段检查单、教员讲评记录、安全事件数据等，结合核心胜任力行为表现和下一阶段的输入需求，对《航线运输驾驶员整体课程训练大纲》[114]以及飞行员技能养成进行分析，统计飞行学员数量为 53 人，取样周期为 2014 年—2019 年，结果如表 10.7 所示。

表 10.7 飞行学员首次出现的行为指标分布统计

	行为指标 OB （出现行为指标的人数/总人数）	行为指标对应的胜任力代码
单发陆地飞机私用驾驶员执照训练		
本场筛选阶段 FTD01～FL09	OB1.1（53/53） OB1.2（53/53） OB1.6（53/53） OB2.1（51/53） OB4.1（49/53） OB4.2（49/53） OB0.5（53/53） OB0.6（47/53）	1 2 4 0
本场及单飞阶段 FTD03～FL13	OB2.2（49/53） OB2.3（49/53） OB5.9（47/53）	2 5
本场及转场单飞阶段 FL14～FL25	OB2.4（47/53）	2
本场及转场单飞阶段 FL26～FL35	OB2.9（49/53） OB0.2（49/53）	2 0
仪表等级训练		
基本仪表飞行阶段 FTD06～FL43	OB4.3（49/53）	4
仪表进近转场阶段 FTD11～FL53	OB4.4（49/53）	4
多发陆地飞机商用驾驶员执照训练		
单发机动飞行阶段 FL54～FL68	OB1.3（21/53） OB1.4（45/53） OB1.5（49/53） OB2.5（38/53） OB7.1（38/53） OB7.2（30/53）	1 2 7
单发综合飞行阶段 FTD23～FL82	OB2.6（38/53） OB2.7（38/53） OB4.5（30/OB） OB5.1（15/53） OB5.2（15/53） OB5.3（38/53） OB5.4（38/53） OB5.5（15/53） OB6.1（15/53） OB7.4（13/53） OB8.4（48/53） OB8.6（48/53） OB0.3（13/53）	2 4 5 6 7 8 0

单发陆地飞机私用驾驶员执照训练		
	行为指标 OB （出现行为指标的人数/总人数）	行为指标对应的胜任力代码
多发复杂飞机阶段 FTD26～FL95	OB6.2（45/53） OB6.3（45/53） OB6.4（8/53） OB6.5（45/53） OB8.1（49/53） OB8.2（8/53） OB8.5（15/53） OB8.7（8/53）	6 8
整体大纲训练中未体现行为指标	OB1.7 OB2.8 OB2.10 OB3.1～3.6 OB4.6～4.7 OB5.6～5.8 OB5.10～5.11 OB6.6～6.9 OB7.3 OB7.5～7.7 OB8.3 OB8.8～8.9 OB0.1 OB0.4 OB0.7	1 2 3 4 5 6 7 8 0

　　需要特别说明的是：本次采样了 53 名飞行学员的养成训练情况，对 53 名飞行学员在《航线运输驾驶员整体课程训练大纲》的训练表现进行分析。本次分析按照训练阶段对"首次出现"的核心胜任力"可被观察的行为"的"首次出现"进行梳理：本场阶段，本场及单飞阶段，本场及转场单飞阶段，基本仪表飞行阶段，仪表进近转场阶段，单发机动飞行阶段，单发综合飞行阶段，多发复杂飞机阶段。此大纲是目前中国民航飞行员养成训练采用最多的训练大纲，具有养成飞行员的宝贵经验，从分析中可以得出的结论主要包括：

　　（1）一些核心胜任力在训练初始阶段就反复训练，无论是私照前期还是仪表飞行前期。

　　（2）个别核心胜任力在训练的整个过程都在强调和训练，并且此类核心胜任力的"可被观察的行为"也是分散出现在整个过程。

　　（3）对于部分核心胜任力在训练的后半部分才予以强调和出现，尤其是一些非技术类的核心胜任力。

　　（4）《航线运输驾驶员整体课程训练大纲》中也会有一些"被观察的行为"未出现，原因是：

一方面是由于大纲初衷不是基于核心胜任力培训，另一方面是受到运行环境的影响，如由于 PA-44 未安装自动驾驶设备，"飞行轨迹管理-自动飞行"的所有"可被观察的行为"在大纲训练中就未出现。

（5）目前《航线运输驾驶员整体课程训练大纲》与航司需求之间的矛盾日益加深，原因很可能是由于飞行员核心胜任力需求在大纲中未被充分训练和重视，也是由于在大纲中 SRM 和 CRM 训练单纯强调核心胜任力相关的非技术技能，而没有将核心胜任力的具体行为表现与飞行学员相联系，没有指出非技术技能的具体培训方式还是更多基于科目的重复性训练。飞行学员可能意识到自身某一项能力的不足却无从下手，这也是当前全球大多数训练大纲的弊端。

在进行过渡阶段课程如 UPRT 课程的设计和开发过程中，也出现了同样的核心胜任力培养的规律。关于 UPRT 课程的设计是基于 Upset Recovery Training Aid2，AUPRTA Rev3.0，ICAO100011 等手册进行的。通过上述研究分析，飞行员核心胜任力培训应该遵循的规律主要包括：

（1）核心胜任力的培养，应该是分阶完成，目前至少应该分为前提性阶段、基础阶段、进阶阶段、高阶阶段 4 个阶级。

（2）针对某一项核心胜任力，尤其是此类核心胜任力体现在整个飞行员养成过程中，那么此类核心胜任力就应该对其"可被观察的行为"进行分级，也就是一项核心胜任力所有的"可被观察的行为"进行分级。这种分级，应该按照培训需求进行分级。

（3）核心胜任力的培训，应该针对飞行员个体情况进行培训，并且遵循一定的培训顺序：前提性核心胜任力→基础核心胜任力→进阶核心胜任力→高阶核心胜任力。高阶核心胜任力是建立在前提性、基础、进阶核心胜任力之上，没有前三项就没有高阶核心胜任力。

（4）对于核心胜任力的评估，同样遵循上述的规律。如果基础核心胜任力出现不通过的情况，那么评价高阶核心胜任力就毫无意义。

（5）技术类核心胜任力培训依赖于技术类培训，非技术类核心胜任力就不仅仅依赖于传统驾驶舱训练，因为非技术类核心胜任力更多体现在飞行员内在潜质方面。在非驾驶舱表现出来的，在正向迁移引导下可以在驾驶舱表现出同样的非技术类核心胜任力。非技术类核心胜任力的初始建立，可以放在其他培训方式上，当然，如果运营人拥有驾驶舱的培训方式，效果会更显著。

（6）比较特殊的"知识的应用"核心胜任力，应该放在每一项核心胜任力培训之前，对相应核心胜任力的知识进行更新。飞行员核心胜任力的相互关系如表 10.8 所示。

表 10.8　飞行员核心胜任力的相互关系

核心胜任力阶段	飞行员核心胜任力	
前提性核心胜任力	知识的应用	
基础核心胜任力	飞行航迹管理——手动飞行 飞行航迹管理——自动飞行 程序的执行和遵守规章 基础沟通 OB2.1～2.5，2.9	基础情景意识和信息管理 OB7.1～7.4
进阶核心胜任力	沟通 OB2.6～2.8，2.10	进阶情景意识和信息管理 OB7.5
高阶核心胜任力	领导力和团队合作 工作负荷管理 问题解决和决策	高阶情景意识和信息管理 OB7.6～OB7.7

核心胜任力分类	飞行员核心胜任力	
知识	知识的应用	
技术类核心胜任力	飞行航迹管理-手动飞行航迹管理-自动飞行程序的执行和遵守规章	基础情景意识和信息管理 OB7.1 ~ 7.4
非技术类核心胜任力	基础沟通 OB2.1 ~ 2.5，2.9 沟通 OB2.6 ~ 2.8，2.10	进阶情景意识和信息管理 OB7.5
	领导力和团队合作 工作负荷管理 问题解决和决策	高阶情景意识和信息管理 OB7.6 ~ OB7.7

表 10.8 中"知识的应用"是其他八项飞行员核心胜任力的前提，需要在培训每一项核心胜任力之前对其相关知识进行更新。"飞行航迹管理-手动飞行"和"飞行航迹管理-自动飞行"属于平行关系。由于训练条件和个人学习习惯的影响，"飞行航迹管理-手动飞行"应该在"飞行航迹管理-自动飞行"之前，是"飞行航迹管理-自动飞行"的基础。"基础情景意识和信息管理"是技术类核心胜任力的基础，没有一定的情景意识和信息管理，那么技术类核心胜任力的搭建毫无意义；如果没有技术类核心胜任力的载体，拥有一定的情景意识和信息管理，甚至达不到安全的底线。"基础情景意识和信息管理""飞行航迹管理-手动飞行""飞行航迹管理-自动飞行""程序的执行和遵守规章"是相互作用的关系，同样的道理也适用于上述框架后面的"进阶情景意识和信息管理""高阶情景意识和信息管理"

对于上述框架的进阶核心胜任力，主要是"沟通"。"沟通"这项飞行员核心胜任力，是飞行员在具备技术类核心胜任力的基础上，连接非技术类核心胜任力的桥梁，起承上启下的作用；最后在高阶核心胜任力中，"领导力和团队合作""问题解决和决策""工作负荷管理"没有顺序之分，三者是相互联系的关系，不存在明显的因果关系或递进关系，这三项核心胜任力是最终解决 TEM 中识别和管理的高阶能力，尤其是对威胁和差错的识别和管理。

学习和培训的顺序如上述框架的顺序：前提性核心胜任力，基础核心胜任力，进阶核心胜任力，高阶核心胜任力。一旦运营人开始进行培训，首先需要对飞行员的核心胜任力进行评估，根据飞行员现有的核心胜任力进行评估后再培训。如果飞行员拥有了基础核心胜任力，那么运营人评估确认后就可以从进阶核心胜任力开始培训，进行飞行员个体化培训，不同航司客户化培训的顺序如图 10.5 所示。

开展基于飞行员核心胜任力的培训和评估应该基于一种系统性做法，从而确定胜任力及其标准，要在确定的核心胜任力基础上进行培训，并进行评估以确定这些核心胜任力是否已得到实现，基于飞行员核心胜任力的培训和评估的做法应至少包括以下特征：

（1）通过系统性分析来判断培训需求的合理性和确定评价指标。

（2）采用职责和任务分析来确定绩效标准、开展工作的条件、任务的重要性，以及知识、技能和态度清单。

（3）明确飞行学员群体特征。

（4）从任务分析中得出培训目标并以一种可观察到的和可衡量的方式表述培训目标。

（5）开展参照标准、有效、可靠和注重绩效的测试。

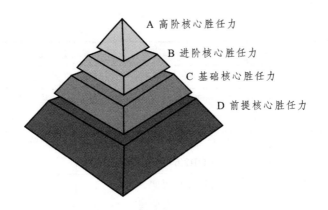

飞行员核心胜任力搭建

图 10.5　飞行员核心胜任力搭建顺序

（6）编制基于成人学习原则的课程，以获得核心胜任力的最佳途径。

（7）开展依据教材的培训。

（8）采取连续评估流程，以确保培训的有效性及其航线运行的相关性。

像其他教学系统设计方法一样，国际民航组织课程编制方法一般采用系统性培训编制方法。因此，对于支持遵守各项要求和开展相关培训活动的经批准的培训机构来说，这种课程编制方法是一个质量保证工具。为此，经批准的培训机构须确定需要实现的关键胜任力，确定实现这些胜任力的最有效方式以及评价实现这些胜任力的有效和可靠的工具。

然而，如果没有所有利害攸关方的支持，这样的工具就无法有效发挥作用。利害攸关方包括参与管理、教学设计、授课、教学评估、执照颁发、运作人员，当然也包括飞行学员。成功实施基于核心胜任力的培训和评估，很大程度上取决于机构各级部门对这一系统性流程的支持。

ADDIE 模型包含五个阶段：分析（Analyse）、设计（Design）、编制（Develop）、实施（Implement）和评估（Evaluate），如图 10.6 所示。

因此，基于 ADDIE 模型的整体训练课程升级可以细分为九个阶段，如表 10.9 所示，主要包括：

（1）初步分析。

初步分析阶段的目的是向管理层提供所需信息，以便领导层是否对培训做出相关决定，如果做出决定则采用何种培训策略。初步分析包括两组相关活动：问题分析和培训需要分析。为了精确地界定工作绩效问题，一般采用一种系统做法来发现征候、受影响的系统及其原因。

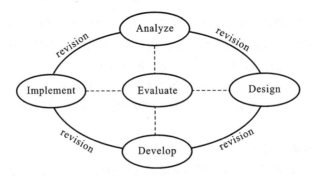

图 10.6　ADDIE 模型

表 10.9　整体训练课程九个阶段

类别	阶段	产出
分析	第一阶段——初步分析	培训建议、其理由和拟议的行动方针
	第二阶段——工作分析	任务描述和绩效标准
	第三阶段——培训对象分析	飞行学员的特点与现有技能和知识
设计和制作	第四阶段——课程设计	培训目标、掌握情况测试和单元的次序
	第五阶段——单元设计	授课方式、训练技巧和手段、起草培训材料
	第六阶段——制作和研发测试	制作所有飞行学员材料
评价	第七阶段——验证和修订	试用课程并根据需要进行修订
	第八阶段——实施	经过培训的人力资源
	第九阶段——培训后评价	评价培训效果；补救行动计划

一个问题通过其征候来加以界定，而征候可以被定义为期望的绩效与实际绩效之间的差异。在征候能够被有意义地描述之前，有必要确定"期望的绩效标准"。"期望的绩效标准"应该被解释为一个系统的产品标准或流程标准，可以对照标准来比较实际的产品/流程。因此，当一个系统产品/流程的用户或其他有关人员认识到这种差异并发出不一致信息或警报时，就产生一种征候。所以，征候是影响系统产品/流程的绩效问题的一种表现。

绩效问题的原因与被分析系统的投入和流程直接关联，可能来自外部如其他系统或子系统的投入不适当，也可能来自内部如流程本身的一部分原因。确定受影响的系统是明确界定绩效问题的关键，它指明可以采用的培训解决方案和非培训解决方案。受影响的系统必须考虑与其他系统或子系统的相关联性。在设计一个新系统时，需要根据新系统与其他系统/子系统的相互关系，为新系统在总体组织结构中设置一个适当位置，就可以开展新的基于核心胜任力的培训，安排其他培训。如果要开展新的基于核心胜任力的培训，应该制订培训实施计划，包括所需资源的详细情况。通常情况下，初步分析表明由几种解决方案融合于一体的解决方案优于单一的解决方案。

如果决定开展基于核心胜任力的培训，就应该确定培训的教学模式：

① 培训是应该采用经过验证的基于核心胜任力的培训材料还是依赖教员决定培训教材？

② 教学应该采用个性化形式还是小组形式？

经过验证的基于核心胜任力的培训材料表明该类教材是有效的、经过精心编写并可重复使用的成套教材。经过验证的课程是依据材料而不是依赖于教员进行的，前者是国际民航组织课程编制中使用的主要形式，但在某些特定和有限的领域（如对极少数专业技术人员进行的新设备培训）则不应排除依赖教员的培训。在某些情况下，机构发现对解决方案的有效性进行评估是非常有意义的，这种评估可以通过成本效益或风险管理分析来完成。如果要编制一个培训课程或方案，还应预先考虑制订一个计划，随后对培训之后产生的实际效果进行评价。

（2）工作分析。

培训的目的是使所有合格飞行学员都能够以可接受的胜任力水平执行他们的任务。通过工作分析可以界定可接受的胜任力水平。重要的是，培训课程要注重使飞行学员能够胜任地执行任务，而不仅仅是"学习"或"理解"该课程。工作和任务分析有两重目的：收集关于如何工作、在哪里进行以及用什么资料进行的相关信息，以界定所需知识、技能和态度，并确定工作绩效目标。工作和任务分析的主要步骤包括：

① 收集和分析来自实地的现有相关文件和资料。

② 获得课程专家对工作绩效标准的共识。

③ 检查分析的正确性。

④ 审查资料。

步骤②可以采用编制课程会议的方式来完成。在课程编制团队主导下，与 2~3 位课程专家进行集思广益的讨论，从而达成对工作绩效标准的共识，避免差错和遗漏。在步骤③期间，通过对工作的直接观察和交换看法，对步骤②中编制课程会议的结果予以补充。在步骤④中，执行者可能会发现执行某些任务的其他方法是有效的，那么课程专家应当审查并修订任务的分析报告。

一项工作可以被分解成若干个功能，每个功能代表具有不同特性工作的一个主要分项。某个功能可能为一些工作所共有。每个功能可以被分解成若干个操作，根据详细程度被称为任务、子任务或任务要素。通过构成功能的任务结果，可以观察和衡量一个功能的结果。

任务可以被视为一个包括投入、流程、标准、产出/产品和反馈的系统。子任务是一项任务过程中的一个单一步骤，它是可衡量和可观察的，需要运用一些知识、技能和态度来完成。流程标准规范了每个子任务的执行次序和正确执行方法。与一位课程专家确定每个任务流程（子任务的次序）的依据。一般较难办公室某个活动是否应该被称为功能还是任务、子任务或任务要素。根据不同情况，同一活动经常被贴上不同的标签。这个阶段有助于在进行课程编制的后续阶段描述各项操作。系统组成部分及其任务特点如表 10.10 所示。

表 10.10　系统组成部分及其任务特点

系统组成部分	任务特点
投入	触发事件； 设备、工具、工作辅助工具、文件、参考文献
流程	执行所有必要的步骤（即子任务）来实现产出/产品； 其措辞应该采用一个主动式动词
产出/产品	流程的一个可衡量和可观察的结果； 一个终止事件
产品标准	关于产出/产品应该是什么样的规范
反馈	产出/产品与标准相比较的结果； 如果结果符合标准，则达到任务的终止条件； 如果结果不符合标准，则必须再次启动任务流程，直到产出/产品符合标准为止

执行一项子任务要求执行者必须具备相应的知识、技能和态度，即基础知识（回忆）、潜在的认知技能（分类、问题解决、使用规则等）、心理运动技能和态度。并非所有任务都一定需要进行任务分析。但对于所有关键任务来说任务分析是必需的。可通过考虑以下因素来确定一项任务的关键性之处：

① 可以通过提出以下问题来确定其重要性：如果不能正确执行或无法执行任务，会产生什么样的严重后果？

② 可以通过提出以下问题来确定其难度：飞行学员工作出差错的频率是多少？

③ 频率可通过执行任务之间的平均时间来规范描述。

④ 被认为关键的任务会在培训期间予以强调，因此需要有关这些任务的所有相关资料。

在为一特定任务进行任务分析期间还收集其他数据，如触发事件和终止事件。关于任务应该如何进行的描述，需要的知识、技能和态度，执行任务的特殊困难，执行任务所需的投入（如环境条件、设备、文件等），以及评价工作绩效所要求的标准等。绩效标准要明确区分正确的、可接受的绩效以及不正确、不可接受的绩效。如果是可观察到的或可衡量的，产品标准要描述该项任务的预期产出。流程标准规定了执行一项任务应该采取的方式，提供了评价绩效的方法（即使没有产出）。

上述任务分析方法应用广泛，但也存在如下 2 种任务分析方法：

① 认知任务分析。

认知任务分析是用来解决在工作绩效中更多地转向认知技能。飞行机组的工作可以被认为具有很强的认知成分。认知任务分析的目的是概述以高度熟练水平执行一项任务所需的心理过程和技能。认知任务分析方法是一种资源密集型方法，也是对一般任务分析方法的补充。

② 团队任务分析。

虽然一般任务分析着重于个人行为，但更精密和复杂环境中的工作越来越多是由团队来完成的。团队任务分析方法被用来确定关键的团队行为。

（3）培训对象分析。

培训对象分析阶段的目的是研究目标飞行学员以确定他们已经具有的知识、技能和态度，并收集与潜在飞行学员相关的学习偏好和社会语言环境等信息，这些信息会对培训设计产生影响。飞行学员可能是一个包括不同年龄、有经验的人员和新招聘人员等多种情况人员的组合体。所有这些信息对于确定飞行学员已具有的知识、技能和态度以及设计最适合的教学方案都是十分重要的。可以通过一种比"传统系统"更加灵活的单元培训设计来满足具有不同经验飞行学员的需要。在一个单元系统中，每个重大任务需要一个单元，该单元包含明确的绩效目标、练习、讲义和测试。设计的单元系统，可以让飞行学员获得比在练习和测试中更大的成功。

培训对象分析也是一个启动与飞行学员进行对话的机会，应该在整个培训过程中保持这种对话，以确保实时搜集飞行学员的学习问题、反应和态度。这种对话是有价值的，不仅因为它提供信息，还因为当飞行学员的意见并采纳会给他们带来一种成就感，这样有助于营造积极的氛围。

（4）课程设计。

编制课程的步骤主要包括：

① 确定工作辅助工具的使用法。

② 重申培训的目的。

③ 根据第二阶段所确定任务来设定终点目标。

④ 概述为每个终点目标进行的基于胜任力的掌握情况测试。

⑤ 为每个终点目标列出相关的使能目标。

⑥ 检查目标是否涵盖了该项工作的所有知识、技能和态度要求。

⑦ 确定各项使能目标的可能相似之处。

⑧ 所有目标的次序。

⑨ 将目标分组成为各培训单元并确定各单元的次序。

第四阶段的第一个步骤是确定是否通过开发工作辅助工具或培训以及两者相融合的方式提供所需知识、技能和态度。工作辅助工具可以提供工作中所需的设备，旨在通过扩展执行者保留和利用信息（如数值表、检查单、指南和表格）的能力，以便正确执行任务。开发工作辅助工具的成本小于培训成本，并且实施成本通常较低。有时工作辅助工具在有效性方面优于培训。不管相对成本多少，重点应放在只提供工作辅助工具不能被取代的培训上。

对于涉及可以完全描述的许多简单操作或程序的任务来说，制备工作辅助工具是特别好的一种解决方案。工作辅助工具对不经常执行、需要高精确度但不需要速度，以及必须按照固定次序执行或者频繁变动的任务来说，也是非常有用的。

第四阶段的主要目的是提供培训目标以及如何测试的详细信息。这些目标将描述飞行学员在培训后必须能够做什么。目标应该以可衡量的绩效（即要实现的具体结果）来表示。每个培训目标应该包括飞行学员在培训后应具有的工作表现或状态、飞行学员执行任务的条件以及飞行学员执行任务应该达到的标准。

在第一阶段已规定的培训总目的可能需要若干类型的目标。某一特定课程可有若干个终点目标，每个终点目标对应一个任务。反过来，每个终点目标可有若干个使能目标，使能目标描述所要求的子任务绩效。培训后目标描述飞行学员在一个规定的工作实习期之后应该能够做什么。

第四阶段的另一个目的是准备进行有效和可靠的测试，以衡量是否实现了培训目标。为了保证测试效果，测试方法必须是有效和可靠的。测试与绩效目标匹配得越紧密，测试就越有效。不同教员进行可靠的测试时都会取得一致结果。更确切地说，可靠的测试会使得不同的教员对同一个飞行学员的表现给出相同的评价，这意味着建立有关如何进行测试的明确说明以及精确、毫不含糊的评价工具（评分答案）非常重要。

在国际民航组织课程编制方法中，提倡采用标准参照测试。当将一名飞行学员的表现与其他飞行学员的表现相比并根据这种比较结果做出判断，这就是一种常模参照测试。例如，当参照飞行学员们的表现并对他们进行排名时，这是一种常模参照评价。当对比一项客观标准（而不是对比另一测量结果）进行衡量时，这是一种标准参照评价。

在国际民航组织课程编制方法中，采用掌握情况测试来确定一个飞行学员是否达到终点目标所设定的绩效标准，这种培训标准尽可能与工作和任务分析期间所设定的相应标准密切相关。在测试过程中评估的条件、行为和标准应尽可能复制培训目标中对特定任务或子任务所描述的情况。如果飞行学员在掌握情况测试中证明已经达到或超过该标准，该飞行学员即通过测试，不涉及与其他飞行学员分数的比较，这就是"及格"或"不及格"概念的含义。

在设计单元、讲义和培训手册（第五阶段）之前设计测试似乎与多数常规培训相背离。然而，在这一时间点设计掌握情况测试有两个重要功能：确保测试的设计重点放在如何使飞行学员达到培训目标，并且遏制在设计测试中存在的注重培训材料而不是工作绩效的一种自然倾向。飞行学员对测试的态度会受测试方式的影响，包括从合作到极端敌视等。适当的测试管理有助于培养飞行学员的积极、合作态度。向飞行学员反馈和讨论测试结果应该成为标准做法，应把测试结果作为诊断工具，帮助教员和飞行学员采取补救措施以确保掌握培训技能，并应从与具体目标相关的表现角度对测试结果进行分析。测试结果应该只有两个等级——及格和不及格。如果飞行学员达不到标准，应通报该飞行学员其课程不及格。

处理测试结果的方法主要包括：

① 该飞行学员已参加课程，但未能圆满完成。

② 将安排飞行学员就未能通过的单元接受进一步培训。在确定飞行学员是否应该接受进一步培训时，应考虑飞行学员未能通过的单元是否与那些被评估为关键的任务相关。

（5）单元设计。

培训策略最有效地利用现有资源、技术、需求和制约因素，确保飞行学员达到培训目标。总体策略必须考虑目标人群的数量和特点、所需资源（如设备、资金和设施）、课程的编排和可重复性问题，这些因素将决定选择何种教学方法、实习量、授课方式、手段选择、测试和次序。

在第四阶段已决定将目标分组成为各单元并确定这些单元的次序。培训策略一旦确定，便可以进行单元设计。每个单元设计应确保飞行学员能够按单元末尾所要求的标准达到单元的目标。单元设计应该遵循的次序主要包括：

① 引起注意和激励飞行学员。

② 显示飞行学员在学习之后将能够完成什么任务（目标）。

③ 解释将如何进行测试。

④ 激发回忆必要的知识。

⑤ 逐条说明所要学习主题事项的内容。

⑥ 为飞行学员提供活动的机会（如部分实践，全面实践）。

⑦ 通过对飞行学员的实践提出反馈意见，强化学习。

⑧ 评估飞行学员的表现（掌握情况测试）。

⑨ 巩固所学知识技能，以便能够应用于其他场合。

为每个单元和每个单元内教学活动选择授课方式取决于很多因素。这些因素的重要性可能因不同的目标而不同。各单元可以包括个人化培训和团体培训。

在课程编制过程中最有创意的决策是选择培训技巧。当培训技巧能使飞行学员活跃时，便会产生最佳的学习效果。然而，一种培训技巧如果使用过于频繁，飞行学员对它的乐趣也会逐渐消失；因此，需要不断变化培训技巧。正如在一堂课或一单元内改变授课方式的空间一样，也需要改变培训技巧的空间。培训技巧包括讲课、演示、指导小组讨论、角色扮演、案例研究、游戏、实验室实习、指导下实践、无领导小组讨论、实地考察、自定义进度学习、独立学习、辅导、指导下实践和在职实践等。

每种培训技巧，通常都有若干项向飞行学员提供信息的不同手段，应该选择符合培训目标的手段。例如，如果该信息包括运动，需要解释雷达显示器上的移动情况，就应采用可以代表该运动的某种手段。根据学习的不同要求，选择现场演示、电子学习、模拟、多媒体投影、课本和教员等。有时需要特殊的效果，如停止运动或慢动作。

选择培训的手段包括：教学的适当性、经济型、简单性和可用性。为了满足教学的要求，选择手段应该考虑到授课方式、教学目标和要学习的能力类型，例如口头和运动技能。因为某些手段代表一种相当大的投资，可能有必要提前筹划和找到折中办法，这可能会限制未来的决定。目标应该是选择硬件，以便尽可能灵活地保持选项。

（6）制作和研发测试。

国际民航组织课程编制方法旨在为每一门课程编制一套全面且标准化的培训材料。每套培训材料包含该课程所需的所有材料，以一种让任何主任教员都能够轻松授课的方式编排。编制内容包括实现每个单元培训目标所需的培训材料，即详细的教学计划、教员的讲稿、飞行学员手册和讲义材料以及视听材料或其他培训材料。

为了确保培训材料是有效的并适合飞行学员，至关重要的是在编写培训材料和进行必要的修订时要试用该材料，尤其进行掌握情况测试。对每一测试进行验证，确保测试结果满足：反映目标的条件、绩效和标准；确保主题事项专家的审查在技术上是准确的；针对飞行学员中的熟练和非熟练执行者抽样检查。高比例的熟练执行者应该及格，而高比例的非熟练执行者应不及格。如果"优秀的执行者"的测试成绩不好，课程编制人员应该确保测试所涉及的课程目标是有效的，即该任务实际上是工作的一部分。

一旦培训材料经过研发测试和修订，下一步是以适合验证和以后使用的形式完善和整合培训材料。所有材料都应该由课程专家检查其技术内容和准确性。格式和编排应该标准化，这将便于制作。培训材料必须有吸引力、格式正确并符合课程设计要求。

（7）验证和修订。

评估基于胜任力的教学材料能有效指导飞行学员在掌握情况测试过程中成功过关并创造佳绩的能力。测试结果表明实验飞行学员不可能100%达标，这可能是由于此阶段的培训材料仍有一些问题；测试本身，即使经过研发测试后，测试方法仍有可能还不是一个完美的衡量工具；参与测试的飞行学员可能并不代表所有飞行学员。考虑到上述缺陷，可以采用一个有效标准，如规定80%的飞行学员应该达到80%的目标。可以根据工作中要执行任务的重要性来确定有效标准。

在验证授课情况时，应该对具有代表性样本的飞行学员教授该课程，并认真记录他们的回答和反应。为了确保准确的验证结果，需要飞行学员的大样本。教员实施培训，课程编制人员观察并做笔记以分析验证授课的相关数据，决定需要修订的内容。最令人关注的数据涉及在培训结束时未能达到的目标，以及为什么没有达到目标，应该对未达到验证标准的任何单元进行修订。如果修订的内容是大量的，则应进行另一次验证。

如果培训的结果收效甚微，可能会引起一些反应：测试成绩低、参与者和教员对教材的负面评论、参加培训的人一旦被派往实地工作但不能完成任务、差错百出或过度依赖主管。

（8）实施。

验证之后，经修订的培训材料应该用于正规授课。从最广泛的意义讲，培训授课包括预测授课量、课时安排、招募飞行学员、备课和授课以及效果评价、飞行学员回到工作岗位的情况。实施培训方案的质量不仅取决于教材的质量，也取决于教员的资格和行政支持的有效性。

（9）培训后评价。

开发方法特别是在研发测试和验证过程中的若干时间点进行的培训评价，对优化、完善培训教材具有重要意义。然而，在飞行学员完成课程之前，不能进行较高级别的评价：较高级别的评价是指完成本阶段课程后评价。课程后评价的目的是确定培训方案在多大程度上达到了其设计的目的和是否需要采取纠正措施。培训后评价包括四级：

① 级飞行学员对培训过程的反应。

② 级飞行学员实现课程结束后各项目标的情况。

③ 级前飞行学员返回工作岗位后的工作绩效。

④ 级培训对本组织的业务目标，如服务质量和生产力产生的影响。

在四个评价级别的每一级，都需要对培训的实际效果与设定目标时想要达到的效果进行比较。

① 在1级，评价飞行学员的课堂反应是否与第五阶段选择培训技巧时所希望的反应相同。

② 在2级，评价飞行学员是否切实学会了在第四阶段表述为培训目标的任务。

③ 在3级，深入了解当飞行学员返回其工作岗位后，他们的表现是否提高到第二阶段所要求的标准。

④ 在4级，评价培训是否实现了在第一阶段要求的整个培训方案的目标：提高本组织的运营

绩效。

3级、4级的衡量目标较为复杂，因为培训并不是解决操作问题或个人表现问题的唯一方法。培训可能是优良的，但如果管理部门未能采取其他人为的、必要的解决办法来解决问题，例如改变工作环境、工具和监管做法，那么在3级和4级不可能得到预期的改进结果。此外，如果不采取其他解决方法，很难达到培训应该达到的效果。

对特定课程进行评价的范围取决于培训的重要性以及可利用的时间和资源，一般应包括1级和2级的评价，应努力评价课程对工作绩效的影响（3级）。在评价过程中，可以从前飞行学员的主管人处获得书面的反馈意见，或获取正在培训的工作报告——一个相对适度的举措。如果条件允许，可以更广泛地研究课程对工作绩效的影响。在操作问题未得到解决的情况下可进行4级评价，有必要确定如何修改培训内容或其他方法来解决这个问题。这样做的目的是建立培训机构的信誉。

在规划对策、执行对策、审查对策方面，对个人和团队的要求如图10.7所示。

规划对策		
运用程序和遵守规章	必需的简令是互动式的，程序操作细致入微	— 简明但不草率，满足标准作业程序的要求 — 确定底线
沟通	沟通并确认运行计划和决策	— 关于计划的共识—"所有人意见一致"
工作量管理	确定正常和异常情况下的角色和责任	— 沟通并确认工作量分配
解决问题和决策	机组成员制订有效战略以管理安全威胁	— 预防威胁及其后果 — 利用所有可用资源来管理威胁
执行对策		
情境意识和信息管理	机组成员积极监控并交叉检查系统和其他机组成员	— 核实航空器位置、设置和机组行动
工作量管理	对运行任务进行优先程度排序并加以恰当管理以处理主要飞行任务	— 避免任务固定 — 不允许工作量超负荷
飞行航径管理，自动化	恰当管理自动化，以平衡情况要求和/或工作量要求	— 向其他成员简单介绍自动化设定 — 从自动化异常中有效恢复的技术
审查对策		
解决问题和决策	在必要时审查并修改现有计划	— 直率地分析机组的决策和行动，以确定现有计划是否是最佳计划
领导能力和团队协作；沟通	机组成员提问，以调查和/或澄清现有行动计划问题	— 机组成员不怕表达知识欠缺—"对任何事都不能采取想当然"的态度
领导能力和团队协作	机组成员以适当的坚持毅力，提供关键信息和/或解决方案	— 机组成员表达看法不犹豫

图 10.7　对个人与团队的要求

第二节　初始飞行训练私照阶段课程实例

模拟飞行的历史可追溯到 19 世纪初。1929 年，美国人艾德温·林克所发明了林克飞行模拟训练器。这部机器是一个气动平台，可以提供俯仰、滚转与偏航等飞行动作，上面架有一座模拟驾驶舱。该设备一直没有受到专业飞行界的关注，但在发生一系列仪表飞行事故后，美国陆军航空队于 1934 年购买了 4 套林克训练器用于训练，飞行模拟产业从此诞生。1939 年至 1945 年期间，大约有一万套林克飞行模拟训练器被同盟国用于新飞行员的培训。如今，在民航飞行训练中，飞行训练器（Flight Training Device，FTD）和全动飞行模拟机（Full Flight Simulator，FFS）等被局方认可的设备，可以计入飞行员的飞行经历。除此之外，安装在电脑上的模拟飞行软件也得到了长足的发展，通过计算机软件及外部硬件设备对真实世界飞行中遇到的各种元素进行综合并在计算机中进行仿真模拟，并通过外部硬件设备进行飞行仿真操控以及飞行感官回馈。

对于初始飞行学员，模拟飞行对其初始训练阶段的基础等级驾驶术以及后期进阶、高阶等级的基本驾驶术的提升有很大的帮助。在初始训练阶段，由于训练时间紧、不熟悉驾驶舱环境，通常导致飞行学员在真机或 FTD 上不能得到有效的训练。目前，我国大部分民航飞行学员在国内外的 141 航校进行训练，作为飞行员操作技能生命周期的起点，飞行学员在航校进行飞行训练时打好牢固基础并掌握基本驾驶术至关重要。但是，由于资源有限，飞行学员人数众多，141 航校训练大纲中设定的模拟机训练时间往往不足，以全球办学规模最大的飞行类院校中国民用航空飞行学院为例，在飞行学员进行 13 小时飞行筛选前，大纲规定的 FTD 课程只有 2 小时，课程内容为座舱实习和程序练习，而筛选的检查项目中却包含了正常程序、空域进离港、空域科目、起落程序、五遍修正、落地手法、应急情况处置等。如果飞行学员想在每天真机训练前预习课程并在飞行后及时纠正飞行中存在的问题，仅仅依靠大纲中安排的 FTD 课程训练是远远不够的。如果想要轻松通过筛选，就需要飞行学员在地面准备时花费更多的时间来熟悉程序，并在飞行结束后对当天的训练内容加以巩固。如果可以合理利用一些模拟飞行设备，那么飞行学员在地面上的学习效率将会事半功倍。而模拟飞行对场地和设备的要求较低且不计入训练总时间，飞行学员在心态较为放松的情况下可以更好地熟悉设备、分配训练注意力，有助于飞行学员养成飞行思路和逻辑、构建良好的情景意识[115]。模拟飞行并不只对初始训练阶段的飞行学员有帮助，在飞行训练进入后期阶段尤其是在单发商照飞行学员以累积机长时间为目的的训练过程中，对于基本驾驶术的要求就不能只停留在基础和进阶等级了。在任何情况下都需要飞行学员能够正确判断飞机状态，并且以正确的方式控制飞机，这就需要飞行学员的基本驾驶术达到高阶等级水平。高阶等级的基本驾驶术要求考虑飞行性能和飞行包线，遭遇特殊情况才会展现出来，此时飞行员不再靠本能操纵飞机。如螺旋低空风切变改出、复杂状态改出或者飞机结构受损、操作系统受损等非正常情况均需用到高阶等级的基本驾驶术。在培养飞行学员的高阶等级基本驾驶术过程中，气动模型优良的模拟飞行软件就能够提供很大的帮助。这类软件可以选择各种机型、天气和故障类型，灵活性更强。[116]

由于模拟飞行的优势明显，飞行教员也尝试在教学小组中对教学法进行创新，将模拟飞行运用到日常的飞行训练中。开发符合 CBTA 能力的课程，利用适用于教学的模拟飞行软件和硬件，为教学活动的开展打下了坚实的基础。

使用 VR 训练设备进行训练，如果缺少 VR 摇杆或类似设备，则需要配置一名右座飞行学员进行飞机设备的控制，受训飞行学员（左座）采用发口令和检查设备状态等方法实现对飞机设备的控制以及执行检查单。正确应用任务分工和通信规则可以确保飞机操作的安全有效。

左座飞行学院执行 PF 职责主要包括：

（1）飞行。

（2）导航。

（3）通信。

右座飞行学院执行 PM 职责主要包括：

（1）监控飞行轨迹，导航和飞机系统。

（2）执行 PF 指令（项目，检查单等）。

必要时，飞行机组可以按需分配任务。地面静止运行如图 10.8 所示。

筛选前 VR 课程大纲共分为 14 课，如表 10.11 所示。

每个课程大纲内容包括训练目的、前置知识、评估标准、设备使用及参数设置、教员作用、训练任务描述及训练次数记录等。以 Training 7 修正目测为例，具体内容包括：

（1）目的。

通过修正目测的练习，掌握修正目测的视线和注意力分配，了解修正目测的操纵方法；掌握修正目测的程序，前置知识如表 10.12 所示。

（2）标准。

培训的标准依据"分院筛选工作单"的相关规定。

VT7（VR Training7）设置内容主要包括：

（1）ATIS 设置。

RWY *XXX* WIND 0000/00KTS CAVOK TEMP*XX*°C DEW POINT *XX*°C QNH *XXXX*hpa

RWY COND DRY BRAKING ACTION GOOD

（2）初始位置。

RWY*XXX* 五边 3 海里点。

（3）结束位置。

五边 100 feet AGL。

（4）飞机设置。

正常范围，燃油 56 gal。

（5）教员作用。

扮演 ATC 角色，监控并提示学生差错。

（6）描述。

学生完成起飞前项目检查单，起飞至五边 100feetAGL，即结束 Training 7。

Training 1地面静止运行

"Training X"中"X"不代表训练课程顺序，越不容易掌握的技能应该在有限时间内尽早提前练习并增加练习次数，但是必须掌握前置技能。

目的：通过绕机检查/座舱检查程序熟悉机外部件和设备，通过开车、试车和关车程序熟悉驾驶舱部件和设备，形成对部件和设备的直观认识(位置、形状、颜色、大小)。
掌握设备使用方法：掌握绕机检查/座舱检查、开车、试车和关车
程序；掌握无线电通信程序。
标准："分院筛选工作单"。

"目的"和"标准"受训练设备仿真程度制约，其中运动技能的"视线"一定是可以进行正迁移。

GL1(技能形成的前置知识)

知识是学习过程产生的结果，无论正规或非正规场合进行的学习都是一样。知识具有不同类型：表述性(例如：事实和原始数据)、程序性(例如：经分类/情境化及适用有条件的假设规则)、战略性(例如：为制订决策、解决问题及行为动作进行综合、推断以指导资源分配)和适应性(例如：概括、创新和发明)

	陈述性知识	程序性知识	策略性知识
GL1	POH飞机系统：座舱，机外部件	PTM：2.1-2.9, 2.20	威胁和差错管理
	分院地面送行管理规定(机场滑行路线和标志信息)	无线电通信程序	无线电通信原则
	飞机地面勤务联络手势信号规范		

VTl(VR Trainingl)
ATIS设置：RWY XXX WIND 0000/00KTS CAVOK TEMPXXX C DEW POIST XX C ONH XXXhpa RWY COND DRY BRAKING ACTION GOOD
初始位置：停机坪01位
结束位置：停机坪01位
飞机设置：正常重心范围，燃油56ga1
教员作用：扮演ATC角色，监控并提示学生差错
描述：学生使用VR设备完成绕机检查/座舱检查、开车和试车程序后，申请滑出执行训练任务，
ATC告知学生XX因素不能执行训练任务并要求关车等待，学生执行关车程序即结束Training1.

技能是开展活动或行动的能力，通常分为三类：运动技能、认知技能和元认知技能。运动技能是故意动作，牵涉运动或肌肉部分，对此必须学习并自愿生成才能熟练开展以目标为导向的任务：受训练设备仿真程度制约，运动技能训练是应该考虑迁移程度。
认知技能是获取知识过程中所使用的所有心理技能，如推理、感知和直觉；而认知技能对训练设备仿真程度要求相对较低，

技能是经历才可获得，尤其是运动技能，增加训练次数才可以达到运动技能的自动化，时间只是训练循环次数的附属品。

VT1	学生达标循环练习次数	平均达标循环练习次数
绕机检查/座舱检查	XX次	5次
开车和试车	XX次	8次
关车	XX次	3次

图 10.8　地面静止运行

表 10.11　VR 课程大纲的 14 课程

Training 1	地面静止运行
Training 2	滑行
Training 3	起飞
Training 4	基本状态保持和互换/改变空速飞行

Training 5	空域进离港
Training 6	空域科目
Training 7	修正目测
Training 8	精确目测
Training 9	起落航线
Training 10	概略目测
Training 11	正常和侧风进近和着陆
Training 12	复飞/中断着陆
Training 13	着陆滑跑和连续起飞
Training14	综合练习

表 10.12　GL7（技能形成的前置知识）

GL7	陈述性知识	程序性知识	策略性知识
	TB 教材：修正目测	PTM：3.2	威胁和差错管理
		TB 教材：修正目测	

平均训练次数如表 10.13 所示。

表 10.13　GL7（平均训练次数）

VT7	学生达标循环练习次数	平均达标循环练习次数
修正目测	XX 次	15 次

第三节　初始飞行训练的安全分析工具

威胁和差错管理（TEM）是关于航空运行和人行为能力的首要安全概念。威胁和差错管理是通过整合人为因素的相关知识，不断推动航空运行安全裕度逐步演变而来的，是作为一个行业经验的产物而发展起来的。相关研究发现，最重要的是对飞行过程中人的行为能力方面进行考量，但忽略了在动态工作环境中影响人行为能力的重要因素，即人与他们履行其运行职责的运行环境之间的相互影响（即组织、规章和环境的相互影响）以及复杂情况下不同行为能力带来的安全后果。

当认识到运行环境对人的行为能力的影响，人们得出结论：对航空运行中人的行为能力的研究不是目的本身。关于提高航空运行安全裕度，脱离具体情况对人的行为能力的研究仅仅能解决部分较大的问题。因此，威胁和差错管理强调运行环境、复杂情况对人的行为能力的影响，并提供一种原则性分析方法，因为正是这些复杂情况的影响造成了影响安全的后果。

由于威胁和差错被认为是安全至关重要的一个关键方面，威胁和差错管理适用于所有执行飞行运行的飞行机组，并应根据实际运行环境加以调整。威胁和差错管理方面的知识、威胁和差错识别及其管理既是执照颁发和等级要求的一部分，对从事商业航空运输作业的驾驶员也有相应的威胁和差错管理培训要求。区别于传统的培训将威胁和差错管理作为一个独立单元或多个单元的一部分来进行训练，在基于胜任能力的培训中威胁和差错管理则应该自然地被嵌入到培训课程中。因此，对于初始飞行训练阶段，从威胁和差错管理的角度出发，构建训练课程的经调整的胜任力模型，可提供个人及机组应对威胁和差错的对策，以避免发生非理想的航空器状态。

一、威胁和差错管理（TEM）模型

威胁和差错管理（TEM）模型是一个概念框架，有助于从运行角度理解在动态和富有挑战性的运行环境中安全和人的行为能力之间的相互关系，同时聚焦运行环境与在这种环境中履行运行职责的人。该模型描述、判断、分析了人的行为能力和系统的性能：具有描述性，因为能捕捉在运行环境中人的行为能力和系统的性能，从而得出切合实际的判断性描述；能够结合特定环境下人的行为能力来限定和量化运行环境的复杂性，反之亦然。威胁和差错管理模型的若干使用方式包括：

（1）安全分析工具。

安全分析工具可聚焦单一事件，事故/事故征候分析就是采用此工具进行分析的；也可用于了解大量事件中的系统性模式，运行审计就是采用此工具进行分析的。

（2）执照颁发工具。

执照颁发工具有助于阐明人的行为能力需要、优点和弱点，从而可从更宽泛的安全管理角度来界定胜任能力。

（3）培训工具。

培训工具有助于培训机构提高其培训措施的有效性，从而提高组织保障措施的有效性。

（4）运行工具。

通过提供运行人员工具以及管理潜在威胁和差错的策略和战术，帮助组织提高其安全裕度。

从培训角度来看，迄今为止对威胁和差错管理模型的最广泛应用是在飞行机组人的行为能力培训领域，特别是在机组资源管理（CRM）培训领域，这是一个广泛实施的基于人的因素的培训措施。这可能带来对威胁和差错管理与机组资源管理之间关系的问题，因此，澄清这种潜在的混乱非常重要。

威胁和差错管理是一个在航空业应用广泛的非常重要的安全概念，而机组资源管理仅是一种培训措施。从传统培训的角度来看，威胁和差错管理蕴含的基本概念（如威胁、差错和非期望航空器状态）仅被系统地纳入现有机组资源管理方案，因为威胁和差错管理对策在很大程度上建立在机组资源管理技能的基础之上。因此，威胁和差错管理概念和机组资源管理技能相结合，可为运行环境中的飞行机组从纯运行角度使用机组资源管理技能创造机会。威胁和差错管理培训并非取代机组资源管理培训，而是补充和强化机组资源管理培训。从基于胜任能力的培训和评估角度来看，经批准和调整胜任能力模型的胜任能力为个人和团队提供了应对威胁和差错以及非理想的航空器状态的对策。机组资源管理技能被嵌入到经批准和调整的胜任能力模型。因此，作为威胁和差错管理概念中的对策，机组资源管理培训支持胜任能力的培养。

虽然威胁和差错管理模型最初是为驾驶舱运行而开发的，但是它仍可用于机构内的不同层级和不同部门，以及航空业内的不同机构和活动。因此，在运用威胁和差错管理时，以用户为中心是非常重要的，取决于"谁"在使用威胁和差错管理（如一线人员、中层管理、高层管理；飞行运行、维修、空中交通管制），为此需要对相关定义进行微调。聚焦作为"用户"的飞行机组，主要讨论提供有关飞行机组使用威胁和差错管理的观点。

二、威胁和差错管理（TEM）模型的挑战

从飞行机组角度看，威胁和差错管理模型面临三个基本挑战：威胁、差错和非期望的航空器状态。TEM 模型建议，威胁和差错是日常航空运行飞行机组管理的部分，因为威胁和差错都有可能造成非期望的航空器状态。飞行机组必须管理非期望的航空器状态，因为非期望的航空器状态可能带来不安全的后果。非期望的航空器状态管理是威胁和差错管理模型的必要组成部分，与威胁和差错管理同样重要，因为非期望的航空器状态管理在很大程度上是避免不安全结果并保持飞行运行安全裕度的最后机会。

威胁是指超出飞行机组影响范围、增加了运行复杂性、为保持安全裕度必须加以管理的事件或差错。在典型的飞行运行期间，飞行机组必须管理各种环境复杂性，如不利气象条件、高山围绕的机场、拥堵的空域、航空器故障以及驾驶舱外其他人员造成的差错，如空中交通管制员、空乘人员或者维修工人。威胁和差错管理模型将这些复杂性视作威胁，这些复杂性都有可能降低安全裕度从而对飞行运行造成负面影响。

有些威胁是可以被预料的，因为可以被预测或者被飞行机组知晓。如飞行机组可以通过提前讲解、介绍应对措施来预防一场雷暴带来的后果，或者确保密切关注其他航空器从而为拥堵的机场做准备。有些威胁可能出乎意料毫无预警地发生，如飞行过程中的航空器故障。在这些情况下，飞行机组必须显示出通过运行经验培养所获得的胜任能力来管理这种出乎意料的威胁。有些威胁对于飞行机组而言，当他们沉浸在运行环境中时可能不是直接观察到的，这种威胁可能通过安全分析才能被发现，这些威胁被视作隐性威胁，如设备设计问题、视觉错觉或者回程飞行准备时间缩短。不论威胁是可预料的、不可预料的还是隐性的，衡量飞行机组管理威胁的能力有效性的一个度量标准是能否预见威胁，以便使飞行机组能够通过采用适当对策来应对威胁。威胁管理是差错管理和非期望航空器状态管理的一个组成部分。尽管威胁与差错之间的联系不一定是直接明了的（即不可能总能建立威胁、差错和非期望航空器状态之间的线性关系或者一对一的映射对应关系），但安全分析资料证明处理失当的威胁通常与飞行机组差错相连，而飞行机组差错又常常与非期望航空器状态相连。威胁管理通过在根源上避免影响到安全的情况，可提供保持飞行运行安全裕度的最积极主动的方案。作为威胁管理者，飞行机组是阻止威胁影响飞行运行的最后一道防线。

表 10.14 给出了源自威胁和差错管理模型的两个基本类别的威胁示例。一些环境威胁可以筹划应对，有一些则是自然产生的，但所有威胁都必须由飞行机组进行实时管理。另一方面，组织层面的威胁可在根源上由航空机构加以控制（即去除，或者至少最小化），在性质上是隐性的。飞行机组仍然是最后一道防线，但是航空机构自身有机会较早地减缓这些威胁。

差错被定义为导致无意地偏离组织或运行预期的飞行机组的作为或者不作为。未管理的和/管理不当的差错可能导致非期望状态。因此，运行环境中的差错往往会降低安全裕度。

差错可能是自发的（即与特定的、明显的威胁无直接联系）、与威胁相连或者是差错链的一部分。差错的示例可包括不能保持稳定的进近参数、执行错误的自动化模式、未能发出必要的呼叫或者错误解读空中交通管制放行许可，无论是什么差错类型，差错对安全的影响取决于该差错在导致非期望航空器状态和潜在的危险结果之前，飞行机组是否发现差错并对差错做出响应。这就是为什么威胁和差错管理的目标之一是理解差错管理（即检测和响应），而非仅仅关注差错因果性（即原因和犯差错）的原因。从安全角度来看，及时发现并做出迅速响应（即恰当管理）的运行差错不会导致非期望的航空器状态，并通过飞行运行中适当的差错管理，导致恢复理想的安全裕度，

因此在运行上是无关紧要的。适当的差错管理，除了其安全价值外，也是合格的人的行为能力的一个示例，具有学习和培训双重价值。因此，了解如何管理差错，与了解差错本身的普遍性相比，如果不是更为重要，也是同等重要的。了解是否、何时发现差错，发现差错后由谁来对差错做出响应，以及差错的结果，是很重要的。有些差错是能很快被发现并得到解决，因此在运行上无关紧要，而另有一些差错未被发现或者处置失当。一个处置失当的差错被定义为与其他差错或非期望航空器状态相连或者可导致其他差错或非期望航空器状态的差错。

表 10.14　威胁和差错管理模型的威胁示例

环境威胁	组织工作层面的威胁
（1）天气：雷暴、湍流、结冰、风切变、侧风/顺风、超低温/超高温 （2）空中交通管制：交通拥堵、交通避撞系统决断咨询/交通咨询、空中交通管制命令、空中交通管制差错、空中交通管制语言困难、空中交通管制非标准用语、空中交通管制跑道变更、航站自动信息服务通信、度量单位（场压/米） （3）机场：污染跑道/短跑道；污染滑行道、缺乏/令人混淆的/褪色的标记/记号、鸟、设备不工作、复杂地面导航程序、机场建筑物 （4）地形：高地、斜坡、缺乏参照物、"黑洞" （5）其他：类似的呼叫信号	（1）运行压力：延误、晚点、设备变化 （2）航空器：航空器故障、自动化事件/异常、最低设备清单/构型偏离清单 （3）客舱：空乘人员差错、客舱事件干扰、中断、客舱门保安 （4）维修：维修事件/差错 （5）地面：地面服务事件、除冰、地勤人员差错 （6）签派：签派记录事件/差错 （7）文件：手册差错、航图差错 （8）其他：机组排班事件

表 10.15 提出了根据威胁和差错管理模型的 3 个基本类别差错示例。在威胁和差错管理概念中，差错必须是"可观察到的"；因此，威胁和差错管理模型使用"初次互动"作为确定差错类别的基准。

表 10.15　威胁和差错管理模型的差错示例

航空器操作差错	（1）人工操作/飞行控制：垂向/横向偏差和/或速度偏差，不正确的襟翼/速度刹车，反推装置或动率设定。 （2）自动化：不正确的高度、速度、航向、自动油门设定、执行了不正确的模式，或者不正确的输入。 （3）系统/无线电/仪表：不正确的组件、不正确的除冰、不正确的高度表调拨、不正确的燃油开关设置调拨、不正确的空速表游标调拨、不正确的无线电频率调谐。 （4）地面导航：试图滑出错误的滑行道/跑道，滑行过快，未能在滑行道/跑道头等待，误入滑行道/跑道
程序差错	（1）标准作业程序：不能交叉核实自动化输入。 （2）检查单：错误的询问和响应；遗漏项目，延误或者在错误时间执行检查单。 （3）呼叫：忽略/不正确的呼叫。 （4）简令：忽略的简令；遗漏的项目。 （5）文件：错误的重量和配重，燃油信息、航站自动信息服务（ATIS）或者记录的放行许可信息、错误解读的记录项目；不正确的日志记录，最低设备清单程序的不正确应用
通信差错	（1）机组成员对外部：遗漏的呼叫，对指令错误解读，不正确的复诵，通联中发生放行许可错误、滑行道、登机门或跑道错误。 （2）驾驶员对驾驶员：机组内部错误通信或错误解读

威胁和差错管理模型根据出现差错时驾驶员或飞行机组的初次互动对差错进行分类。因此，对于被分类为航空器操作差错，驾驶员或飞行机组必须与航空器互动（如通过航空器的操纵装置、自动化或系统）。对于被分类为程序差错，驾驶员或飞行机组必须与程序互动（如检查单和标准作业程序）。对于被分类为通信差错，驾驶员或飞行机组必须与人互动（如空中交通管制，地勤人员和其他机组成员）。

航空器操作差错、程序差错和通信差错可能是无意的，或者涉及有意的不遵守。同样，技术熟练程度考虑（即各种胜任能力的缺乏以及培训系统缺陷）可能是造成所有三种差错的根源。为了保持方法简单并避免混乱，威胁和差错管理模型未考虑将有意不遵守和技术熟练程度作为单独的差错类别，而是作为三个主要差错类别的子集。

非期望航空器状态的特征是偏离运行期间通常经历的参数（如航空器位置或速度偏差、飞行操纵装置的不当使用或者不正确的系统配置），与安全裕度降低有关。非期望的航空器状态经常被认为是事故征候或事故的开端，因此必须由飞行机组进行管理。其示例可包括从进近到着陆期间因跑道错误而对准跑道中线，在进近期间超出空中交通管制速度限制，或者飞机在短跑道上接地延后需要使用最大刹车。设备故障或者空中交通管制员差错等事件也可降低飞行运行的安全裕度，但这些事件会被视作威胁。可对非期望状态进行有效管理，恢复安全裕度，否则可能导致另外的差错、引起事故征候或者事故。

表10.16提出了按照源于威胁和差错管理模型的3个基本类别进行分类的非期望的航空器状态示例。

表 10.16　非期望的航空器状态示例

航空器操纵	航空器控制（姿态）。
	垂向、横向偏差或速度偏差。
	不必要的气象穿越。
	未经批准的空域穿越。
	超出航空器限制规定的运行。
	不稳定进近。
	在不稳定进近之后继续着陆。
	接地延迟着陆、漂浮着陆、硬着陆或者偏离跑道中线着陆
地面导航	滑向错误的滑行道/跑道。
	错误的滑行道、停机坪、登机门或等待点
不正确的航空器配置	不正确的系统配置。
	不正确的飞行操纵装置配置。
	不正确的自动化配置。
	不正确的发动机配置。
	不正确的重量和配重配置

飞行机组的一个重要的学习和培训关键点是及时从差错管理切换到非期望航空器状态管理，如飞行机组在飞行管理计算机上选择了一个错误进近，飞行机组随后在最终进近定位点（FAF）之前的交叉检查过程中发现了该差错，但是两名飞行机组成员没有使用基本模式（如航向）或者人工飞行期望的航迹，而是在到达最终进近定位点之前两人都专注于试图重新设定正确的进近，因

此航空器"穿"过航向信标台后延后下降，并进行不稳定进近，这可作为飞行机组"陷入"差错管理而不是切换到非期望航空器状态管理的一个例子。

使用威胁和差错管理模型有助于教育飞行机组。当航空器处于非期望状态时，飞行机组的基本任务是非期望航空器状态管理而非差错管理，这还说明陷入差错管理阶段有多容易。另外，从一个学习和培训角度来看，确定非期望航空器状态和结果之间的明确区别非常重要。非期望航空器状态是正常运行状态（即稳定进近）和结果之间的过渡状态。在另一方面，结果是结束状态，是最显著的可报告事件（即事故征候和事故）。示例如下：稳定进近（正常运行状态）转变为导致偏出跑道（结果）的不稳定进近（非期望航空器状态）。

对这种区别的培训和纠正意义非常重要。在非期望航空器状态阶段，飞行机组通过恰当的威胁和差错管理，有可能恢复并返回正常运行状态，从而恢复安全裕度。一旦非期望航空器状态成为一个结果，情况恢复、回到正常运行状态以及恢复安全裕度都是不可能的。

飞行机组作为正常行使其运行职责的一部分，必须采用对策，保持威胁、差错和非期望的航空器状态不会降低飞行运行的安全裕度。对策的例子可包括沟通、工作量管理、应用程序等。飞行机组将大量资源放在对策的使用上，以确保飞行运行的安全裕度。在培训和检查过程中的经验观察表明，高达 70% 的飞行机组活动可能是与对策相关的活动。

对策一般都是飞行机组行动。但是，飞行机组采用的针对威胁、差错和非期望的航空状态的一些对策建立在航空系统提供的"硬"资源的基础上。在飞行机组履职报到之前，系统中就已嵌入了这些资源，因此被视作基于系统的对策。这些资源包括：

（1）机载防撞系统（ACAS）。

（2）近地告警系统（GPWS）。

（3）标准作业程序（SOPS）。

（4）检查单。

（5）简令。

（6）培训。

其他对策与人员对飞行运行安全的贡献更加直接相关。这些对策是个人战略和策略，以及个人和团队对策，通常包括广为宣传的支撑驾驶员胜任能力的知识、技能和态度。个人和团队对策基本分为三类：

（1）规划对策：对管理预料的和非预料的威胁很重要。

（2）执行对策：对差错检测和差错响应很重要。

（3）审查对策：对管理飞行不断变化的情况很重要。

第四节 初始飞行训练的质量管理体系建设

一、初始飞行训练质量管理体系（QMS）

质量管理体系（QMS）是指在飞行训练质量方面指挥和控制驾驶员学校组织的管理体系。根据中国民用航空局飞行标准司于 2017 年 7 月 19 日下发的《驾驶员学校质量管理体系和安全管理体系指南》（AC-141-FS-2017-07），学校应按照中华人民共和国国家标准《质量管理体系 要求》（GB/T

19001-2016/ISO 9001：2015）建立相应的 QMS，包括建立驾驶员学校训练质量方针和目标及与训练质量相关各部门的子目标，建立为整个训练实施提供支持且与训练质量管理相关的必要文件，保留相关文件和训练记录的程序和方法，建立用以监督核实整个训练过程是否严格按照训练大纲和组织管理程序执行的程序和方法，明确对飞行训练质量有效控制和持续改进纠正措施和预防措施。

（一）训练质量方针、目标和职责

学校应根据训练规模、训练能力、训练种类和服务客户等制订、实施和保持切实可行的训练质量方针和目标，该质量方针和目标应形成文件，并在学校所有员工内进行传达、交流、理解和应用，如有必要也应告知飞行学员、局方、航空公司等。同时，学校内部与训练有关的各部门也应制订部门内部子目标，明确各部门及相关员工在质量管理中的地位和职责，以及 QMS 对改进训练质量的好处和不符合 QMS 要求的后果。

（二）必要的质量管理文件

学校应建立与训练质量有关的文件、记录等，如训练质量方针、训练质量目标、训练大纲、训练组织程序、训练质量手册、运行手册、训练记录、航空器维修记录等，这些文件为飞行训练过程和日常运行提供支持，也便于证实训练过程是否按照计划和训练大纲实施。管理文件的多少取决于学校的规模、所提供训练的类型、训练实施过程的复杂程度以及教员、机务人员、勤务人员等的实际能力。

为了更好地发挥 QMS 作用，建议质量管理文件应符合以下要求：

（1）创建和更新。

学校在创建和更新文件时，应涵盖的内容包括：

① 标识和说明：如标题、日期、作者、文件编号等。

② 形式：如语言、软件版本、图表；载体：如纸质、电子。

③ 对所用文件应进行内部评审和批准，以确保其内容的全面、切实可行。

（2）文件的控制。

① 学校应对文件进行有效控制，包括文件的分发、访问（有些文件仅允许查阅，有些允许特定用户查阅并按授权修改）、检索和使用、存储和防护，这些包括保持文件的可读性、文件变更控制（如版本控制）、文件的保留和处置（如存储、作废、销毁等）。同时，应确保相关人员可以实时获得最新的适用文件。

② 学校还应对其飞行训练过程中所需的外来文件进行适当的识别和控制（如局方有关飞行训练相关的文件、明传电报等）。

③ 学校对所保留的、作为符合性证据的成文信息（如训练记录、航空器维修记录等）应予以保护，防止未经授权的改动，如有修改，需要留存相关记录。

（三）训练过程的有效监督和评估

学校应建立有效的训练质量管理程序，如确定终止学生训练的程序、增加训练时间的程序、教员教学水平评估程序等，同时应明确对训练过程实施监督、分析和评估的时间节点、内容、评价准则，并保留相应的记录。在私照训练课程中完成某个训练科目后进行阶段检查，并根据结果进行分析和评价，以确保训练的有效性。

驾驶员学校应对获得的数据和信息进行分析和评价，内容包括：

（1）训练记录与训练大纲的符合性。

（2）训练科目完整性。

（3）训练科目的通过率。

（4）训练是否得到有效实施。

（5）训练资源是否满足训练需求。

（6）应对各种潜在风险和机遇所采取措施的有效性。

（7）训练管理体系改进的需求等。

（四）持续改进

学校应根据训练过程的监督和评估结果，及时发现影响训练质量的内部因素和外部因素，确定和选择改进措施，以提高飞行训练质量。持续改进的内容包括采用新的训练技术或方法、新的训练设备，以及纠正、预防或减少对训练的不利影响等内容。

（五）QMS 的内部审核

QMS 内部审核的内容主要包括：

（1）学校应按照计划的时间间隔进行内部审核，以确定其 QMS 是否符合学校自身的要求、是否得到有效的实施和保持。

（2）学校应依据 PDCA 循环制订审核方案，审核方案包括：

① 内审频次、方法、职责、策划要求和报告。

② 规定每次内审的审核准则和范围。

③ 选择内审员并实施审核，以确保审核过程的客观公正。

④ 确保将内审结果报告给相关管理者。

⑤ 及时采取适当的纠正措施。

⑥ 保留成文信息，作为实施审核方案以及审核结果的证据。

《质量管理体系要求》相关指南可参见 GB/T 19001-2016/ISO 9001：2015 所示内容。

（六）其他建议

学校应按照策划→实施→检查→改进（PDCA）循环和基于风险的理念建立 QMS，PDCA 循环能够确保在飞行训练的实施过程中充分利用现有的人员、设备设施等内外部资源，提高飞行训练质量管理效率，并在实施过程中发现影响训练质量和安全的潜在风险，通过实施改进措施来避免风险。

学校在建立 QMS 时，应确定与其飞行训练质量相关并影响其实现预期训练结果的各个内部因素和外部因素，这些因素可以是正面的或负面的要素或条件，同时也应考虑来自国内外的各种规章制度、训练技术、训练市场等外部因素，以及学校本身的价值观、文化、知识和绩效等内部环境因素。学校应对这些因素的相关信息进行跟踪和评估，同时由于训练相关方（如飞行教员、机务人员、飞行学员、航空公司用户等）的需求对驾驶员学校稳定提供客户要求及满足局方要求的训练能力具有影响或潜在影响，因此，驾驶员学校应确定与 QMS 有关的飞行训练相关方及其要求，并尽可能跟踪和评估这些相关方的信息及其相关要求。

负责飞行训练的驾驶员学校的最高管理者应对驾驶员学校的 QMS 有效性负责，其应确保学校与飞行训练相关人员的职责、权限得到分配、沟通和理解，支持其他相关管理者在其职责范围内发挥领导作用。学校应确定与训练相关的工作人员（如教员）所需具备的能力，这些人员从事的工作会直接影响 QMS 绩效和有效性。为了确保此类人员能符合其岗位要求，驾驶员学校应适时考虑为他们提供教育、培训和交流经验的机会，并保存适当的成文信息（如会议记录、培训记录）等。

二、初始飞行训练安全管理体系（SMS）

安全管理体系（SMS）是指管理安全的系统做法，包括必要的组织结构、问责制、政策和程序。根据中国民用航空局飞行标准司下发的《驾驶员学校质量管理体系和安全管理体系指南》，学校须建立安全政策与目标、安全风险管理、安全保证、安全促进。

（一）安全政策与目标

安全政策与目标主要包括：

（1）明确管理层的承诺和责任，制订切实可行且能够实现的学校及各部门安全目标。

（2）明确学校各类人员的安全责任并建立安全问责制。

（3）根据学校运行规模任命关键的安全人员或建立安全管理部门，负责安全管理的相关事宜，同时建议建立安全管理委员会制度，定期召开会议，分析评估学校安全态势、安全管理体系的有效性、潜在的安全风险及相应整改措施的有效性等问题。

（4）制订应急预案，对各类不正常情况、突发事件及可能影响安全的运行情况重大变更制订应急响应预案，明确相关人员的责任和工作程序，并通过培训和必要的演练，使相关人员掌握。

（5）完善安全管理相关文件，包括与安全管理相关的政策、程序和记录等，这些文件可以单独成册，也可以写入学校已有的手册中。

安全风险管理主要包括查明危险源、制订安全风险评估与缓解措施。因此，学校应建立危险源的识别流程和方法，包括如何识别及分析危险源和风险防范；建议建立自愿安全报告制度，并系统分析各类报告的结果，将分析结果有效运用到训练安全改进和预防上。

（二）安全保证

安全保证包括训练安全状况的持续监测和定期评估，通过内部审查和外部审查的方式评估安全管理体系的有效性，确保安全管理的不断改进。

（三）安全促进

安全促进包括对训练安全相关人员培训与教育、内部与外部安全管理经验的交流等。

三、QMS 和 SMS 的关系

驾驶员学校的飞行训练既要重视训练质量也要控制训练中的安全风险，QMS 和 SMS 分别针对上述要求，同时互相关联、互相促进。

驾驶员学校飞行训练的 QMS 是指基于质量控制和质量保证，在实施过程中强调质量管理文化。驾驶员学校的 SMS 是安全文化的体现，侧重于安全管理，是飞行训练安全的保证。SMS 中安全和风险的内容贯穿于各个训练环节，因此 QMS 也必须是基于风险管理和评估的质量体系。

驾驶员学校飞行训练 QMS 和 SMS 的对比见表 10.17。

表 10.17　QMS 和 SMS 的对比

内容	QMS	SMS
关注重点	质量	安全
系统保证	质量保证	安全保证
控制内容	质量管控	危险源识别和风险管控
文化	质量文化	安全文化
目的	遵守要求	可接受水平的安全绩效
原则	规定性	基于绩效
侧重点	标准和规范	组织机构和人的因素
危险识别	被动的>积极主动的	积极主动的>预测性的

（一）QMS 与 SMS 实施过程中的异同

QMS 关注的是飞行训练质量和质量控制，强调质量文化。而 SMS 关注的是安全和安全保证，强调安全文化。这两种不同文化的关注点各有不同，但是作为管理系统，两者之间也有大量的相同特征，主要包括：

（1）QMS 与 SMS 都有相应的目标和承诺，即两者都是目的明确的管理方法。

QMS 有训练质量目标，SMS 则有安全责任和目标。

（2）两者均设置专门的管理人员岗位。

QMS 的管理者代表和 SMS 的负责人由驾驶员学校任命，均可以在学校担任多职。驾驶员学校训练 QMS 的管理者代表更多关注的是飞行训练质量的内容，而 SMS 的负责人是将安全作为核心价值，负责整个 SMS 的顺利实施，为 SMS 实施和维护提供必要的资源。

（3）两者均进行类似的内部审查（内部审核/内部审计）。

QMS 的内部审核是有关于训练质量的审核，SMS 的内部审计涉及到对飞行训练安全管理的审核。评估和审核过程有助于提高驾驶员学校持续改善能力，并对 QMS 或 SMS 及其相关安全控制和配套系统进行持续监测，能够确保实现目标。

（4）两者在实施过程中都需要进行风险反馈和管理。

SMS 重点关注危险源识别、安全风险评价和缓解、安全促进和安全沟通等内容。QMS 关注影响飞行训练质量的风险识别、缓解以及相关的改进措施。

（5）两者都要求进行成文信息（文件和记录）存档。

除了文化表现上的异同之外，QMS 和 SMS 在实施过程中也可以互为参考，主要包括：

（1）QMS 和 SMS 都是基于风险管理。QMS 采用过程方法，该方法结合了 PDCA 循环与基于风险的思想，侧重于飞行训练质量的控制；SMS 采用危险源识别和风险控制的安全风险管理。

（2）两者均包含绩效监测和评价的要求。QMS 采用有关训练质量的绩效，而 SMS 采用有关安全绩效的内容。

（3）为了取得更好的效益，QMS 和 SMS 均要求加强对相关人员经验交流、培训教育和能力提升。

（4）针对发现的风险或问题，QMS 和 SMS 均会评估分析，给出改进措施，以规避相似问题再次发生。

（5）QMS 遵守相应的训练要求和需求，SMS 更多的是一种可接受的安全绩效水平。

（6）QMS 基于标准和规范，管理的过程中被动成分多于主动成分。而 SMS 更多的是对驾驶员学校的要求以及相应的人为因素进行分析和管理，实施过程更多的是主动成分。

（7）识别危险方法有所区别。驾驶员学校的 QMS 中的危险识别方法更多的是被动的内容，即通过对有关飞行训练安全事件的调查来识别、查明危险，并根据事故和事故征候的明显指标来判断促成该飞行训练事件的危险或潜在危险，进而采取措施进行改进。积极主动的危险识别方法包括对现有安全或实时安全状况的分析，是审计、评估、工作人员的安全报告以及相关分析和评估过程。SMS 中主要是采用积极主动的危险识别方法，是在现有训练过程中积极查找危险或危险源。当然，SMS 还涉及了预测性的危险识别方法，这是一种包含对各种飞行训练相关数据的收集，以便查明未来可能出现的有关飞行训练安全的负面结果或事件，进而分析系统的流程和环境，查明未来潜在的危险，尽早启动缓解措施。

（二）QMS 和 SMS 的相互促进关系

驾驶员学校 QMS 和 SMS 是互补的。QMS 的重点是符合规章和要求，持续地交付能够满足相关规范的训练产品和服务，以满足客户的需求。SMS 则侧重于安全绩效，其目标是识别安全相关的危险源、评估相关风险，并实施有效的风险控制。QMS 和 SMS 都必须满足的内容主要包括：

（1）必须进行规划和管理。

（2）依赖于绩效指标的测量和监控。

（3）涉及驾驶员学校飞行训练相关的每个环节。

（4）追求持续改进。

（5）使用相似的风险管理和保证过程。

（6）使用相似的工具。

训练质量和训练安全从业者都会接受各种分析方法。

鉴于 QMS 和 SMS 存在互补的一面，可以建立两个体系间的协同增效关系，这种关系主要包括：

（1）SMS 由 QMS 过程支持，如训练质量审核（内审和管理评审）、检查、调查、风险根源分析、统计分析及预防措施等。

（2）QMS 可以识别那些即便驾驶员学校遵守了标准和规范后仍然存在的安全问题。

（3）学校的训练质量原则、政策和实践与安全管理的方针相关联。

（4）QMS 和 SMS 共同帮助驾驶员学校实现其飞行训练质量和安全目标。

（5）驾驶员学校为减少重复、降低成本，可以将 QMS 和 SMS 有效整合。

四、初始飞行训练质量管理架构

初始飞行训练质量管理架构如图 10.9 所示。

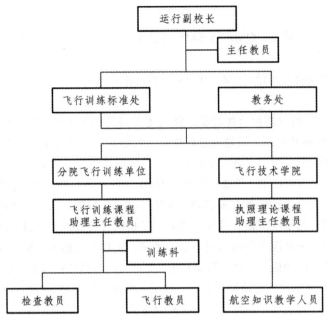

图 10.9 初始飞行训练质量管理架构

（一）主任教员的资格

担任主任教员必须具备的资质包括：

（1）持有商用驾驶员执照、航线运输驾驶员执照、现行有效的飞行教员执照。执照中包括与课程中所用航空器的类别、级别和机型相对应的类别、级别等级和适用的型别等级，如果实施训练课程需要仪表等级，则其执照中还应当带有相应的仪表等级。

（2）符合 CCAR-61 部第 61.61 条的机长近期飞行经历要求[11]。

（3）通过 CCAR-141 部第 141.43 条规定的理论考试[17]。

（4）针对相应课程的飞行程序和动作，通过了由局方组织的教学技能和教学能力方面的熟练考试。

（5）在飞行训练课程中，担任主任教员必须具备的条件主要包括：

① 具有至少 4 000 小时的机长飞行时间，并具有至少 500 小时在实际或者模拟仪表条件下的飞行时间。

② 作为持有执照的飞行教员，从事飞行教学至少 5 年，具有至少 3 000 小时的飞行教学时间以及至少 400 小时的仪表飞行教学时间。

（6）在地面训练课程中，担任主任教员必须具有在审定合格的驾驶员学校中担任地面教员 1 年的经历。

（二）主任教员的任命与更换

主任教员的任命与更换主要包括：

（1）各训练课程主任教员的任命与更换由学院指定，以书面形式报民航四川监管局申请进行初始熟练检查，考试合格后写入学院《训练规范》，经局方主任监察员签字批准后方可担任相关训练课程的主任教员。

（2）各课程在等待任命和批准新的主任教员期间，可以继续实施最多不得超过 60 天的训练。在该 60 天内，阶段检查和课程结束考试应当由下列人员之一实施：

① 该训练课程的助理主任教员。

② 该训练课程的检查教员。

③ 民用航空飞行标准监察员。

④ 民航局委任的考试员。

（3）如果尚未任命新主任教员的期限超过了 60 天，分院应当停止实施该课程的训练，在批准和任命了新的主任教员后，可以恢复训练。

（三）助理主任教员的资格

担任助理主任教员所需的资格主要包括：

（1）持有商用驾驶员执照或者航线运输驾驶员执照和现行有效的飞行教员执照。执照中包括与课程中所用航空器的类别、级别和机型相对应的类别、级别等级和适用的型别等级。如果实施训练课程需要仪表等级，则其执照中还应当带有相应的仪表等级。

（2）符合 CCAR-61 部第 61.61 条规定的机长近期飞行经历要求。

（3）通过 CCAR-141 部第 141.43 条规定的理论考试。

（4）针对相应课程的飞行程序和动作，通过了由局方组织的教学技能和教学能力方面的熟练考试。

（5）在飞行训练课程中，担任助理主任教员必须具备：

① 具有至少 3 000 小时的机长飞行时间，并具有至少 300 小时在实际或者模拟仪表条件下的飞行时间。

② 作为持有执照的飞行教员，从事飞行教学至少 4 年，具有至少 2 500 小时的飞行教学时间，并具有至少 200 小时的仪表飞行教学时间。

（6）在地面训练课程中，担任助理主任教员应当具有在审定合格的驾驶员学校中担任地面教员 6 个月的经历。

（四）助理主任教员的任命与更换

助理主任教员的任命与更换主要包括：

（1）各训练课程助理主任教员的任命与更换由学院指定，以书面形式报民航四川监管局申请进行初始熟练检查，考试合格后写入学院《训练规范》，经局方主任监察员签字批准后方可担任相关训练课程的助理主任教员。

（2）各分院在等待任命新的主任教员或主任教员离开期间，由助理主任教员履行主任教员职责，可以继续实施最多不得超过 60 天的该课程的训练。

（五）教员

教员资格的相关规定主要包括：

（1）在飞行训练或者地面训练课程中实施检查和考试的检查教员，应当通过主任教员按照 CCAR-141 部第 141.43 条对其进行的关于教学法、飞行知识、适用法规和课程标准的考试。

（2）飞行训练课程中实施检查和考试的检查教员必须具备的资格。

①应当持有商用驾驶员执照或者航线运输驾驶员执照和现行有效的飞行教员执照。执照中包括与课程中所用航空器的类别、级别和机型相对应的类别、级别等级和适用的型别等级，如果实施训练课程需要仪表等级，则其执照中还应当带有相应的仪表等级。

②符合 CCAR-61 部第 61.61 条机长近期飞行经历要求。

③针对适用于相应课程的飞行程序和动作，通过了由主任教员或者助理主任教员实施的熟练考试。

（3）针对适用于相应课程的飞行程序和动作，通过了由主任教员或者助理主任教员实施的熟练考试。

（4）在地面训练课程中实施检查和考试的检查教员，应当持有现行有效的飞行教员执照或者地面教员执照，执照中包括与课程中所用航空器的类别和级别相对应的类别和级别等级。

（六）任命

检查教员应当由主任教员向学院推荐，以书面形式报民航四川监管局，接受所申请训练课程的主任教员或助理主任教员进行初始熟练检查，考试合格后写入学院的《训练规范》，经局方主任监察员签字批准后方可担任相关训练课程的检查教员。

（七）限制

检查教员与飞行学员有下列情形之一的不得对该飞行学员实施阶段检查和课程结束考试主要包括：

（1）检查教员是该飞行学员的主要教员。

（2）该飞行学员是检查教员推荐参加阶段检查或课程结束考试的。

（八）飞行教员

飞行教员资格的相关要求主要包括：

（1）飞行训练课程中实施教学的飞行教员应当持有商用驾驶员执照、航线运输驾驶员执照、现行有效的飞行教员执照。驾驶员执照和飞行教员执照应包括与课程中所用航空器的类别、级别和机型相对应的类别、级别等级和适用的型别等级，如果实施训练课程需要仪表等级，则其执照中还应当带有相应的仪表等级。

（2）符合 CCAR-61 部第 61.61 条机长近期飞行经历要求。

（3）接受了学院关于训练课程目的和标准的介绍。

（4）针对相应课程的飞行程序和动作，在提供教学的每一型号航空器上，通过了由主任教员或助理主任教员实施的初始熟练检查。

（5）初始熟练检查后，持续满足民航规章 CCAR-61 部和 CCAR-141 部有关熟练/定期检查的要求。

（九）航空知识教学人员

航空知识教学人员资格的相关规定主要包括：

（1）必须持有附有相应等级的有效飞行教员执照，或是通过了私用驾驶员执照、仪表等级、商用驾驶员执照和航线运输驾驶员执照理论考试，并持有高等学校教师资格证的人员，方可在学员执照和等级训练课程中实施航空知识教学。

（2）如果未持有有效飞行教员执照和仪表等级或高等学校教师资格证，必须按照相关程序向局方申报审批，取得特殊授权，加入学院《CCAR-141 部训练规范》C015.航空知识教学人员后方可实施航空知识教学。

（十）飞行学员

飞行学员资格的相关规定主要包括：

（1）飞行训练课程中接受训练的飞行学员应当持有相应的驾驶员执照，满足学院各训练课程入口条件的要求。

（2）飞行学员在实施单飞前，必须满足运行手册相关要求。

（十一）飞行指挥人员

学院从事飞行训练指挥的人员由空中交通管制员和飞行指挥员组成。

（十二）空中交通管制员资格

空中交通管制员资格的相关规定主要包括：

（1）持有中国民航局颁发的对应管制岗位有效执照。

（2）完成每年的管制复训及管理部门要求的管制正常业务培训任务，年度管制执照检查合格。

（3）持有民航地区管理局卫生部门颁发的有效体检合格证。

（4）高等院校空中交通管制专业本（专）科毕业生可以获得见习管制员资格，并在持照管制员指导下上岗工作。

（十三）飞行指挥员资格

飞行指挥员资格的相关规定主要包括：

（1）持有商用驾驶员执照、航线运输驾驶员执照、现行有效的飞行教员执照。

（2）持有民航地区管理局卫生部门颁发的有效体检合格证。

（3）完成飞行指挥员业务培训，达到下述要求，取得学院飞行运行副校长签发的飞行指挥员资格证。

①掌握、熟悉所指挥的机型性能。

②熟悉所飞科目的组织指挥方法，并具备一定的组织指挥能力。

③熟悉规则、细则、训练课程、理论教材、飞行手册及有关规定。

④熟悉各种特殊情况的处置方法及告警援救程序。

⑤熟悉通信、导航设备的性能和使用方法。

⑥熟悉本指挥区域内的地形和天气特点。

（十四）飞行教员选拔程序

飞行教员选拔程序的相关规定主要包括：

（1）飞行教员选拔由各飞行分院按照规定时间向学院人事处提出劳动用工计划，人事处通知学生处。

（2）学生处根据与航空公司签订的协议，在协议范围内和学院自行招收的飞行学员中确定各分院应推荐的人员名额，通知各分院进行推荐，并了解分院推荐人员的专业理论学习成绩和英语水平。

推荐结束后，将结果汇总飞行训练标准处，飞行训练标准处负责对推荐人员进行考察。考察结束后，与人事处、学生处共同确定名单，报学院运行副校长批准。

（十五）选拔要求

飞行教员选拔要求的相关规定主要包括：

（1）飞行教员的选拔应按照择优选拔的原则。

（2）飞行教员的选拔要求主要包括：

① 政治表现优良、作风严谨、表达能力强。

② 飞行技术应当至少达到中上水平，全部通过飞行执照理论考试，至少通过 ICAO 语言能力等级测试三级、国家计算机二级考试。

（十六）飞行教员的聘用

飞行教员聘用的相关规定主要包括：

（1）各分院可以根据训练课程要求，从满足运行手册要求的学院现职飞行人员中聘用飞行教员，也可以从满足运行手册要求的学院以外（包括外籍）的飞行人员中聘用飞行教员。

（2）学院以外（包括外籍）飞行教员的聘用由学院人事处、飞行训练标准处、学院国际合作部（若需要）和人员需求分院共同负责。

（3）所聘教员适用于相应课程的飞行程序和动作的熟练检查，由分院该课程的主任教员或者助理主任教员负责实施。

（十七）飞行机组搭配要求

飞行机组搭配要求的相关规定主要包括：

（1）学院训练飞行分为带飞、单飞和机长训练三种形式，单飞时机长由单飞的飞行学员担任，飞行学员机长训练中左座飞行学员应为机长。

（2）检查飞行时，机长通常由检查员担任。

（3）对飞行机组有要求的型别等级飞机，在训练飞行时应配备两名飞行教员并指定一名飞行教员作为机长，担任副驾驶的飞行教员应当至少具备 CCAR-61 中规定的副驾驶资格。

（4）高教机航线训练时，可以配备两名飞行教员。

（十八）教机、中教机和直升机

零教学经验飞行教员取得飞行教员执照后，至少应当由主任教员或者助理主任教员以及其指定的二级以上的飞行教员监控教学 40 小时，主要包括：

（1）至少监控本场教学 10 小时以后方可单独执行除真实仪表气象条件外的本场教学。

（2）至少监控航线教学 10 小时以后方可单独执行除真实仪表气象条件外的航线教学。

（3）至少在真实仪表气象条件下监控教学 10 小时以后方可单独执行真实仪表气象条件下的教学。

（4）至少监控夜航教学 10 小时以后方可单独执行夜航教学。

（5）完成以上各款规定的最低监控飞行时间，仍不能独立执行飞行任务的飞行教员，最多增加不超过各款规定 80% 的监控飞行时间。

（6）增加的监控飞行时间由主任教员批准，报学院训练管理部门备案。

（7）完成增加监控飞行时间后，仍然不能独立完成飞行教学任务的飞行教员，主任教员应采取终止或限制使用的措施。

（十九）高教机

高教机的飞行教员资格的相关规定主要包括：

（1）零高教机教学经验的飞行教员取得双发涡桨或涡扇飞机教员资格后，至少应当由主任教员或者助理主任教员以及其指定的二级以上的飞行教员监控飞行 50 小时。

（2）监控教学时间至少 30 小时后方可在双发涡桨或涡扇飞机上单独执行本场教学，其余至少 20 小时可在教员教学各阶段过程中监控。

（3）高教机本场飞行教员转航线飞行教员，至少应当由主任教员或者助理主任教员以及其指定的二级以上的飞行教员监控飞行 100 小时。

（4）监控飞行至少 50 小时以后方可单独执行航线教学，其余至少 50 小时可在教员航线教学各阶段过程中监控。

（5）完成以上各款规定的最低监控飞行时间仍不能独立执行飞行任务的飞行教员，最多增加不超过各款规定 50% 的监控飞行时间。

（6）增加的监控飞行时间由主任教员批准，报学院训练管理部门备案。

（7）完成增加监控飞行时间后，仍然不能独立完成飞行教学任务的飞行教员，主任教员应采取终止或限制使用的措施。

（二十）飞行教员执照训练

飞行教员执照训练的相关规定主要包括：

（1）学院飞行人员或所聘人员担任飞行教员前必须根据 CCAR-141 的附件 E 的要求增加飞行教员执照课程以及飞行教员等级课程，与"附件 F 飞行教员仪表等级"课程的要求进行相应的训练。按照学院制订的"基础教员等级训练课程"（单、多发飞机和直升机）、"仪表教员等级训练课程"（飞机和直升机）和具有航空器型别等级的"高性能多发飞机飞行教员课程""型别教员等级课程"（若需要）进行实施。

（2）在单发执照课程中担任飞行教员的人员，必须具备：

① 持有飞机类单发等级和仪表等级的商用驾驶员执照或航线运输驾驶员执照。

② 完成"基础教员等级训练课程"（单发飞机）和"仪表教员等级训练课程"（飞机）的训练，取得飞行教员执照。

（3）在多发执照课程中担任飞行教员的人员，必须具备：

① 持有飞机类多发等级和仪表等级的商用驾驶员执照或航线运输驾驶员执照。

② 完成"基础教员等级训练课程"（多发飞机）的训练，取得飞行教员执照。

（4）在高性能多发飞机课程中担任飞行教员的人员，必须具备：

① 持有该课程使用机型（含型别等级）的商用驾驶员执照或航线运输驾驶员执照。

② 完成高性能多发飞机飞行教员课程（CE-525、MA-600），取得飞行教员执照。

（5）在直升机课程中担任飞行教员的人员，必须具备：

① 持有直升机类仪表等级的商用驾驶员执照或航线运输驾驶员执照。

② 完成"基础教员等级训练课程"（直升机）和仪表教员等级训练课程（直升机）的训练，取得飞行教员执照。

受训教员或所聘教员圆满地完成教员训练课程大纲取得飞行教员执照后，必须在主任教员或助理主任教员的安排下接受相应课程目的和标准的介绍，并在教学使用的学院每一型号航空器上完成由主任教员或者助理主任教员负责实施的飞行程序和动作的初始熟练考试。

（二十一）程序

执照申请程序的相关规定主要包括：

（1）确因工作需要，由个人提出申请并填写"民用航空器驾驶员执照和等级申请表""民用航空器飞行教员执照和等级申请表"。

（2）分院技术管理部门按要求填写飞行人员增加执照级别、等级和增加教员执照等级上报表，报分院主任教员签署意见后上报学院技术管理部门，由学院技术管理部门审核后报学院飞行运行副校长批准；申请人完成相应理论培训和飞行训练，参加由局方安排或其授权安排组织的增加等级的航空理论和飞行实践考试。申请人增加执照等级和/或增加教员执照等级的飞行实践考试必须由局方委任的考试员在航空器或模拟机上进行。

（二十二）训练

申请训练的相关规定主要包括：

（1）申请增加执照等级，必须按照训练大纲完成相应增加航空器类别、级别、型别等级或仪表等级的理论培训和飞行训练，并通过相应航空器类别、级别、型别或仪表等级的航空理论和飞行实践考试。

（2）申请增加飞行教员执照等级，必须取得与所申请教员执照等级相对应的航空器类别、级别或型别等级的驾驶员执照，如果申请带有仪表等级的飞行教员执照还必须在驾驶员执照中带有仪表等级，并按照要求完成相应训练，通过相应的航空理论和飞行实践考试。

（二十三）主任教员和助理主任教员的复训

主任教员和助理主任教员复训的相关规定主要包括：

（1）经指派负责某一训练课程的每个主任教员和助理主任教员，在每 12 个日历月内应当完成经批准的学院《飞行教员更新课程》的训练。

（2）主任飞行教员和助理主任飞行教员参加其他标准化讨论会或课程得到的地面和飞行训练课时数，得到局方批准后可以代替复训的部分时数。

（二十四）飞行教员熟练检查

飞行教员熟练检查的相关规定主要包括：

（1）参加学院飞行教学的主任教员、助理主任教员、检查教员，必须在该课程使用的航空器型号上完成初始熟练检查。

（2）参加学院飞行教学的飞行教员，必须在该课程使用的每一型号航空器上完成了初始熟练检查。

（3）对参加教学的飞行教员，每 12 个日历月必须在主任教员、助理主任教员或检查教员的安排下，在该课程使用的一种航空器型号上完成一次熟练检查。

（4）上述检查可与 CCAR-61 第 61.57、59 条要求的驾驶员执照熟练/定期检查合并执行。

（二十五）近期经历要求

参加学院飞行教学的所有飞行教员，在开始教学前必须满足机长近期经历要求主要包括：

（1）在所飞类别、级别、型别航空器上，昼间或夜间教学的前 90 天内，至少完成三次昼间或夜间的起飞和着陆（或在经局方批准的飞行模拟机上完成）。

（2）在所飞类别航空器上，仪表飞行教学的前 6 个月内，至少完成 6 次仪表进近，并完成等待程序和使用导航系统截获并跟踪航道的飞行。

（3）未满足上述机长近期经历要求的飞行教员，应在主任教员、助理主任教员或检查教员的监督下按照下列要求重新建立近期经历：

① 未满足 A 条 a 款要求的，应在所飞类别、级别、型别航空器上或在经局方批准的飞行模拟机上至少完成三次昼间和夜间的起飞和着陆。

② 未满足 A 条 b 款要求，应在相应的航空器上进行仪表熟练检查，检查内容从仪表等级实践考试的内容中选取，仪表熟练检查的部分或全部内容可在相应的飞行模拟机或飞行训练器上实施。

（4）在具有型别等级的飞机上，前述 3 次起飞和着陆应当包括至少 1 次模拟临界发动机失效时的起飞，包括一次使用仪表着陆系统进近和使用仪表着陆系统最低天气标准的着陆，以及一次全停着陆。

（5）当使用飞行模拟机完成上述（1）、（2）、（3）款的任何要求时，同一飞行机组必需的成员位置应当由恰当资格的人员在座。并且飞行模拟机应当严格模拟正常飞行环境，不得使用飞行模拟机重新设定位置的特性。

（6）飞行检查教员应判定被检查教员是否熟练和符合执行相应课程教学任务的要求，并作出决定是否需要增加训练的动作。

（二十六）概述

飞行执照有关的概述主要包括：

（1）凡学院内取得各类驾驶员执照和飞行教员执照的飞行人员都必须遵守 CCAR-61 的有关规定。

（2）飞行执照管理为个人行为，持照人对所持执照有效性负责。飞行人员应妥善保管好执照，依照执照的等级、授权和限制行使执照赋予的权利，并在行使相关权利时随身携带该执照，随时接受局方监察人员的检查。

（3）学院和分院飞标管理部门从规范管理和方便训练的角度出发，对飞行人员执照实行统一管理，但这并不改变持照人对执照的规章符合性的责任。

（4）飞行人员技术档案必须由学院和分院飞标管理部门保存。

（二十七）相关部门执照与技术档案管理工作职责

1. 飞行大队的管理职责

（1）负责收集、整理所属飞行人员技术档案，包括飞行人员经历和飞行时间记录、执照和等级、熟练或定期检查时间和结果、增加等级、体检合格证级别和有效期限以及飞行人员安全奖励和处罚档案等，报分院安监部存档。

（2）根据所属人员的执照熟练或定期检查时间，负责分批计划、督促所属人员的执照检查申请，安排申请人参加航空理论考试和飞行实践考试。

（3）根据飞行教学需要和所属人员的技术状况，提出飞行人员增加等级的计划并报分院审批。

2. 分院飞管部的管理职责

（1）负责建立分院飞行人员技术档案。

（2）具体负责承办分院飞行人员执照的定期检查的文件审核和管理等具体事宜，将汇总材料报学院飞行训练标准处。

（3）负责检查分院飞行人员执照使用情况。

（4）具体制订分院飞行人员增加等级、机型改装等训练计划，并上报学院审批。

3. 学院飞行训练标准处的管理职责

（1）负责建立学院机关飞行人员技术档案（内容同上）。

（2）负责监督、检查学院飞行人员执照使用情况。

（3）负责汇总、审核学院飞行人员执照的定期检查、增加等级的申请，报民航西南地区管理局审批。

（4）具体承办学院机关飞行人员执照的定期检查、增加等级的申请，报民航西南地区管理局审批。

（5）接受局方委派组织学院飞行人员的航空理论考试和飞行实践考试。

（6）负责提供和复制执照申请所需的各种报表。

（7）具体负责执照办理相关费用的收缴、管理和使用。

（二十八）执照的暂扣、吊销

执照的暂扣、吊销内容主要包括：

（1）当飞行人员因故被局方暂扣、吊销驾驶员执照时，分院执照管理部门必须将当事人的驾驶员执照和飞行教员执照收回，交学院飞行训练标准处，飞行训练标准处转交民航西南地区管理局飞标部门。

（2）局方下达同意恢复飞行的通知后，由学院飞行训练标准处到民航西南地区管理局办理执照的返签手续，工作完毕后执照方为有效。

（3）自执照被吊销之日起一年内，被吊扣者不得申请在该执照上增加任何等级。

第十一章　面向 CBTA 的教员培训指南

为了深入贯彻局方 PLM 建设路线图的实施，实现航校初始飞行训练和航司需求的无缝衔接，对航校初始飞行训练飞行教员提出了更高的要求。本章主要介绍中飞院面向 CBTA 的教员标准化实践，包括初始飞行训练教员培训标准、教员的胜任力模型、培训大纲以及评估工具，最后，介绍了中飞院开发的教员资质能力提升课程相关实践。

第一节　初始飞行训练教员培训标准

随着航空运输行业的高速发展，尤其是 2020 年新冠疫情的爆发，导致航空业对飞行员需求提前放缓，航空公司开始从飞行员的量式需求逐渐转变到飞行员的质式需求。另一方面，航空运输行业发展到今天，航空安全纪录逐年创高，对航空安全的容忍度逐年降低，整个行业真正意识到航空器的先进性和复杂性对航空器驾驶员提出了更高的要求，人的因素将带来航空安全的最大不确定性。当前航空驾驶员的训练模式还保留着上世纪清单式和"勾选框"式的培训理念，把航空器损坏的事件作为训练科目。随着时间推移，这种训练科目逐渐累积，导致训练成本极大增加，训练效益收效甚微。传统的训练模式已经不能预见下一次航空事件的发生，越来越多的"黑天鹅"事件会逐渐出现，如何识别和管理下一次的"黑天鹅"事件成为航空器驾驶员培训的关键。分析和发现优秀航空器驾驶员的共同点和能力，将成为处置下一次不可预见的航空事件的关键。

国际民用航空组织在 Doc9868、Doc9941 等文件中指出航空器驾驶员关键的九项核心胜任力，尤其在 Doc9968 文件指出航空公司的复训模式应该从传统复训向基于循证培训理念转变，依靠数据和可靠的核心飞行教员，揭示飞行员的关键核心胜任力的缺失，从而有针对性进行培训。国际民用航空组织已经认识到，优秀的飞行员需要优秀的飞行教员进行引导和培训，体制的完善还需要人的运作和维持，人的因素是关键因素。我国飞行员培训体系是依靠航空驾驶员学校进行大量人才输出，飞行学员在进入航空公司之前一般经历 4~5 年的学校教育和飞行培训，飞行学员已经养成了一定的职业价值观和职业认同感，甚至形成了部分职业习惯。运输航空公司基于循证"查漏补缺"的培训方式和复杂的成人教学模式，付出巨大的人力成本、时间成本和经济成本。中国民用航空局于 2020 年正式提出《中国民航运输航空飞行员技能全生命周期管理体系建设实施路线图》，将典型飞行员全生命周期起始定义为"飞行学员"。我们需要意识到，飞行学员作为全生命周期起点，对于飞行员核心胜任力的工作不如从"查漏补缺"式的培训转向"面面俱到"式的培训，将胜任力培训重点放到航空驾驶员学校，把好飞行学员回公司的入口关。然而航空驾驶员学校中飞行教员的资质和能力成为培养出优秀飞行学员的关键所在。航空驾驶员学校需要转变对教员的定位和资质要求，通过资质建设、人员选拔、组织配套等多方位的配合培养一支足够数量且熟悉飞行员胜任力教学和评估的教员队伍。

一、课程开发员的系统性培训框架[117]

根据 ICAO 的《培训开发指南-基于能力的培训方法》（Doc.9941 号文件）制订的系统性开发培训标准，使课程教材能在参加航空培训升级版方案的各民航培训机构之间进行共享。然而，《培训开发指南》不是单独使用的教科书，也不能替代课程开发员培训，它是构成课程开发员培训课程的手册。通航教员关于课程开发员的培训，使得每一个民航培训机构都能够为整个行业开发一定数量的高质量的课程，也可以采用其他航空培训机构编制的同等质量的其他课程。通航教员应具备的课程开发员相关技能主要包括：

（1）培训需求分析。

根据统一的《培训开发指南》要求，以确保培训方式符合实际需求和培训环境。有关培训策略的所有决定都是基于对培训需求的系统分析、可获得资源和飞行学员学习特性而确定的，不是取决于主观判断或惯例。

（2）构建课程开发团队。

由于在培训开发项目中通常有不同的专家参与，每名专家必须了解其他人做出决定的理由，所需资料的标准报告是要求的。

（3）改进反馈。

使用统一术语、标准改进课程开发员之间的交流，如运行经理和培训经理的互通，以及不同培训团队之间的沟通。标准讲授形式和使用的共同术语是使培训开发项目取得成功的先决条件，这也大大简化了将他处编制的培训教材按当地情况进行改编，当这种合作对于涉及不同对象区域时尤为重要。

（4）有计划开发。

在开始新一阶段的工作前，课程开发项目的方向、所需的资源和预期达到的成果，这也意味着对实际开展的工作进行系统性记录并说明其理由。

（5）形成更加有效的培训教材。

航空培训升级版的标准培训教案编制方法是使用系统工程方法来设计培训课程，促成开发和执行结构化的基于能力的培训方案。这种方法称为系统方法，由三个主要阶段组成：分析、设计和生产评估反馈处于每一个阶段之间，如图 11.1 所示。在航空培训升级版的方法中，这三个阶段又被细分为如表 11.1 所示的七个步骤。

表 11.1　航空培训升级版三阶段和七步骤

阶段	步骤
分析	初步研究
	工作分析
	受众分析

阶段	步骤
设计和生产	课程设计
	模块设计
	生产和开发测试
评估	认证和修订

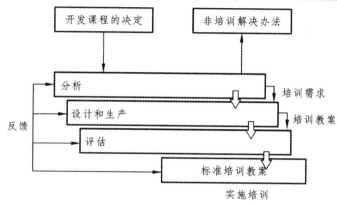

图 11.1　三个主要阶段

二、初始飞行训练教员胜任力框架模型[118]

ICAO 的《空中航行服务程序—培训》（Doc.9868 号文件）阐述了知识、技能和态度，在"分析、设计、编制、实施和评价（ADDIE）"原则的基础上，提供了基于胜任能力培训和评估的通用设计方法，是支持对从事安全活动的人员的培训和资格鉴定，在各附件或《空中航行服务程序》中给出了关于这些人员的详细标准、建议措施或程序，以及关于此种培训和资格鉴定的要求。ICAO 给出了关于飞行教员等级以及对飞行教员和飞行模拟训练装置教员授权的标准，包括关于基于胜任能力的培训和评估方案中受聘教员和课程编制人员应具备的资格，以及需要证明的胜任能力。在基于胜任能力的方案中，对教员的胜任能力有明确要求，教员必须在整个培训过程中以及他们对主题事项和培训课程内容证明其胜任能力。初始飞行训练教员胜任力模型框架—IC 模型如图 11.2 所示。

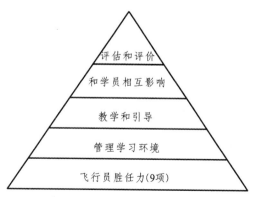

图 11.2　初始飞行训练教员胜任力 IC 模型

其中，教员胜任力及其绩效标准如表 11.2 ~ 表 11.6 所示。

在开展初始飞行训练教员培训过程中，对于上述框架模型应注意胜任力培训逻辑及教员胜任力构建顺序。

（一）IC1 飞行员胜任力

IC1 飞行员胜任力（9 项）是指需要遵循上文所述的培训顺序，是培训教员的前提，如表 11.2 所示。

表 11.2　驾驶员胜任能力

胜任能力名称	描述	绩效标准		
		可观察到的行为（OB）	胜任能力评估	
			最终胜任能力标准	条件
IEC1：驾驶员胜任能力	见国际民航组织飞机驾驶员胜任能力框架	见国际民航组织飞机驾驶员胜任能力框架	运营人和经批准的培训机构在其相关经批准的手册中规定的教员和评估人员应达到的绩效水平	地面训练和 / 或飞行训练

（二）IC2 管理学习环境

IC2 管理学习环境是指要求飞行员必须接受教学法相关的知识，也需要意识到其中关键性因素，确保培训环境是适宜和安全的培训环境。要求飞行员成为教员之前必须接受 TEM 的学习和实践，运用 TEM 来满足 IC2 前面几项行为表现 OBs，保障飞行学员学习环境的适宜和安全。IC2 后面几项行为表现 OBs，则更多要求教员表现出对外界或者内部对培训干扰的管理，意识到对培训干扰管理的重要性，如表 11.3 所示。

（三）IC3 教学和引导

IC3 教学和引导要求教员了解必要的资料，如运行手册、机型手册、培训手册、标准和规章。在教学和引导的行为表现 OBs 上，从两个方面逐步提高对教员行为等级要求：一方面行为表现要求教员进行基础的教学，包括阐明培训目标和职责、适时运用教学技巧等；另一方面行为表现则是更高一级要求引导式教学，对飞行学员进行正强化，积极以飞行学员为中心的教学方式，如表 11.4 所示。

（四）IC4 和飞行学员的相互影响

IC4 和飞行学员的相互影响是指前面三项胜任力已经可以达到教学的目的，但仅仅是作为教员单方面的一些要求，前三项 IC 可以理解为教员如何对飞行学员进行单纯的输出。"IC4 和飞行学员的相互影响"则是真正开始意识到飞行学员为中心的培训思想，支持飞行学员的学习和发展，为飞行学员演示模范的行为表现。在 IC4 第一方面的行为描述中，教员应该充分尊重飞行学员的文化、语言和过去的经历，表现出教学的耐心和同理心，管理飞行学员学习障碍，鼓励飞行学员积极参与并和飞行学员相互支持，最终达到教育飞行学员的目的；IC4 第二方面的行为描述中，更多需要教员以身作则，起模范作用，从而影响飞行学员，如表 11.5 所示。

表 11.3　学习环境管理

胜任能力名称	描述	绩效标准		
		可观察到的行为（OB）	胜任能力评估	
			最终胜任能力标准	条件
IEC2： 学习环境管理	确保教学、评估和评价是在适宜和安全的环境中进行	OB2.1 在教学/评价的背景下运用威胁和差错管理； OB2.2 简要介绍针对教学/评价过程中可能出现的情况的安全程序； OB2.3 在恰当的时间和程度上进行适当干预（例如从口头帮助到接管控制）； OB2.4 在任何干预之后在可行的情况下恢复训练/评价； OB2.5 计划并准备培训载体、设备和资源； OB2.6 简要说明可能影响培训的培训设备或航空器限制（如适用）； OB2.7 创建和管理适用于培训目标的条件（例如飞行模拟训练装置、空域、空中交通管制、天气、时间等）； OB2.8 适应环境的变化，尽量减少训练中断； OB2.9 管理时间、培训载体和设备，确保培训目标得到满足	运营人和经批准的培训机构在其相关经批准的手册中规定的教员和评估人员应达到的绩效水平	地面训练和/或飞行训练

表 11.4　教学

胜任能力名称	描述	绩效标准		
		可观察到的行为（OB）	胜任能力评估	
			最终胜任能力标准	条件
IEC3： 教学	采用培训方式以培养受训人员的胜任能力	OB3.1 参考经批准的资料来源（运行和技术资料来源、培训手册和规章）； OB3.2 明确月目标和培训的作用； OB3.3 遵循经批准的培训方案； OB3.4 酌情运用教学方法（例如讲解、示范、发现、促进式学习、在座指导等）； OB3.5 保持操作的相关性和现实性； OB3.6 调整教员教学内容的输入量，确保培训日目标得到满足； 0B3.7 根据可能打乱计划的活动顺序的情况作出调整； OB3.8 持续评估受训人员的胜任能力； OB3.9 鼓励受训人员自我评估； OB3.10 允许受训人员及时自我纠正； 0B3.11 运用以受训人员为中心的反馈技术（如：促进，……）； OB3.12 提供正强化	运营人和经批准的培训机构在其相关经批准的手册中规定的教员和评估人员应达到的绩效水平	地面训练和/或飞行训练

表 11.5　互动

胜任能力名称	描述	绩效标准		
		可观察到的行为（OB）	胜任能力评估	
			最终胜任能力标准	条件
IEC4： 互动	支持受训人员的学习和发展展示模范行为（榜样）	OB4.1 对受训人员表示尊重，例如对文化、语言和经验的尊重； OB4.2 表现出耐心和同情心，例如通过积极倾听、领悟非语言信息和鼓励对话； OB4.3 管理受训人员的学习障碍； OB4.4 鼓励参与和相互支持； OB4.5 辅导受训人员； OB4.6 支持运营人/经批准的培训机构和当局的目标和培训政策； OB4.7 显示完整性(例如诚实和专业原则) OB4.8 展现可接受的个人行为、可接受的社会实践、内容专长、专业和人际行为模式； OB4.9 积极寻求和接受反馈来提高自己的绩效	运营人和经批准的培训机构在其相关经批准的手册中规定的教员和评估人员应达到的绩效水平	地面训练和/或飞行训练

（五）IC5 评估和评价

教员的作用，一方面需要对飞行学员进行评估和评价，另一方面也要对培训系统进行反馈和报告。教员需要注意的是评估和评价的区别，如表 11.6 所示。

表 11.6　评估和评价

胜任能力名称	描述	绩效标准		
		可观察到的行为（OB）	胜任能力评估	
			最终胜任能力标准	条件
IEC5： 评估和评价	评估受训人员的胜任能力 促使持续改进培训系统	OB5.1 遵守运营人/经批准的培训机构和当局的要求； OB5.2 确保受训人员了解评估过程； OB5.3 运用胜任能力标准和条件； OB5.4 评估受训人员的胜任能力； OB5.5 进行分级； OB5.6 根据评估结果提出建议； OB5.7 根据总结性评估的结果进行决策； OB5.8 对受训人员提供清晰的反馈； OB5.9 报告培训系统的优点和缺点（培训环境、课程、评估/评价），包括受训人员的反馈； OB5.10 提出改进培训系统的建议； OB5.11 使用提供的适当表格和媒体制作报告	运营人和经批准的培训机构在其相关经批准的手册中规定的教员和评估人员应达到的绩效水平	地面训练和/或飞行训练

构建教员胜任力，需要从飞行员胜任力开始构建。当满足底层胜任力（如飞行员胜任力）后，第二个搭建的必须是 IC2 管理学习环境。飞行教员工作的环境充满威胁和差错，保证不了安全和适宜的学习环境，飞行学员则达不到更高层次需求。一旦 IC1 和 IC2 满足，那么教员则可以开始进行 IC3 教学和引导，同时在教导过程中，逐渐培养教员 IC4。可以看到，教员胜任力的两块基石是 IC1 飞行员胜任力和 IC2 管理学习环境。通用航空驾驶员学校发生的一系列事故征兆和事故表明：教员埋头教学，忽略飞机外部环境，往往会引起重大安全事故。

第二节　初始飞行训练教员胜任力培训大纲

一、课程开发员资质培训准则

培训开发人员课程（TDC）为民航课程开发人员提供知识、技能和态度，以根据国际民航组织《培训开发指南-基于能力的培训方法》（Doc.9941 号文件）设计和开发标准化培训。

国际民航组织为什么采用课程开发方法是源于使用系统的方法制定标准化培训包（STP），发展能够交换 STP 的合作伙伴网络，能够充分满足全球航空培训需求。目的是开发基于能力的培训课程，通过共享系统提供这些课程，确保其缔约国和航空业能够获得一批合格的专业人员，以支持全球航空运输的安全、可靠和可持续发展，并具有成本效益。

其优势在于以掌握任务为导向的培训，以能力为基础/以工作为导向，旨在实现特定培训目标的培训，基于课程材料质量的培训，使用适当的培训技巧和媒体，STP 的严格验证和修订。

国际民航组织的 DOC 9941 号文件提出的基于能力的方法论（Training Developer Curse，TDC）是基于系统性分析方法论的应用，用于基于能力培训的设计和发展，由相同的三个阶段和七个步骤组成，每个阶段都有额外的活动，这些活动在开发过程模式中显示。

本指南侧重于根据 TDG 进行培训开发的分析、设计/生产和评估方面的标准以及最佳实践。在线培训应遵循所需的课程开发阶段和程序。每个阶段都有其具体的开发步骤和结果，如图 11.3 所示。

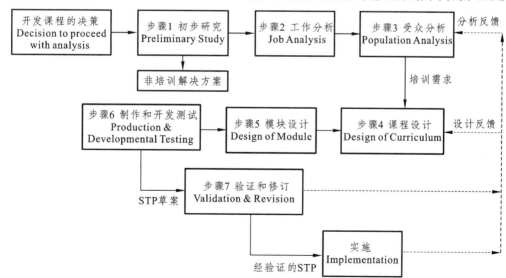

图 11.3　课程开发阶段的详细开发步骤

二、初始飞行训练教员培训大纲

初始飞行训练教员课程大纲按照 CCAR 141 部和 CCAR 61 部商用驾驶员执照增加单发等级课程的要求设计，地面课程包括 16 课，飞行训练课程包括 13 课。训练课程大纲根据知识认知、技能及态度的系统化结构准则编写，课程内容由浅入深、循序渐进，便于交叉或分开实施教学，学生应按照提纲的内容完成地面课后立即进入相应的飞行训练，在条件不具备时也可以完成所有地面课后再进行飞行训练，但每一课飞行训练前应对相应的面课内容进行复习。飞行教员有责任按照提纲课程的顺序和内容进行教学，确保提纲课程的所有项目和内容在训练过程中得到实施。必要时，主任飞行教员可以根据学生的学习进展情况及其他因素，仅限在同一阶段内调整或改变课程内容。如果在实施过程中出现了偏离或未能实施某些项目和内容，必须进行确认并在学生训练记录上注明，且在随后进行补充训练。在增加单发等级训练课程大纲时，对相应阶段的飞行员胜任力和行为指标进行节点式划分，要求在课程结束后体现教员的正面行为指标，杜绝负面行为。

（一）单发等级训练课程大纲

单发等级训练课程大纲如表 11.7 所示。

表 11.7　单发等级训练课程大纲

增加单发等级训练课程大纲（飞机）		
课程	重点强调的胜任力（飞行员胜任力）	达到标准
GL1 商用航空法规	知识的应用	前提胜任力
GL2 重量和平衡		
GL3 应急程序		
GL4 最大性能起飞和着陆		
FTD1 本场飞行	飞行航迹管理-手动飞行	基础胜任力
FL1 最大性能起飞和着陆及特技		
GL5 大坡度盘旋、急上升转弯和特技飞行	知识的应用	
FL2 大坡度盘旋和急上升转弯及特技	飞行航迹管理-手动飞行	
GL6 懒 8 字、标杆 8 字、急盘旋下降和精确着陆	知识的应用	
FL3 懒 8 字，标杆 8 字，急盘旋下降和精确着陆及特技	飞行航迹管理-手动飞行	
GL7 航空生理学	知识的应用	进阶胜任力
FL4 仪表飞行	程序执行和遵守规章，沟通	
FL5 仪表飞行	程序执行和遵守规章，沟通	
FL6 夜间本场飞行	问题解决和决策	高阶胜任力
FL7 夜间本场单飞	问题解决和决策	
FL8 夜间本场单飞	问题解决和决策	
GL8 航空图表（VFR）	知识的应用	
GL9 地标领航和推测领航（VFR）	知识的应用	
FTD2 转场飞行	领导力和团队合作，情景意识和信息管理	
FL9 转场飞行	领导力和团队合作，情景意识和信息管理	

增加单发等级训练课程大纲（飞机）	
FL10 夜间转场飞行	工作负荷管理，情景意识和信息管理
FL11 长转场飞行	问题解决和决策，工作负荷管理
GL11 高性能动力装置	知识的应用
GL12 环境和防冰控制系统	
GL13 可收放起落架	
GL14 高级空气动力学	
GL15 性能预测	
GL16 飞行决策	
GL17 阶段考试	
FL12 阶段检查	评估和评价
FL13 课程结束检查或商照实践考试	

增加单发等级训练课程大纲（飞机）培训中，重点培训和发现教员胜任力里飞行员胜任力的不足，需要重点对每一课所要求"重点强调的胜任力"进行培训和评估。每次培训前，对"重点强调的胜任力"中每一项 OBs 应该有详细了解，特别是框架中的正面行为和相对的负面行为，对 OBs 在训练中可能表现的阶段进行预期，如空域结束训练后未执行的进近简令和检查单。这种行为属于飞行员胜任力中"程序的执行和遵守规章"里 OB1.3"遵守 SOP，除非因安全原因需要适当的偏离"的负面行为，是不应该出现的行为。当然，在教员培训的过程中，也应该通过细致分析和问询，真正了解到教员负面行为出现的原因，究竟是教员对执行进近简令和检查单存在知识性问题，还是因为当时的运行环境过于繁忙导致工作负荷增加，或者只是教员过往经历中就时常忽略简令和检查单。

基于胜任力的培训和评估，一定要深度挖掘出教员行为背后的胜任力缺陷。在教员培训过程中，往往会发现一些胜任力并不能在课程中达到的标准，尤其是增加的单发等级训练课程大纲（飞机）培训。一部分原因是大纲本身不是基于胜任力开发的，大纲本身还停留在传统机型培训上，每一课缺失人为因素相关的训练和要求。另一部分原因是由于大纲后期课程要求教员进行单飞训练，在培训过程中可能会过度培训"飞行航迹管理手动飞行"胜任力，导致培训忽视"高阶胜任力"的重要性。从《飞行员核心胜任力培训指导手册》中，我们已经非常清晰明白，缺失"高阶胜任力"会导致事故链前期屏障的失效。如果过度培训"基础胜任力"，会导致每一次飞机出现安全情况时都会到达 TEM 中"非预期航空器状态"，飞行员不断对"非预期航空器状态"进行管理和处置，势必会降低安全裕度。

混合型 CBTA 教员大纲的唯一优势就是能在现有法规执照体系下，最大程度地优化教员产出质量。运行混合型 CBTA 教员大纲，在飞行前讲评和飞行后讲评，需要增加更多的时间来满足胜任力目标，积极引导教员自我认知和纠正，让教员了解自我认知和纠正的过程。在结束单发等级训练课程大纲（飞机）培训后，教员可能会带着部分飞行员胜任力缺失和部分负面行为进入下一阶段，在之后的培训过程中应该持续注意观察和培训。

（二）基础仪表教员等级训练课程大纲

进入基础仪表教员等级训练课程大纲（单发飞机），教员真正开始培训和教学相关胜任力，在进入到右座培训前，明确右座视线、操纵和使用飞机设备等的区别，尽快将左座培训成果正向迁移到右座，特别强调"飞行航迹管理手动飞行"和相关"知识的应用"。基础教员课程大纲，根据CCAR141附件E对单发飞机飞行教员执照课程的要求制订。受训者圆满完成本提纲训练后，可以成为一名持有单发飞机飞行教员执照的合格飞行教员，如表11.8所示。如果受训者已经持有多发飞机或直升机类飞行教员执照，可以不进行第一阶段地面课程和第二阶段地面课程中的地面实践教学部分的训练。

表 11.8 单发等级训练课程大纲

基础教员等级训练课程大纲（单发飞机）	
课程阶段	重点强调的胜任力（教员胜任力）
地面课第一阶段	管理学习环境、飞行员胜任力相关的知识
飞行课第一阶段	飞行员胜任力，管理学习环境
地面课第二阶段	教学和引导、和飞行学员相互影响相关的知识
飞行课第二阶段	教学和引导、和飞行学员相互影响

仪表教员课程大纲根据CCAR141附件F对飞机仪表飞行教员课程的要求制订。受训教员圆满完成本提纲训练后，可以成为一名持有飞行教员仪表等级执照（飞机类）的合格飞行教员。训练课程大纲以阶段为单位，配有飞行训练情况记录，每一阶段的开始部分均有说明。提纲根据知识积累的原理编写，课程内容由浅入深、循序渐进。具有教员资格的授权飞行教员有责任按照提纲课程的顺序和内容对受训者进行教学，确保课程的所有项目和内容在训练过程中得到实施。在基础教员等级训练课程大纲培训时，对相应阶段的教员胜任力和可观察行为进行节点式划分，要求在课程结束后，体现教员的正面行为OBs杜绝负面行为，如表11.9所示。

表 11.9 仪表教员等级训练课程大纲

仪表教员等级训练课程大纲（单发飞机）	
课程阶段	重点强调的胜任力（教员胜任力）
地面课第一阶段	管理学习环境相关的知识
飞行课第一阶段	管理学习环境
地面课第二阶段	教学和引导、和飞行学员相互影响、评估和评价相关的知识
飞行课第二阶段	教学和引导、和飞行学员相互影响，评估和评价

基础仪表教员等级训练课程大纲（单发飞机），前期重视教员转入右座后是否能展现飞行员的胜任力，判断胜任力是否正向迁移。新教员时期，一定要重点强调两个大纲一阶段所要求的"管理学习环境"胜任力，确保教导、评估和评价在恰当和安全的环境中实施。结束两个大纲的二阶段培训后，我们也要认识到，由于教员培训的特殊环境，左座并不是学生只是进行学生角色扮演，但是无论如何逼真扮演都无法达到学生角色的真实性。教员培训过程的驾驶舱梯度、运行环境氛围以及一些不可靠外界因素等，都使得教员胜任力不可能在二阶段结束后全面构建。好的方面，混合型CBTA教员大纲只会缩短教员成长期，使教员更快达到成熟的阶段。较传统教员培训，我们深刻揭示了教员职业绩优的胜任力和行为表现，使得教员在成长过程中有了清晰具体的目标。

其次，重新审视基础仪表教员等级训练课程大纲（单发飞机），对于非技术技能可以概括为机组资源管理。对于非技术技能的科目，也是传统的 5 项包括信息交流、设备管理、任务管理、处境意识和风险管理和航空决策。这些科目，适用于飞行员培训，至于是否适用于教员培训还有待考证。混合型 CBTA 教员大纲，将具体表现行为罗列，对教员培训和评估更加量化和具体。值得注意的是，基于胜任力的培训和评估，一定能深度挖掘出教员行为背后的胜任力缺陷。

三、评估及分析工具的应用

（一）整体课程科目分析矩阵

CBTA 私照分析矩阵在训练上提供了更清晰的方向。当进行一项任务训练，应该满足的子任务"知识"和"技能"，这些"知识"和"技能"能够应对的"可能的威胁和差错"。对任务的"态度"是指人在遇到特殊情况或困难时的选择和倾向，如"仔细地工作"和"粗心地做事"，"愿意帮助同事"和"拒绝提供帮助"，"在紧急情况下保持冷静"和"惊慌失措"。因此，在进行任务训练时，仅有部分任务情况符合"遇到情况或困难"，并不是所有任务都能分解出符合定义的子任务"态度"，虽然在训练过程我们更希望飞行学员表现出积极的态度，应该清楚"态度"是贯穿在飞行员的整个飞行工作中。子任务"知识"和"技能"所进一步分解出的各项任务要素，如 PA.I.B.S3 在检查员给出的场景下采用（Apply）适当的程序操作不工作的设备，是"可能的威胁和差错"的对策，意味着没有完全满足任务要素，可能造成非预期航空状态或者不好的结果。处于任务分析结果最底层的任务要素，是通过任务要素描述和关键动词对应胜任力"可观察的行为"，从而确定其任务要素关联的胜任力。当没有完全满足一项任务要素时，对应胜任力实际是缺失的。

通过大量统计任务要素描述和任务描述中的关键动词是否完全满足数据要求，可以确认飞行员胜任力情况。CBTA 私照分析矩阵同时树立了安全在训练中的重要角色。当一项任务要素没有被满足时，对应"可能的威胁和差错"也没有被正向管理。当飞行学员在训练和检查中出现了不安全的行为，甚至需要教员/检查员进行干预才能保证飞行安全时，肯定是不能通过训练和评估；当飞行学员安全结束训练或检查时，对学生的评价往往倾向于科目的完成情况。在 CBTA 私照分析矩阵中，即使学生安全结束飞行，但是学生并没有完全满足任务要素描述和关键动词，那么对应学生也没有正向管理"可能的威胁和差错"，即整个飞行出现了安全裕度降低的情况，通过分析和严重程度量化（量化需要通过类似 ACS 方法确定，暂时未完成）任务要素对应的"可能的威胁和差错"，从"管理威胁和差错数量/此次飞行总威胁和差错数量"百分比角度评价学生此次飞行安全裕度情况，以输出此次训练或检查的评价等级，从而划分胜任后的分级制度。设置胜任力的作用在于找出训练中缺失的胜任力，补充相应的训练任务。

关键动词设置的解释：动词是由 Doc9941 附件 1 动词库确定，分为 1-5 级，具体参考 Doc9941 附件 1。关键动词是指在任务要素描述中重点关注行为，但是不能忽视任务要素的整体描述，即使飞行学员表现了满意的行为，但是与任务要素描述不相符，也应该是不满足任务要素，没有正向管理对应"可能的威胁和差错"，对应胜任力同时也是缺失的。一项任务要素可能包含了不止一个关键动词。由于任务要素具备连续性，如果将任务要素进行分解会导致不连贯和重复性，因此需要注意任务要素中的数字（数字代表动词等级），均为关键动词。在一项任务要素中可能关联多个胜任力。

关于任务要素中关键动词确认方法包括：

（1）为符合规范，关键动词必须来自 Doc9941 附件 1。

（2）对于任务要素中的原始动词，首先必须符合 Doc9941 附件 1 中对动词的分级定义，也就是先确认 1-5 级。

（3）在确定原始动词等级后，查找 Doc9941 附件 1 中是否具有相同动词。

（4）如果 Doc9941 附件 1 没有相同的原始动词，则使用同级近义词动词（具体参考 Doc9941 附件 1 动词的定义和示例）。

（5）一些操纵动词如 Push，Roll 等，使用 3 级动词 Act 描述。

（6）确定关键动词后，需要检查任务要素描述的含义进行，确认的关键动词不能改变原任务要素描述的含义。

（7）对所有"知识"的任务要素定为 2 级动词"Demonstrate"，以符合对"知识"的考查方式和要求。

任务要素对应胜任力的方法：

（1）飞行员胜任力来自 ICAO8 项胜任力加 IATA 的"知识"，详见 Doc9868。

（2）任务要素描述、关键动词和关键动词等级需要符合胜任力描述并对应"可观察行为"，才能进行对应。

（3）如果任务要素包含多个关键动词，则对应胜任力可能不止一个。

（4）如果任务要素描述包含需要的多个胜任力的"可观察行为"，对应胜任力可能不止一个，即需要多个胜任力"可观察行为"才能完成某任务要素。

（5）注意胜任力"可观察行为"的详细描述，以区分类似"可观察行为"。

"可能的威胁和差错"是参考 Private Pilot-Airplane Airman Certification Standards，目前还不成熟，因为原版是风险管理的内容，需要进一步修订描述。

起飞、着落、复飞可能的威胁和差错如表 11.10 所示。

表 11.10　起飞、着落、复飞可能的威胁和差错

IV. 起飞，着陆，复飞

任务	A. 正常起飞和爬升	动词和动词等级 (Doc9941 附件)	可能的威胁和差错	KNO	PRO	FPA	FPM	COM	SAW	LTW	WLM	PSD
参考	《运行手册》　《飞行员训练手册》											
目标	确定申请人展示了与正常起飞、爬升操作和中断起飞程序相关的令人满意的知识、技能和 TEM　注：如果不存在侧风条件，申请人对侧风要素的了解必须通过口头测试进行评估											
知识	申请人演示（Demonstrate）对以下内容的理解：											
C A．I V．A.K1	大气条件影响，包括风、起飞和爬升性能	2 (Demonstrate)	根据飞行员能力、飞机性能和限制、可用距离和风向来选择跑道；侧风、风切变、顺风、尾流和道面 / 情况	✓								
C A．I V．A.K2	Vx 和 Xy	2 (Demonstrate)	碰撞危险，包括飞机、地形、障碍物、电线、车辆、船舶、人员和野生动物；低空机动，包括失速、螺旋或 CFIT；注意力分散，情景意识缺失，或者任务管理不当	✓								
C A．I V．A.K3	适当的飞机型态	2 (Demonstrate)	根据飞行员能力、飞机性能和限制、可用距离和风向来选择跑道；非正常操作，包括：中断起飞，发动机在起飞 / 爬升阶段失效	✓								
技能												
C A．I V．A.S1	完成 (Act) 适当的检查单	3 (Act)	非正常操作，包括：中断起飞，发动机在起飞 / 爬升阶段失效；碰撞危险，包括飞机、地形、障碍物、电线、车辆、船舶、人员和野生动物；注意力分散，情景意识缺失，或者任务管理不当		✓							
C A．I V．A.S2	适当的进行无线电呼叫 (Act)	3 (Act)	根据飞行员能力、飞机性能和限制、可用距离和风向来选择跑道；注意力分散，情景意识缺失，或者任务管理不当					✓				
C A．I V．A.S3	证实 (Verify) 分配 / 正确的跑道	3 (Verify)	根据飞行员能力、飞机性能和限制、可用距离和风向来选择跑道；注意力分散，情景意识缺失，或者任务管理不当					✓				

（二）评估工具应用与实践

在 CBTA 的推进过程中，中国民用航空飞行学院编制了《面向 CBTA 的航线运输驾驶员整体大纲评估工具（CET-ATPITC-2022）及操作指南》，目的是配合中飞院开发的 CBTA 航线运输驾驶员整体大纲的实施，为受训人员提供一种测量其胜任能力高低的评估工具。该工具将传统"执照培训"中涵盖的知识、技能和态度转换为胜任能力数据，为 141 培训机构和航司之间的数据互通打下基础，进一步落实了民航局 PLM 路线图有关飞行员全技能生命周期管理要求。

该工具结合了传统的基于任务的培训评估方法以及 CBTA、EBT 常用的 VENN 模型评估方法，评分刻度采取了 5 分制。这种做法的好处是将技术/非技术技能及其相关的胜任能力标准整合为一个模型，不仅体现了 CRM 在执照培训中的融合，而且易于教员/评估人员在训练中实际操作。此外，在 VENN 模型的应用上，免除了针对可观察到的行为（OB）种类的评估。从执照培训、飞行员技能初始养成的角度出发，每课所含的胜任能力种类为必须的培训内容，并融入了课程的实施。因此，教员/评估人员只需要评估可观察到的行为（OB）的"频率"。本工具提供了较优的针对评分者间信度（IRR）。利用本工具所得评分，是从多个维度综合而来，避免了以往仅从技术技能方面确定受训人员是否达到标准要求。另外，多个维度的综合评判还能避免评分遭到受训人员"光环效应"、教员个人意愿等因素影响。

本工具考虑了 SMS"安全语言"在培训工具上的应用。结合中飞院 CBTA 课程（带有威胁和差错编码），工具在测量受训人员绩效水平的同时，还测量了受训人员应对课程所含威胁和差错时的技能精度、安全裕度。另外，使用工具评得的"安全相关"高分，需要在中飞院安全自愿报告系统完成相关信息上报。本工具还可以结合受训人员"绩效自述"内容完成课程评估，特别是单飞、机长训练这类教员无法进行实时观测的课程，通过受训人员"绩效自述"内容，利用本工具进行推导，教员仍然能够评估受训人员绩效水平。即使教员通过实时观测并利用本工具完成了评估，教员也可以结合受训人员"绩效自述"内容完善飞行后讲评。

任务/子任务作为人的绩效来源，是培训课程的必要组成部分。精确界定任务/子任务是绩效测量的基本前提。因此，需要把传统培训中的"科目"按照任务/子任务格式进行拆分或组合，才能匹配本工具的评估逻辑。这一拆分或组合的工作，应当在大纲设计、课程编排时完成。是否按照 CBTA-EBT 原则设计和实施培训，是能否应用本工具的重要前提，如每课所含的胜任能力种类不确定、课程实施条件无固定组合、不使用绩效标准作为评估标准等，均无法使用本工具对受训人员进行绩效的测量。

最后，本工具的设计意图并非替代规章规范及实践考试标准的要求，而是为了满足 CBTA-EBT 培训的结构需要。所以，虽然评估工具中包含甚至高于实践考试标准要求，受训人员参加实践考试时仍需参照民航局颁布的实践考试标准。

总的来说，本工具能够收集受训人员胜任能力数据；易于操作；提供较优的 IRR；支持 CBTA-EBT 原则；辅助 SMS；满足实践考试标准要求。整体评估逻辑简图如图 11.4 所示。

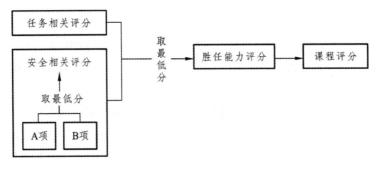

图 11.4　整体评估逻辑简图

第三节　初始飞行训练教员能力提升实践

目前，在面向 CCAR-121 部运输航空的飞行教学训练中，CCAR-141 部航校使用的是《航线运输驾驶员整体课程训练大纲》，该大纲依据 CCAR-121 部运行的航空公司对飞行员的入口需求设计。但是，当前的训练却是以满足法规要求并取得执照和签注为目标，与航空公司的需求差距较大。另外，国内 CCAR-141 部航校的飞行教员大都没有航线运输的经历，对航空公司的了解匮乏，很难培养出令航空公司满意的飞行学员。传统的《航线运输驾驶员整体课程训练大纲》基本是由大量科目堆砌而成，训练的评估基于特定科目的表现，缺乏对能力的训练和评估。由于只重视对科目的训练和评估，长期忽视场景和情景的代入，导致大量飞行学员只会在熟悉的场景和情景中飞行，一旦切换为陌生环境，其科目表现水平就大幅下降。CCAR-141 部航校的飞行训练主要是为 CCAR-121 部运输航空公司培养合格的飞行员，只有符合运输航空公司要求的飞行员才是合格的飞行员。运输航空飞行员的工作是安全、经济、高效地运行一架航空器，对飞行员的核心技能有较高的要求。但 CCAR-141 部航校的运行环境和受训内容均与 CCAR-121 部运输航空公司存在巨大差异，这就使得毕业飞行学员培训质量难以为运输航空公司接受。究其根本，是 CCAR-141 部航校的飞行教员对运输航空了解甚少，无法针对运输航空的特点对飞行学员实施教学。

国际民航组织（ICAO）在 2006 年颁发的 Doc 9868 号文中引入多人制机组驾驶员执照（MPL）时，提出了基于能力的训练和评估（Competency-Based Training and Asse ssment）理念，并在文件附录中建立了多人制机组飞行员能力单元——能力要素和表现标准。2012 年，ICAO 在基于能力的训练和评估的基础上，进一步提出了基于循证的训练（Evidence-Based Training）方法，并颁发了《Manual of Evidence-Based Training》（Doc 9995）。同时建立了九大飞行员核心能力要素和行为指标。国际航空运输协会（IATA）通过多年研究，在 2018 年发布了《Guidance Material for Instructor and Evaluator Training》，初次提出了教员和考试员能力模型。将教员和考试员所需的能力划分为飞行员核心能力、教学环境管理、教学过程、与飞行学员的互动和评估与评价五大核心能力，并建立基于五大核心能力的能力要素与行为表现标准，为飞行教员和考试员实施基于核心能力的训练与评估提供指导。核心能力的作用是利用知识技能态度的组合，在特定条件下以特定的标准完成一项任务。飞行学员要胜任未来职业飞行员的工作，就需要教员在知识、技能、态度上对其进行训练，而教员对飞行学员的评估方法也要从评估表现转变为评估核心能力。

另一方面，飞行教员是飞行培训的核心人物并对培训所需的各个环节负责。航空业正在快速发展，飞行教员必须持续更新知识和技能，以便在未来继续保持教学专业性，并确保能向飞行学员传递最新的、准确无误的知识和技能。教员的职业化水平也体现在飞行作风上。鉴于态度难以量化，飞行作风表现即可认为是最好的标尺。在 2018 年 5 月 7 日民航局发布的《飞行运行作风》（AC-121-FS-2018-130）中明确指出需要规范飞行员运行作风，飞行教员的言行举止直接影响飞行学员，对飞行学员未来在航空公司的规范运行起着潜移默化的作用。

为提升面向 CCAR-121 部飞行员培训的飞行教员资质能力水平，民航飞行学院已持续研究开发《飞行教员资质能力提升训练课程》，旨在通过对飞行教员队伍的培训，丰富初始飞行训练飞行教员航线飞行知识，提高核心教学技能，缩小 CCAR-141 部航校培训与 CCAR-121 部运输航空需求间的差距。事实上，民航飞行学院早在 2008 年即开始进行首批 MPL 飞行学员的培训，而 MPL 课程正是要求对飞行学员的所有训练应是基于核心能力的训练。学院在该领域具备丰富的理论基础和实践经验，学院是全球飞行训练规模最大、能力最强，在国内和世界民航有着极高影响力的全日制高校，长期与 ICAO、IATA、CAAC 保持密切合作，拥有丰富的培训资源，为持续开展飞行教员资质能力提升训练奠定了基础。

通过航空公司对飞行员的要求和飞行教员核心能力需求的研究，建立教员核心能力框架，包括能力要素和行为表现标准，打通航校初始飞行训练和航空公司需求之间的桥梁，从而制订出"飞行教员资质能力提升训练课程"。"飞行教员资质能力提升培训课程"计划分为 Module 1 至 Module 4 四个模块，基于循序渐进的课程设计理念分别使用 CE525 FTD、A320 IPT、A320 FTD 和 A320 FFS 作为课程模拟训练设备（FSTD）。各模块课程时间和内容安排详见图 11.5。

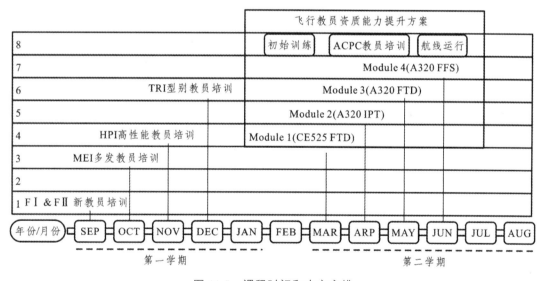

图 11.5　课程时间和内容安排

项目组通过对航空公司的飞行员要求和飞行教员核心能力需求的研究，建立教员核心能力框架，包括能力要素和行为表现标准，搭建起学院和航空公司之间的桥梁，制订了"飞行教员资质能力提升训练课程"，在行业产生了一定影响力。课题组成员协助民航局编写了新版《多人制机组驾驶员执照训练和管理办法》和信息通告《基于胜任能力的培训和评估（CBTA）课程设计指南》，标志着我国民航飞行员培训课程进入了国际领先梯队。

项目成果在国内首次实现了"基于胜任力训练"的实际应用，对学院训练上需要改进的方面进行了重点设计，通过课程提升了飞行教员解决现有训练问题的能力，使得学院飞行教员队伍整体素质再上台阶，居于国内领先地位。此外，培养了一批技术过硬、水平较高的飞行教员，投身面向航司的高端课程开发和实施工作，协助学院于 2022 年、2023 年完成了国航、东航来我校参加 UPRT 飞行训练的组织实施工作。

项目自 2017 年开始，先后组织了二十七批次飞行教员培训班，完成对学院 537 名飞行教员的培训工作。经过项目课程的培训后，学院飞行教员水平的提升对学院的飞行技术专业具有促进作用。高水平的飞行教员队伍还为国内首个高性能 CBTA 课程在我校的实施提供了强有力的保障。

第十二章　大数据驱动的飞行训练系统研发及应用

推进 CBTA 的关键在于科学的胜任力评估方法，以及规范的评估标准，这需要建立在大量初始训练数据以及广大飞行专家丰富评估经验积累的基础上。为此，我们开发了"中飞院整体课程 CBTA 标准评价系统"以及"初始飞行训练可视化辅助讲评系统"，基于该系统广泛采集飞行训练考核及讲评数据，沉淀飞行专家的评估经验，并对所提出的胜任力评估理论进行验证。本章对这两个系统的功能进行简要介绍。

第一节　整体课程 CBTA 标准评价系统

一、系统设计目的与思路

目前，全球民航对飞行员的需求已经发生质变，伴随着飞机更新迭代，对于飞行员的核心胜任能力要求越来越高。为此，ICAO 制定了基于核心胜任力实施飞行训练与评估的规范性文件，中国民用航空局于 2019 年 6 月 21 日发布的《关于全面深化运输航空公司飞行训练改革的指导意见》（民航发〔2019〕39 号）也提出了关于深化改革飞行训练的指导意见。为此，中飞院开始了初始训练阶段的 CBTA 改革，总体思路是从课程开发、教学训练、系统标准评价和数据分析四个板块着手，实现飞行训练课程各阶段胜任力评估的全覆盖。其中，课程开发要实现依法依规设计、自主设计、特定场景设计、多维度产品设计；教学训练包括课程准备与讲评、评分与评估、训练档案与记录等教学训练任务，尽可能降低教职员工作负荷，实现高效教学的工作要求；系统标准评价则是基于中国民用航空局的实践考试标准 PTS，参照 ICAO 胜任力相关文件对所有训练科目进行分解，把每一个科目场景分解为多个子任务，通过子任务对应到胜任力及其可观察行为，通过对子任务进行评估最终得到飞行学员经调整的胜任力雷达画像；数据分析设计实现训练数据分析、训练质量管理、教飞行学员训练走势、实现分级管理等需求。

"中飞院整体课程 CBTA 标准评价系统"整体设计立足于我国特色初始训练现状和特色，满足国际民航组织要求，为全球民航飞行员初始培训提供中国范本。

二、CBTA 标准评价系统功能

CBTA 标准评价系统包括五大模块，分别是 CBTA 评估管理、数据面板、系统管理、评价标准管理、文件管理模块，每个模块的核心功能对应不同任务需求。

（一）CBTA 评估管理功能

CBTA 评估管理模块包含五个子模块，分别对应 9 小时技术检查、13 小时筛选检查、18 小时技术检查、首次单飞检查、私照课程检查 5 个考核内容，该考核满足中国民用航空局相关法律法规、航线运输驾驶员整体课程的相关要求，供所有检查教员对参加每个课程的初始飞行员学生进行课程训练能力、行为指标 OB 的评估。在课程内，通过任务分解的形式设置子任务场景对应国际民航组织的行为指标，并且根据我国国情设置了 5 分、4 分、3 分、2 分、1 分分的评估标准，供检查员选择相应的胜任力评语及行为指标展现情况的表述，根据飞行专家经验以及该系统中累计的飞行训练大数据统计结果，确定行为指标对应胜任力的权重和频次，导出经调整的胜任力雷达模型画像，从而评估飞行学员的胜任力是否满足课程的要求。CBTA 评估管理操作流程如图 12.1 所示。

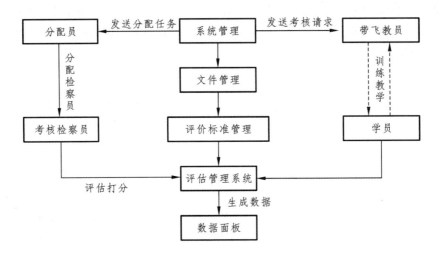

图 12.1　CBTA 评估管理操作流程图

以"13 小时筛选检查"为例，当教员判定该名飞行学员满足考核要求时提出考核申请，则系统自动将其信息发送至"13 小时"分配员的系统界面提示窗口，提醒分配员为该名学生分配检查员对该名学生进行检查考核任务。考核任务下达后系统自动将信息发送至检查员系统界面提示以及短信通知，告知考核任务。检查员根据系统评估界面的任务列表下各个任务、子任务情况，依据操作要领要求、可观察性要求、评分标准要求进行评分。系统功能相关界面如图 12.2 所示。

在"13 小时筛选检查"评估的任务列表下，根据操作要领描述、行为指标标准对各任务、子任务进行打分，系统功能相关界面如图 12.3 所示。

为了减轻检查员的工作负担，评分过程采取"反向打分"策略，即由检查员主要对飞行学员存在的问题进行讲评，保证教员以更多精力来解决飞行学员的训练问题，而不需要在飞行学员的打分环节徒增工作负荷。在 2 分、1 分不达标的情况下，系统自动弹出不达标原因窗口，使检查员选择不达标的评语原因找到学生问题，以及选择有问题的 OB 指标找到后续指标优化方向，供教员、飞行训练委员会"上会"讨论优化，系统功能相关界面，如图 12.4 所示。

CBTA标准评价系统

| 组织 ▾ | 状态 ▾ | 类别 ▾ | Q 搜索 ▾ | 显示列 ▾ | C ↻ |

操作	学生姓名	飞行教师	检查教员	组织	状态	类别	检查结果	总得分	备注
修改教员	XXX	XXX	XXX	飞行十一大队	待检查	B		0.0	
修改教员	XXX	XXX	XXX	飞行十一大队	待检查	A		0.0	
修改教员	XXX	XXX	XXX	飞行十一大队	待检查	A		0.0	
查看详情	XXX	XXX	XXX	飞行四大队	已检查	A	通过	79.2	按照整体课程和帕选课管理程序对申请人进行了筛选检查，结论通过
查看详情	XXX	XXX	XXX	飞行四大队	已检查	A	技能待定	71.4	检查单的使用(该内容不检查) 无线电通信保话不全检校错
修改教员	XXX	XXX	XXX	飞行四大队	待检查	A		0.0	
查看详情	XXX	XXX	XXX	飞行十一大队	已检查	A	通过	83.1	无线电和设备使用能力不足，对飞机的性能理解能力差，油门使用
查看详情	XXX	XXX	XXX	飞行十一大队	已检查	A	通过	80.9	无线电能力不足，偏紧张
查看详情	XXX	XXX	XXX	飞行十一大队	已检查	A	通过	82.6	1.五边条件创造较好，入口高度偏低。
查看详情	XXX	XXX	XXX	飞行十一大队	已检查	A	通过	89.7	起飞拖轮不是所拉平高度判断不准确
查看详情	XXX	XXX	XXX	飞行十一大队	已检查	A	通过	83.1	起飞滑跑时，未摆正航，方向偏左，未采取修正动作
查看详情	XXX	XXX	XXX	飞行十一大队	已检查	A	通过	90.2	假设迫降状态不好 拉五边线低
查看详情	XXX	XXX	XXX	飞行十一大队	已检查	B	通过	87.8	1.五边修正能力较好，下滑点稍有不稳定。
查看详情	XXX	XXX	XXX	飞行十一大队	已检查	A	通过	85.9	1.五边修正能力较好，下滑点稍有不稳定。
查看详情	XXX	XXX	XXX	飞行十一大队	已检查	A	技能待定	80.8	空间定位能力偏弱假设迫降不熟悉
查看详情	XXX	XXX	XXX	飞行十一大队	已检查	A	通过	93.0	近地高度判断不清楚，易拉平高1米后拉平姿态的常量不够
查看详情	XXX	XXX	XXX	飞行三大队	已检查	A	通过	89.7	
查看详情	XXX	XXX	XXX	飞行四大队	已检查	A	通过	88.7	
查看详情	XXX	XXX	XXX	飞行三大队	已检查	A	通过	84.5	

图 12.2 分配检查员操作

Q 13小时筛选检查   返回

学生姓名: 黄浩霖   飞行教师: 黄圣   所属组织: 飞行十一大队

📋 任务列表 | 执行发动机启动

执行发动机启动   1、请求、接收、确认管制许可。

执行滑行

执行起飞及爬升 | 操作要领: | | 评分: | ○ 5分 ○ 4分 ◉ 3分 ○ 2分 ○ 1分 |

执行目视进离港

执行大坡度盘旋   抄收通播，向管制请示启动发动机，接收并正确复诵管制指令，抄收   OB PRO.2：及时应用相关的操作指南、程序和技术
                       应答机编码。(口试能正确识读METAR和TAF报，并获取相应信息)   OB COM.9：以符合组织文化和社会文化的方式，使用并领会非言语沟通
执行小速度飞行   OB KNO.3：展现出关于自然环境、空中交通环境，其中包含航路、天气、
                                                                                          机场和运行基础设施的知识
执行无功率失速
                       2、执行发动机启动程序。
执行紧急进近和着陆（模拟）

执行起落航线 | 操作要领: | | 评分: | ○ 5分 ○ 4分 ◉ 3分 ○ 2分 ○ 1分 |

执行复飞   完成发动机启动程序和试车程序。(口试发动机启动不成功的   OB SAW.2：监控和评估飞机的能量状态以及期望的飞行轨迹
                     处置程序/试车磁电机掉转不正常的处置程序)   OB KNO.1：展现出有关限制和技术以及相互影响的实用知识
                                                                               OB COM.7：恰当使用递进的沟通方式，化解明显的意见不和
                                                                               OB PSD.3：识别并证实出现了什么问题以及原因
                                                                               OB PRO.4：正确的操作飞机系统和相关设备

                     3、完成相应检查单检查。

                     | 操作要领: | | 评分: | ○ 5分 ○ 4分 ◉ 3分 ○ 2分 ○ 1分 |

问题统计（问题数/总数）：   PRO:0/31   COM:0/16   KNO:0/10   SAW:0/32   PSD:0/15   FPM:0/54

图 12.3　系统评估操作

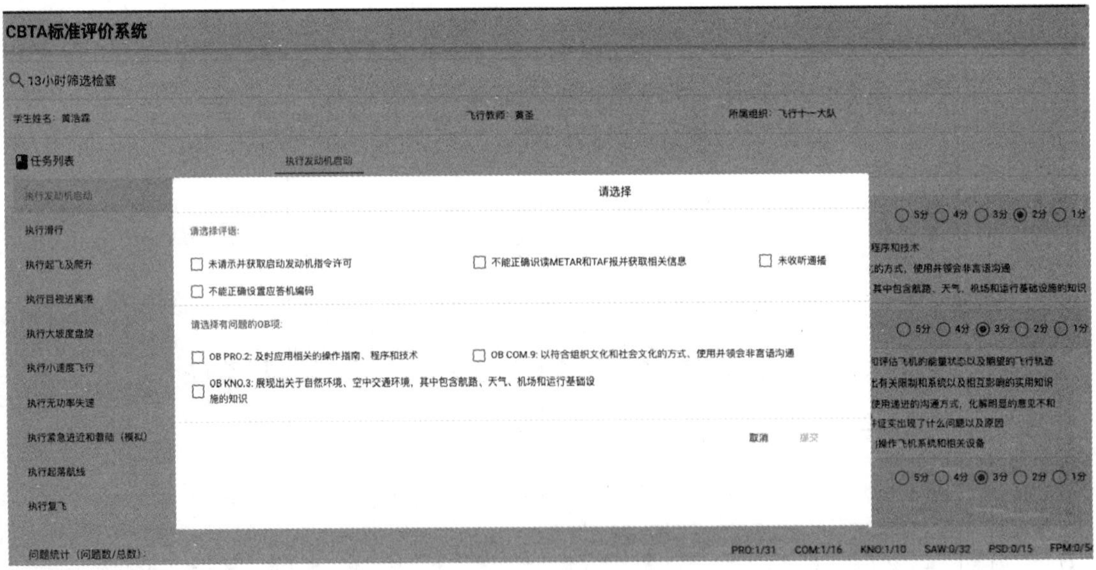

图 12.4　评语选择操作

　　评估完成后，系统自动生成飞行学员的"13 小时筛选检查"考核结果，展示该飞行学员的胜任力雷达画像图以及各胜任力的分值统计情况，系统功能相关界面如图 12.5 所示，完成整个评估。

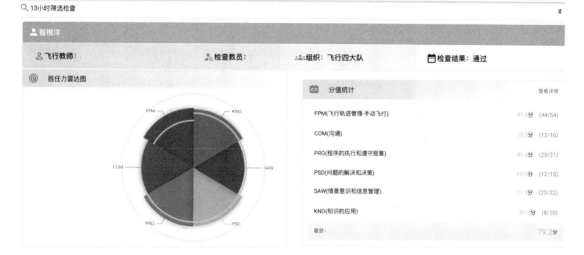

图 12.5　数据展示

（二）数据面板功能

数据面板模块包含"9 小时技术检查""13 小时筛选检查""18 小时技术检查""首次单飞检查""私照课程检查" 5 个子模块。每个子模块既包含参考人数、提供人数、技能待定人数、终止训练人数、建议终止训练人数、通过率等情况，又包含行为指标可观察行为情况统计、子任务未达标情况统计、大队通过率统计、飞行技能短板统计等。该数据供给不同查看权限的飞行领导、飞行大队、责任教师、检查教员以及学生查阅。数据看板的另一个重要作用在于生成大量飞行学员表现和检查员评价的大数据资源池，结合胜任力评估优化模型及方法，可通过嵌入评价系统功能模块，进行算法验证及系统迭代更新，为不断优化胜任力评价要点、调整评价标准提供依据。

教员统计分析指标、单飞时间的飞行走势图以及系统功能相关界面如图 12.6 ~ 图 12.8 所示。

（三）系统管理模块

系统管理模块包含用户管理、组织管理、角色权限管理 3 个子模块。其中，用户管理子模块实现飞行学员、教员角色信息的录入、修改、删除、更新等功能。组织管理子模块是依据中国民航民用航空飞行学院组织架构，设置组织列表。用户管理所有角色均在组织列表的架构中予以呈现。角色权限管理子模块设计了超级管理员、检查员、课程分配员、教员，学生等各级角色权限制度，便于规范和管理各级角色使用该系统时的权限优先级以及能够查阅到角色权限规定的信息内容。系统功能相关界面展示如图 12.9 ~ 图 12.10 所示。

（四）评价标准管理功能

评价标准管理模块将每一个课程所对应的评分标准分别进行罗列，展示各个课程操作要领的评价标准。教员、飞行学员都按照同一标准进行考核、学习。明确各个课程标准不同分值所对应的标准情况，明确是否展现胜任力情况。

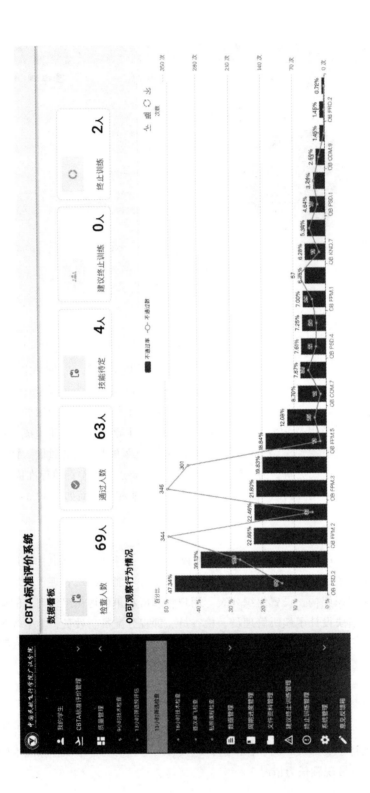

图 12.6 13 小时筛选检查——OB 可观察行为情况统计

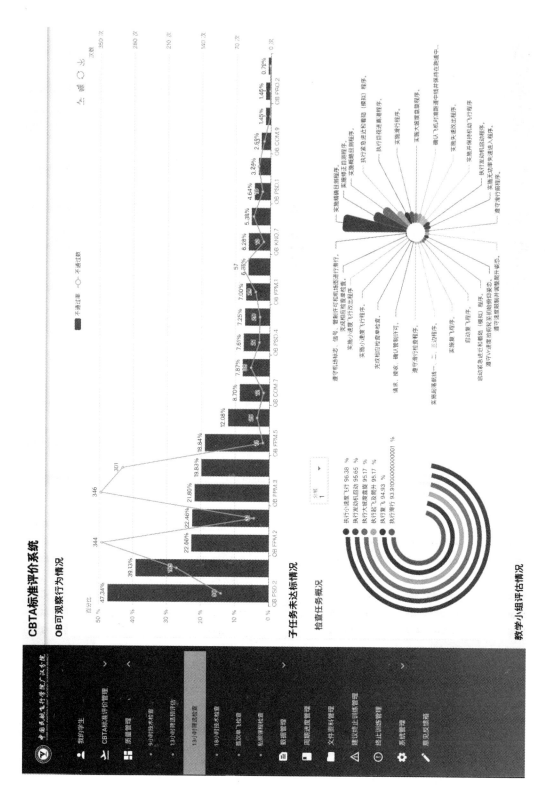

图 12.7 13 小时筛选检查——大队通过率、子任务未达标率、飞行技能表情况统计

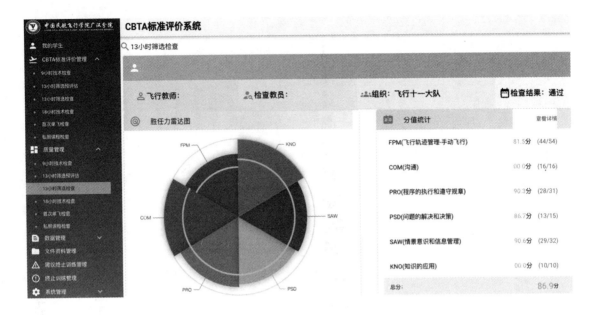

图 12.8　13 小时筛选检查——教员推荐通过率统计

系统管理 > 用户管理

学员　教师

| 学员姓名 请输入 | 责任教师 请输入 | 所属组织 请选择组织 | 状态 在训 | 查询 |

序号	姓名	性别	身份证号码	手机号码	责任教师	所述组织	用户状态	备件	操作
1		男				广汉分院/飞行大队/三大队	已用	删除	编辑
2		男				广汉分院/飞行大队/三大队	已用	删除	编辑
3		男				广汉分院/飞行大队/三大队	已用	删除	编辑
4		男				广汉分院/飞行大队/三大队	已用	删除	编辑
5		男				广汉分院/飞行大队/三大队	已用	删除	编辑
6		男				广汉分院/飞行大队/三大队	已用	删除	编辑
7		男				广汉分院/飞行大队/三大队	已用	删除	编辑
8		男				广汉分院/飞行大队/三大队	已用	删除	编辑
9		男				广汉分院/飞行大队/三大队	已用	删除	编辑
10		男				广汉分院/飞行大队/三大队	已用	删除	编辑

图 12.9　用户管理界面

图 12.10　用户管理界面——13 小时分配教员管理

（五）文件管理功能

文件管理模块包含所涉及的法律法规、规范性文件、飞行手册、飞行指南、程序规定等，供系统使用者调用、查看、下载。

（六）系统功能操作流程展示

初始飞行训练整体课程 CBTA 评价系统主要是基于整体课程 CBTA 评价标准体系搭建的，便于教员及检查员在实训课程开展过程中对飞行学员胜任力评估的实施、行为指标评估数据搜集、飞行学员胜任力评估分析以及 CBTA 评价标准体系的反馈调整。评价系统登录及主界面如图 12.11 所示。

图 12.11　评价系统登录及主界面

整体课程 CBTA 评价系统主要功能包括飞行学员胜任力评估信息管理以及辅助检查评估，具体内容包括：

（1）飞行学员各阶段评估信息管理。

飞行学员各阶段评估信息管理如图 12.12 所示。

图 12.12　各阶段评估信息管理

评估系统数据看板界面可查看各训练阶段飞行学员整体信息，包括通过飞行学员、未通过飞行学员信息，如图 12.13 所示。

图 12.13　训练阶段飞行学员整体信息

滑动到数据看板的底部，有"教员推荐通过率"板块的课程，可通过点击某个教员的水球图，打开该教员推荐的所有飞行学员列表，查看该教员的所有飞行学员的相关检查结果，点击具体飞行学员，可跳转到具体飞行学员的结果页面查看相关详情，如图 12.14 所示。

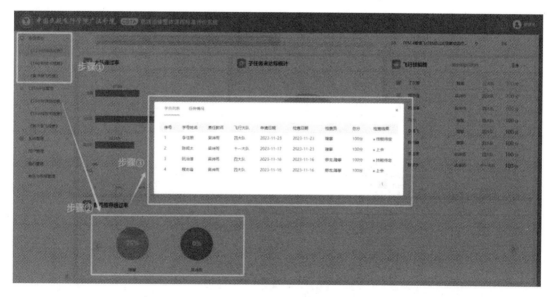

图 12.14　教员推荐通过率

（2）基于胜任力行为指标的飞行学员检查评估。

该功能模块包括对检查阶段、检查员的分配，子任务行为指标表现量化评分及评语记录，胜任力评估结果的可视化呈现。具体操作如下：

① 检查分配无需手动操作，系统按照固定规则进行课程的分配。用户仅需要为对应飞行学员分配检查员即可：进入系统→点击左侧菜单【CBTA 评估管理】展开→点击左侧菜单对应检查科目→进入【待检查】列表→点击右侧操作按钮【分配教员】→分配对应教员后确认→分配成功，可进入评分阶段（【分配教员】按钮变更为【评分】按钮），如图 12.15 所示。

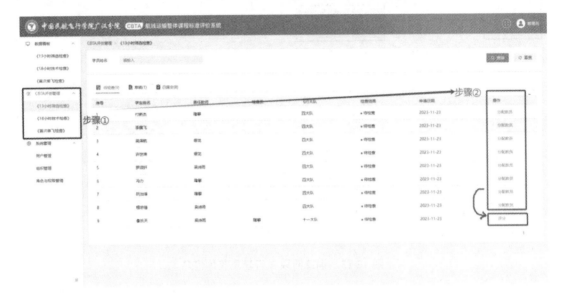

图 12.15 检查员的分配

② 进行检查评分时，需要先对需评分飞行学员分配对应检查员后才可评分，按照检查分配步骤一致，选择【评分】按钮进入检查页面后：根据实际检查结果，选择分值（只需要选择过好或过差的）→低分弹出评语（可复选）及有问题行为指标 OB 项（复选）→确认（打分完毕）→选择检查日期、选择检查结果→点击【结果提交按钮】→评分完毕，如图 12.16 所示。

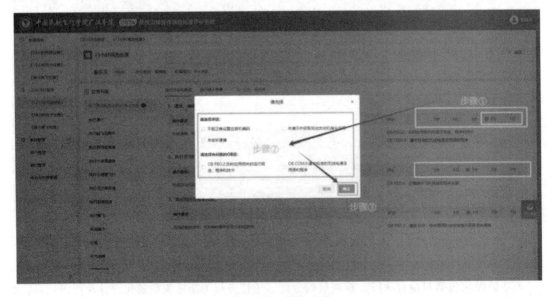

图 12.16 教员评分

③ 对于已提交的飞行学员评分结果，要查看该飞行学员的评分详情时：进入系统→点击左侧菜单【CBTA 评估管理】展开→点击左侧菜单对应检查科目→进入【已提交】列表→点击右侧操作按钮【查看】→打开第一层结果页查看详情→点击分值统计部分的【查看详情】按钮→打开第二层结果页查看详情，【预览得分】可查看到当前评分结果的胜任力画像，如图 12.17 所示。

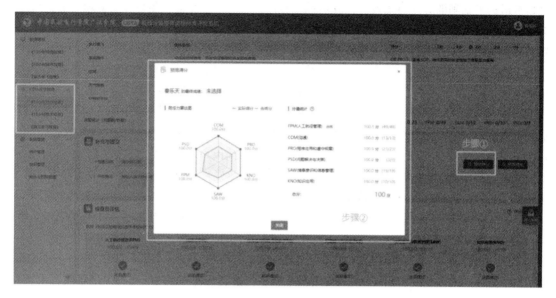

图 12.17　评分结果的胜任力画像

三、运用成效

该系统自 2022 年起正式上线并投入使用以来，其核心功能已在中飞院广汉分院的飞行训练考核中被广泛应用。100 余名飞行教员利用该系统完成了 300 余名初始飞行学员的"13 小时筛选检查""18 小时技术检查""首次单飞检查"3 个科目的教学检查，根据教员的反馈意见不断进行完善，并采集了大量宝贵的数据。教员普遍反映使用效果良好、系统稳定性高、操作流程简洁明了。数据分析功能基本满足飞行学员、教员、校领导的多层次训练效果分析需求。评估科目所涉及子任务的分解以及各科目所涉及的 OB 选项分解也较为合理。2024 年将继续上线仪表训练、商照训练课程相关的 CBTA 模块，并结合实践不断丰富系统中的典型评语项。2025 年开始，该系统将扩大到中飞院其他各训练分院使用，并在适当时机推广到我国所有 141 航校。

四、数据驱动的 CBTA 迭代演进

CBTA 基于能力训练与评估并不是推翻此前的训练体系模式，而是在此前训练体系模式的基础上，结合基于能力的训练，充分考虑分院当下飞行员初始培训方案的革新，即从传统的"一杆两舵"和"基本功"向继续强调手动操纵能力和兼容核心胜任能力的转变。为此，分院以局方 39 号文的精神指示为重要依据，开展"面向 PLM 的初始训练核心胜任能力标准体系建设"工作。以新发展、新理念、新格局为引领，面向初始飞行员培训，打造统一、科学、全覆盖 PLM 飞行员全生命周期的体系指标，充分发挥高校的体制优势，促进民航高质量发展。

强调基于能力训练与评估并不是否定基于科目训练和课程训练，而是对此进行传承，从而逐步实现从强调手动操纵能力向兼容核心胜任能力培训的转移，并能够把 TEM（威胁与差错管理）持续融入，形成五个标准化。质量目标是构建基于能力训练与评估，标准评价体系是改进教学、提升质量、完善架构管理的重要支撑。构建以初始飞行员培训为基础的职业化特征，勾勒以初始飞行员培训为基础的胜任力画像。以九项核心胜任能力为框架模型，积极探索各项通道，通过标准评价体系的应用与推广，实现初始飞行员培训技能的回溯和胜任力画像，守正创新，实现本土化改造和革新。不能因为新的理念冲击而丢弃传承，一定是相互融合、联系、关联。目的是让每一个飞行员，无论是教员还是初始飞行员都能听得懂，看得清，用得来，从而能够驱动实践考试标准的体系更新。

以中国民航飞行学院广汉分院为代表，系统推荐 CBTA 在初始飞行训练的实施，明确了以标准评价体系为核心，以点带面，利用航线运输驾驶员（飞机）整体课程中的筛选课程作为切入点。具体的实施步骤为：第一，分析、解构初始飞行员培训的内容和行为指标；第二，按照胜任力框架，遵循 ADDIE 模型课程设计；第三，CBTA 评估系统研发；第四，实施课程，收集数据；第五，定义初始飞行员培训胜任力标准画像；第六，持续优化 CBTA 标准评价体系建设。

结合 CBTA 评估系统的使用以及初始飞行训练整体课程的开展，我们将 141 初始飞行员培训划分为 CBT 和 A，即基于能力的训练，以及标准评价。在以前的训练过程中，基于能力的训练仅仅是基于技能的训练，以满足和符合课程大纲要求和 PTS。而现在，我们不仅仅是基于技能的训练，而是持续融入非技能的训练，并向兼容核心胜任力的训练转变。EBT 是结果的管理，对于 141 初始飞行员培训，初始飞行训练首先是"教"。标准评价体系的意义除了能够完成上述本土化革新，还能够通过数据分析，应用信息大数据，找到受众群体胜任能力、K/S/A 的缺失，为 CBTA 初始飞行员培训的课程开发提供有力支撑，还能够从初始飞行员培训的特定场景课程逐步推广到 EBT 的多维度场景训练体系。可以看到，这是一个相互铰链的过程管理和品质监控体系，实现了课程开发、教学训练、标准评价和数据分析闭环式管理，而标准评价体系所占据的重要位置是显而易见的。目前来讲，从这四个板块入手，我们基本实现了上述出口和对口的对接，课程开发者依法依规设计、自主设计、特定和多维度场景设计，融入 TEM，教学员们进行课程准备、讲评、评估、归档，通过检查员使用的标准评价体系，从任务到子任务再到可观察的行为，形成包括胜任力画像的多种类数据和分析信息，从而能够以分析的形式持续推进课程开发的更新，从教学员一开始到最近一次飞行的信息读取中，实现教学员分级管理。

在 CBTA 评估系统的评价标准体系中，我们依据国际民航组织、民航局等相关内容文件，在基于实践考试标准的前提下，用行业易懂的术语形成了此标准评价体系逻辑图。对此，需要以航线飞行员整体课程大纲筛选课程为切入点，通过评估该次课程的子任务实施程序情况及对应可观察行为，以可观察行为的权重和出现频次，以定性和定量的方式导出最终的胜任力画像，并且能够在绩效中依据绩效标准和胜任力、可观察行为的缺失，作用于课程开发中对于任务和子任务的 KSA 拆解，以点带面。一是分析解构初始飞行员培训的内容和指标；二是按照胜任力框架遵循 ad 模型；三是通过课程实施，进行标准评价及收集数据，从而定义初始飞行员培训胜任力画像，建立面向 PLM 可传递的飞行员能力标准。从传统的一杆两舵和基本功向继续强调手动操纵能力和兼容核心胜任力的转变，确保飞行员在初始培训阶段就能够逐步具备防范"灰犀牛"和"黑天鹅"的能力。

在 CBTA 评价系统的课程管理上，我们能够通过评价分析，让管理层和飞行教员能够根据学生的表现能力来监控和调整培训计划，如课程开发的自主设计、补充训练、特殊加时训练等。我们通过数据分析，确保教学员的统一性和高效性，即针对 CBTA 制定的两个标准内容：训练标准和教学员标准。我们将继续利用标准评价体系，遵循实践考试标准，持续融入合法依规性和 TEM 管理体系建设。

在 CBTA 评价系统的评估方法上，运用了层次分析法，依托判断矩阵，通过一致性计算的检验和确认，从而确定行为指标的频次和权重。在数据分析中，我们评估了协同过滤算法的性能，它能够确保标准评价体系能够提供高质量、更精准的平均值、阈值和理想值，这是至关重要的，这些也是检验各类算法模型的多样化方式。为此，我们运用协同过滤算法中最经典的皮尔逊相似模型，在此模型基础上，引入差异因子等概念，改进皮尔逊相似模型的改进算法，包括绝对误差、准确率、召回率、覆盖率等多样性，用平均绝对误差等多维度评估性能，从而预测和强化下一阶段的行为指标。

结合评估系统收集的数据以及对标准评价体系的反馈调整，继续强调了基于能力训练与评估并不是否定基于科目和课程训练，而是在此传承基础上，逐步实现从强调手动操纵能力向胜任力培训的转变，并能够把 TEM 加持。我们通过 PLM 和 CBTA，持续打造中飞院五个标准化建设即课程开发标准化、训练教材标准化、评价体系标准化、训练质量标准化、教员培训和教学过程标准化。

按照民航局 39 号文要求，中飞院 CBTA 训练改革正在持续进行和落地实践，我们致力于实现执照培训—过渡机型培训—副驾驶改装培训课程一体化打造，141 初始飞行员培训不可能在训练初期就能够打造飞行学员具备 9 项胜任能力，我们需要与航司一起，持续推进，持续推升、逐步增加胜任能力和行为指标的训练。我们致力于以标准评价体系为核心，推动 CBTA 课程开发，优化标准化课程包，致力于从基于手动飞行到兼容核心胜任能力的初始飞行员培训，我们的 9 字经是"帮思想，教技术，带作风"，其实就是本土化的三大胜任力。我们更要致力于行业化和国际化的训练标准，以市场需求驱动实践考试标准的更新。

中飞院在 PLM 框架下探索实践 CBTA 标准评价体系，旨在提升飞行员的初始培训质量。前期工作已形成并打造了 CBTA 高性能航线运输驾驶员整体课程的开发和实施，并在此基础上开始探索初始飞行员培训的 CBTA 课程开发及相关内容体系建设。为此，中飞院以局方 39 号文为指导思想，开展面向 PLM 的初始训练核心胜任能力标准体系建设工作，强调手动操纵能力和兼容核心胜任能力转变。总体思路是传承基于能力训练与评估和基于科目训练和课程训练，逐步实现从强调手动操纵能力向兼容核心胜任能力培训转移，并融入 TEM 威胁与差错管理。质量目标是构建基于能力训练与评估，标准评价体系是改进教学，提升质量，完善架构管理的重要支撑。目前，民航飞行学院各分院正在持续进行和落地实践民航局、学院 PLM 飞行员全生命周期体系建设的指导意见，PLM 的体系建设始终不能忽视和离开初始飞行员培训，我们致力于实现执照培训→过渡机型培训→副驾驶改装培训课程的一体化打造；我们致力于以标准评价体系为核心，逐步推动 CBTA 初始飞行员培训课程开发，优化标准化课程包；我们致力于从基于手动飞行操纵到兼容核心胜任能力的初始飞行员培训转变；我们致力于形成行业化、国际化的训练标准，以市场需求，驱动实践考试标准的更新。

第二节　初始飞行训练可视化辅助讲评系统

一、初始飞行训练可视化辅助讲评系统配置

初始飞行训练可视化辅助讲评系统配置主要针对目前飞行训练评估技术手段单一、飞行训练地面教学缺少动态辅助工具、飞行训练相关研究缺乏高效技术平台支撑所研发的可以提供研究的技术工具和可视化平台。本系统架构主要由客户端、服务器组成。客户端总体划分为 9 个子模块，主要包含数据传输模块、数据预处理模块、数据存储模块、飞行阶段标记工具、主页面显示模块、讲评系统模块、人员管理模块、案例库管理模块、数据回放控制模块。

硬件环境仅需提供满足要求的操纵机构设备、计算机配置，安装所需的操作系统，正确连接各设备并保证其能正常工作。根据系统设计方案，完成本系统功能所需的设备、计算机配置、操作设备如表 12.1 所示。

表 12.1　计算机硬件明细表

序号	名称	规格型号	数量	单位
1	客户端	Dell Precision 7920。CPU：英特尔至强金牌 6152，2.1 GHz，22C，22 核；2.2 GHz/内存，32 GB/硬盘；1 TB 显卡：P400，2 G 独显；网卡：千兆以太网卡；外设：光电键盘、鼠标；Windows10 正版操作系统	1	套
2	服务器	Dell Precision 7920。CPU：英特尔至强金牌 6152，2.1 GHz，22C，22 核；2.2 GHz/内存，32 GB/硬盘；1 TB 显卡：P400，2 G 独显；网卡：千兆以太网卡；外设：光电键盘、鼠标；Windows10 正版操作系统	1	套
3	交换机	24 口千兆以太网交换机，支持 10/100/1000 Mb/s	1	个

视频服务器软件、数据处理服务器软件、客户端软件等如表 12.2 所示。

表 12.2　软件清单

序号	名称	主要功能	数量	单位
1	飞行训练可视化和辅助评估系统-服务器软件	数据预处理、处理各种客户端请求数据、处理视频	1	套
2	飞行训练可视化和辅助评估系统-客户端软件	数据上传模块、数据预处理模块、数据存储模块、飞行阶段标记工具、主页面显示模块、讲评系统模块、人员管理模块、案例库管理模块、数据回放控制模块	1	套

其中，客户端系统主飞行显示器（PFD）的显示软件主要用于显示姿态、航向、空速、高度和时间等数据，下部窗口的一个水平位置指示器（HSI）用以飞机的横向导航。视景仿真软件实时为飞行员提供仿真座舱外部的飞行场景，对飞行仿真、大气环境仿真的数据进行可视化显示，提供可视化飞行环境；配合飞机的俯仰、横滚、偏航实现真实的飞行视觉感受；提供白天、黎明、黄昏和夜间和特殊气象条件下的可视效果。服务器主要负责对客户端请求的数据进行处理，包括飞参数据的预处理、ADS-B 数据的预处理以及发送 PFD、视景所需要的数据以及播放座舱内视频。

二、初始飞行训练可视化辅助讲评系统功能模块

为了实现基于胜任力的训练评估，研发的初始飞行训练具有场景再现的训练评估辅助系统，可为飞后讲评、安全事件分析等提供技术支撑。本系统主要功能包括：

（1）PFD仪表再现。

主飞行显示主要提供飞机姿态、空速、高度、垂直速度指示、风向、风速、水平状态指示等关键信息，并对以上信息进行可视化显示。

（2）驾驶舱视频回放。

舱内视频回放模块是飞行训练可视化和辅助评估系统的重要组成部分，该模块主要由视频选择列表、视频播放页面、视频播放控制组成。

视频回放显示的内容为驾驶舱内摄像头拍摄的训练中飞行学员操作的视频信息，通过点击视频区域左侧的视频文件列表，读取视频源信息并对信息进行相应解码操作，显示与飞行训练可视化页面。

（3）视景仿真显示。

视景系统是计算机仿真学和计算机图形学应用的重要组成部分，它实时生成仿真所需要或仿真计算得到的视景图像，并将生成的图像逼真地展示给实验人员或其他相关人员。以视景数据库为基础，定制用户所需要的视觉场景。为了更加真实和精确地还原视觉场景，可以对特定物体、地区，及其周围环境进行实物级别的3D建模，对重点区域进行高分辨率地形建模。

（4）飞参曲线显示。

飞参曲线显示模块主要让飞机操作员更好地了解当前飞行具体状态，包括飞机的航向、经度、纬度、飞行高度、飞行速度、气压高度、俯仰姿态、大气温度、迎角、无线电高度等重要信息。通过曲线方式将飞行过程中记录信息进行回放，各个飞行阶段的飞行参数为飞行教学提供了有力技术支撑，便于教员更好地向飞行学员教学。

（5）讲评录入。

讲评系统模块是飞行训练可视化和辅助讲评系统的重要组成部分，由文本、语音、综合讲评统计页面、胜任力评估页面组成。讲评模块主要是在视频回放阶段，针对每一个阶段以及对应的训练科目进行讲评，视频回放至该阶段最后一帧时将自动弹出胜任力评估显示页面。该页面具备的功能主要包括：

① 飞行学员程序应用能力表单。

② 飞行学员与教员之间沟通能力表单。

③ 飞行轨迹管理—自动飞行表单。

④ 飞行轨迹管理—手动飞行表单。

⑤ 飞行学员针对问题的解决和决策能力表单。

⑥ 飞行学员情景意识能力表单。

⑦ 飞行学员领导力和团队合作能力表单。

⑧ 飞行学员工作负荷管理能力表单。

⑨ 讲评文本输入功能。

⑩ 讲评语音输入功能。

（6）记录选择。

记录选择主要是针对需要回放的案例库列表、讲评记录列表、数据标记文件列表进行选择，

选择完成后将向服务端发送数据请求并在客户端进行显示。

（7）数据导入导出。

数据上传模块是飞行训练可视化和辅助评估系统对原始数据进行上传到服务器中的功能。上传的数据主要包括飞行参数、舱内音视频、ADS-B 数据、天气数据等重要信息，为后期教学、讲评提供数据支撑。

（8）记录回放控制。

记录回放控制主要体现在视频播放控制、飞行仪表再现进度控制，视频播放控制主要是针对视频播放速率、视频拖动、视频快进、暂停、播放、停止、声音调节等基本功能进行控制、选择对应操控指令，即可完成视频的快速播放。飞行仪表显示将与视频回放进度保持一致。

三、初始飞行训练可视化辅助讲评系统使用流程

系统客户端软件运行时，用户登录界面如图 12.18 所示。

图 12.18　用户登录界面

输入正确的账号和密码后，点击登录按钮，进入系统。用户系统主界面如图 12.19 所示。

图 12.19　用户系统主界面

点击左侧菜单栏中的人员管理按钮，进入人员管理模块，可以对人员信息进行注册、修改、查询、删除、批量注册等功能。人员管理界面如图 12.20 所示。

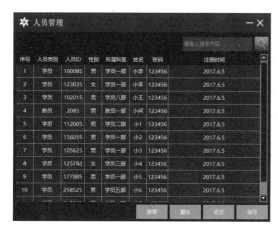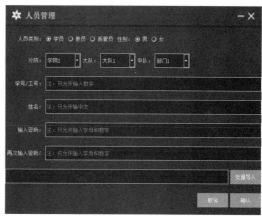

图 12.20　人员管理界面

批量注册人员信息，可以导入*.csv 文件格式，如表 12.3 所示。

表 12.3　注册人员信息

	A	B	C	D	E	F	G	H	I	J
1	学员	100085	男	学员一部	小李	123456	2017.6.5			
2	学员	123035	女	学员一部	小李	123456	2017.6.5			
3	学员	102015	男	学员八部	小王	123456	2017.6.5			
4	教员	2085	男	教员一部	小何	123456	2017.6.5			
5	学员	112005	男	学员二部	小1	123456	2017.6.5			
6	学员	156055	男	学员一部	小2	123456	2017.6.5			
7	学员	105625	男	学员一部	小3	123456	2017.6.5			
8	学员	125782	女	学员三部	小4	123456	2017.6.5			
9	学员	177885	男	学员一部	小5	123456	2017.6.5			
10	学员	258525	男	学员五部	小6	123456	2017.6.5			
11	学员	515282	男	学员一部	小7	123456	2017.6.5			
12										
13										
14										

点击左侧菜单栏中的数据上传按钮，进入数据上传模块，输入服务器 IP、用户名和密码后点击"连接"按钮，可以将飞行数据上传到服务器中，数据上传界面如图 12.21 所示。

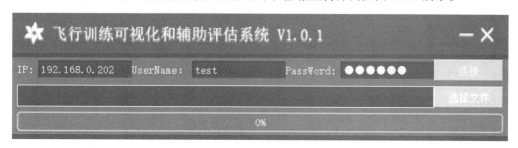

图 12.21　数据上传界面

点击左侧菜单栏中的阶段标记按钮，进入阶段标记模块，可以对飞行数据进行裁剪、标记等处理。数据阶段标记模块如图 12.22 所示。

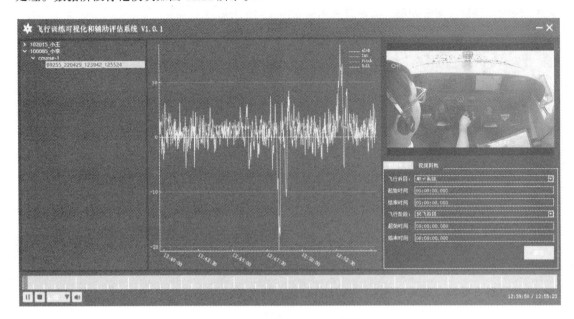

图 12.22　数据阶段标记模块

在主页面中选中讲评数据列表按钮，显示当前讲评的列表，选中其中一个数据进行讲评。讲评数据列表模块如图 12.23 所示。

图 12.23　讲评数据列表模块

通过观察右上方视频播放区域，选中讲评的时间，双击视频区域弹出讲评页面，对当前行为进行讲评内容的输入，讲评音频的录入。视频播放区域模块如图 12.24 所示。

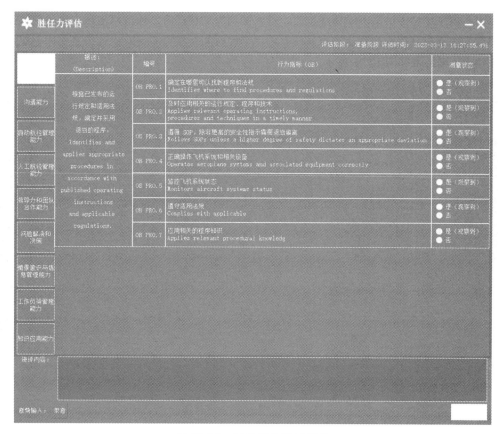

图 12.24　视频播放区域模块

当前视频讲评结束后，会根据每次讲评的数据，统计后弹出综合讲评页面，如图 12.25 所示。

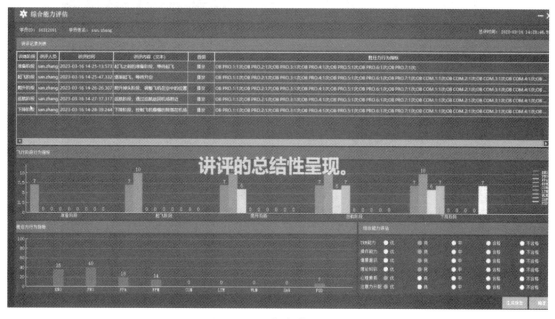

图 12.25　综合讲评界面

点击左侧菜单栏中的案例库创建按钮，进入案例库创建模块，通过双击选中显示的数据和对应的参数后，通过鼠标左键双击选中案例库创建开始时间，鼠标右键双击选中案例库创建结束时间。案例库创建界面如图 12.26 所示。

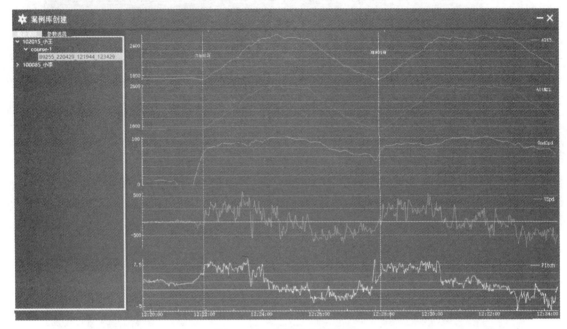

图 12.26　案例库创建界面

弹出案例库详细信息编辑页面，填入当前创建案例库的名称，如案例库-1；输入案例库事件说明后，点击确认创建案例库。典型案例详细信息界面如图 12.27 所示。

图 12.27　典型案例详细信息界面

点击左侧菜单栏中的案例库管理按钮，进入案例库管理模块，可以查看案例库的详细信息，同时具备相关数据的查询、删除、修改、回放等功能。案例库管理按钮界面如图 12.28 所示。

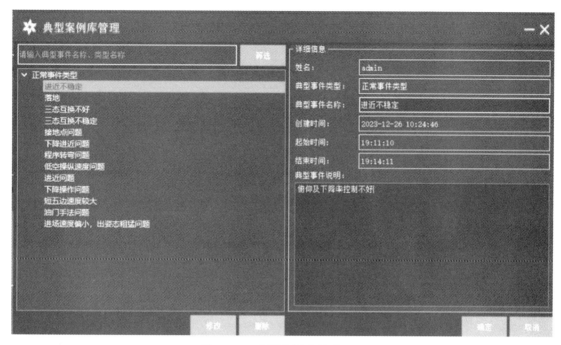

图 12.28　典型案例库管理界面

鼠标双击选中回放的案例库后，点击确定按钮，回到主页面播放案例库视频以及对应的数据。播放案例库如图 12.29 所示。

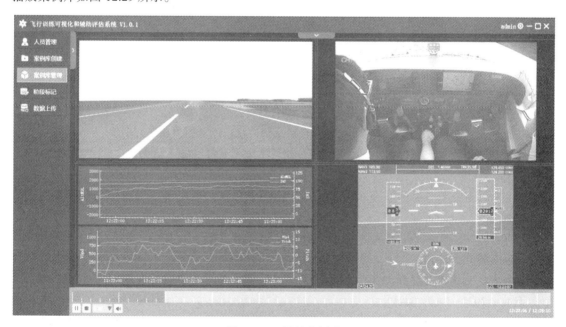

图 12.29　播放案例库

参考文献

[1] 中国民用航空局. 关于全面深化运输航空公司飞行训练改革的指导意见[民航发（39号）] [Z]. 2019.

[2] 中国民用航空局. 中国民航运输航空飞行员技能全生命周期管理体系建设实施路线图[Z]. 2020.

[3] 李秀易，伍伟. 全过程管理视角下民航飞行学员核心胜任能力评价体系研究[J]. 民航学报，2021，5（2）：94-97+88.

[4] 雷洋. 飞行学员初始教学训练探讨[J]. 课程教育研究，2019（22）：137-138.

[5] 术守喜，杜玉杰. 中美航线运输驾驶员人才培养模式比较[J]. 滨州学院学报，2020，36（1）：33-37.

[6] 向导. 中国民航飞行员培训现状与展望[J]. 科学咨询（教育科研），2020（1）：18-19.

[7] 中国民用航空局飞行标准司. 大型飞机公共航空运输承运人运行合格审定规则[Z]. 交通运输部令（7号），2024.

[8] 柏艺琴.航线运输驾驶员执照和航空器型别等级实践考试标准——飞机[M]. 北京：中国民航出版社，2013.

[9] 廖文宇，茹佳斌，赵磊，等. 基于胜任能力的飞行训练模式改革与实践——以《运输航空副驾驶预备课程》为例[J]. 民航学报，2022（1）：93-96.

[10] 张雪松，宋午阳，曾身殷强，等. 中国民航飞行员胜任力训练基本问题研究[M]. 成都：西南交通大学出版社，2020.

[11] 中国民用航空局. 民用航空器驾驶员合格审定规则[Z]. CCAR-61-R5，2018.

[12] 中国民用航空局飞行标准司. 私用驾驶员执照实践考试标准（飞机）[Z]. FS-PTS-001AR1，2013.

[13] 中国民用航空局飞行标准司. 私用驾驶员执照理论考试大纲（飞机）[Z]. FS-ATS-001AR1，2014.

[14] DOC NO. FS-PTS-003. 仪表等级实践考试标准（飞机、直升机）[S]. 北京：中国民用航空局飞行标准司，2013.

[15] 徐国标，白文喆，熊辉，等. 飞行训练中仪表注意力分配自动判别的实现[J]. 信息技术与信息化，2021（4）：34-37.

[16] 宋春杨，洪流，杨菁华，等. 飞行学员仪表态势感知训练方法效果比较[J]. 空军军医大学学报，2022，43（2）：43-47.

[17] 中国民用航空局飞行标准司. 驾驶员学校合格审定规则[Z]. CCAR-141R3，2022.

[18] 中国民用航空局飞行标准司. 运输航空副驾驶预备课程[S]. AC-121-FS-2019-126R1，2019.

[19] 王东，姜迪，张翔，等. 中飞院 ACPC 课程训练标准化建设[J]. 中国民航飞行学院学报，2020，31（02）：20-23.

[20] 廖文宇，茹佳斌，赵磊，等. 基于胜任能力的飞行训练模式改革与实践——以《运输航空副驾驶预备课程》为例[J]. 民航学报，2022，6（1）：93-96.

[21] 中国民用航空局. 驾驶员和飞行教员实践考试标准[Z]. AC-61-FS-2013-010R3. 2013.

[22] 孙宏，任丹，李凡，等. 飞行学员筛选检查胜任力分布特性分析[J]. 中国民航飞行学院学报，2023，34（2）：5-9.

[23] 罗凤娥，李娜. 民航飞行员情景意识影响因素研究[J]. 科技和产业，2021，21（3）：311-315.

[24] 任丹，孙宏，胡慧昀，等. 飞行学员训练筛选考试科目研究[J]. 应用数学进展，2022，11（10）：6934-6941.

[25] 徐海波. 浅议我国民航通信飞行员培养模式[J]. 通信世界，2016（11）：284-285.

[26] 中国民用航空局. 民航行业发展统计公报[N]. 中国民用航空局，2022.

[27] 中国民用航空局. 民航业人才队伍建设中长期规划（2010—2020 年）[N]. 中国民用航空局，2011.

[28] 钟杰，徐海波. 中英航线运输飞行员培训对比研究[J]. 成都航空职业技术学院学报，2020，36（2）：84-87.

[29] 毕雅楠. 面向飞行员人才价值提升的人力资源管理研究[D]. 天津：天津大学，2020.

[30] Federal Aviation Administration. Instrument Rating – Airplane Airman Certification Standards：FAA-S-ACS-8C[S]. 2023.

[31] 李金鹏. 初始训练阶段飞行学员非技术技能训练与评估[D]. 广汉：中国民用航空飞行学院，2021.

[32] 赵琪. 航空公司签派员胜任力评价研究[D]. 德阳：中国民用航空飞行学院，2022.

[33] David C. McClelland. Testing for competence rather than for "intelligence"[J]. American Psychologist，1973，28（1）：1-14.

[34] 陈云川，雷轶. 胜任力研究与应用综述及发展趋向[J]. 科研管理，2004（6）：141-144.

[35] 房芯羽. 基于个体的空管风险管理与框架浅谈[J]. 民航管理，2021（12）：84-88.

[36] 仲理峰，时勘. 胜任特征研究的新进展[J]. 南开管理评论，2003（2）：4-8.

[37] 王岳，杨永刚，宋泽. 基于胜任力模型的模拟飞行训练评估[J]. 中国民航大学学报，2021，39（5）：51-54.

[38] 牛子怡. 岗位胜任力评估体系——以高校学生干部为例[J]. 才智，2018（3）：148.

[39] 刘艳红，栗潇伟. 基于胜任力的航空机务人员培训需求分析[J]. 中国民航大学学报，2016，34（01）：55-58+64.

[40] 张轲. 中国民用航空运输飞行员初始培训质量评估体系研究[D]. 德阳：中国民用航空飞行学院，2020.

[41] 欧阳霆，孙宏，李凡. 面向核心胜任力培养的民航飞行员训练改革探究[C]. Proceedings of 2021 6th International Conference on Education Reform and Modern Management. 2021：399-402.

[42] 姜迪. 基于 SD 卡数据的最后进近阶段飞行训练操纵品质评估[D]. 德阳：中国民用航空飞行学院，2021.

[43] IATA. Competency Assessment and Evaluation for Pilots，Instructors and Evaluators[Z]. 2023.

[44] 余海. GY 航空公司飞行员培训管理问题研究[D]. 贵阳：贵州大学，2022.

[45] 焦慎林. 民航飞行员胜任特征模型研究[D]. 天津：中国民航大学，2019.

[46] 罗凤娥，赵琪，齐放，等. 基于 CBTA 的签派员岗位胜任力模型的构建研究[J]. 综合运输，2021，43（4）：88-94，116.

[47] 中国民用航空局飞行标准司. 数据驱动的循证训练（EBT）课程研发指南[Z]. IB-FS-OPS-007，2022.

[48] 中国民用航空局. 私用驾驶员执照实践考试标准——飞机[M]. 北京：中国民航出版社，2013.

[49] 中国民用航空局. 商用驾驶员执照实践考试标准——飞机[M]. 北京：中国民航出版社，2013.

[50] 王丽，张雪松，温涛，等. 对筛选期飞行学员进行心理干预的方法研究[J]. 中国教育技术装备，2015（6）：49-52.

[51] 孟光磊，陈振，罗元强. 基于动态贝叶斯网络的机动动作识别方法[J]. 系统仿真学报，2017，29（S1）：140-145.

[52] WANG LEI，WU CHANGXU，SUN RUISHAN. An analysis of flight Quick Access Recorder（QAR）data and its applications in preventing landing incidents[J]. Reliability Engineering & System Safety. 2014，127（C）：86-96.

[53] LIU S，ZHANG Y，CHEN J. A System for Evaluating Pilot Performance Based on Flight Data[C]. International Conference on Engineering Psychology and Cognitive Ergonomics. Springer，Cham，2018：605-614.

[54] Hu C，Zhou S H，Xie Y，et al. The study on hard landing prediction model with optimized parameter SVM method[C]. 2016 35th Chinese Control Conference (CCC). IEEE，2016: 4283-4287..

[55] CHAO TONG，XIANG YIN，JUN LI，et al. An innovative deep architecture for aircraft hard landing prediction based on time-series sensor data[J]. Applied Soft Computing Journal，2018（73）：344-349.

[56] 张龙. 基于模糊逻辑的飞行员飞行品质评价[D]. 广汉：中国民用航空飞行学院，2016.

[57] 秦凤姣. 基于 BP 神经网络的高原复杂机场终端区飞行绩效评估[D]. 广汉：中国民用航空飞行学院，2016.

[58] 王奔驰，杜军，丁超，等. 基于 AHP-TOPSIS 法的飞机起飞阶段飞行品质评价[J]. 飞行力学，2019，37（1）：80-84，88.

[59] 邓永恒. 矩形起落航线训练品质评估方法研究[D]. 广汉：中国民用航空飞行学院，2019.

[60] 姜迪. 基于 SD 卡数据的最后进近阶段飞行训练操纵品质评估[D]. 广汉：中国民用航空飞行学院，2021.

[61] 张翔伦，左玲，杨蔷薇. 基于机动动作链的飞行品质评价方法研究[J]. 飞行力学，2006，24（3）：13-16.

[62] 王玉伟，高永. 基于综合赋权法的无人机飞行质量综合评价方法[J]. 兵工自动化，2019，38（5）：1-4，10.

[63] 闫肃, 陈曦, 谷宗辉. 基于模糊 AHP 模型的飞行评价体系[J]. 工业安全与环保, 2015, 42（2）: 79-81.

[64] 张建业, 李学仁, 倪世宏. 飞行成绩评定及管理系统[J]. 空军工程大学学报（自然科学版）, 2001（1）: 70-73.

[65] 高文琦, 张复春, 王立波, 等. 飞行训练成绩评估模型的建立与实现[J]. 电子设计工程, 2011, 19（24）: 50-52.

[66] 邓永恒, 孙宏, 张培文. 基于 SD 卡数据的矩形起落航线识别方法[J]. 中国民航飞行学院学报, 2020, 31（2）: 5-9.

[67] 丛伟, 景博. 美国空军空战训练系统的发展历程和启示[J]. 电光与控制, 2011, 18（7）: 55-59.

[68] ZHAO XIANG-LING. Research into Flight Trajectories Recreation and Playback[C]. CICTP2012: Multimodal Transportation Systems—Convenient, Safe, Cost-Effective, Efficient. Beijing: ASCE, 2012: 1876-1885.

[69] 范敏毅, 杨新明, 马强, 等. 飞行模拟器训练的计算机智能评估[J]. 系统仿真学报, 2013, 25（8）: 1811-1815.

[70] 俞佳嘉. 飞行训练品质评估系统的研究[D]. 南京: 南京大学, 2011.

[71] 吴瑕. 基于数据的对无人机操作员飞行质量的量化研究[D]. 北京: 北京邮电大学, 2019.

[72] 战金玉. 模拟机飞行训练自动评估系统设计与实现[D]. 南京: 南京航空航天大学, 2014.

[73] 林钰森, 黄圣国, 周键星. 基于 AHP 法和 Java EE 技术的飞行操纵品质评估系统的设计[J]. 江苏航空, 2006（2）: 17-19.

[74] 薛红新. 基于机器学习方法的分类与预测问题研究[D]. 太原: 中北大学, 2020.

[75] 林启明. 基于机器学习的空气质量分类判别研究[D]. 南京: 南京邮电大学, 2023.

[76] 王芳凝. 基于多种机器学习方法的航班延误分类问题研究[D]. 长春: 吉林大学, 2022.

[77] 师诗. 基于深度自编码神经网络的滚动轴承故障诊断方法研究[D]. 北京: 北京交通大学, 2022.

[78] 王凤芹, 徐廷学, 颜廷龙. 基于 CART 决策树算法的飞行动作识别研究[J]. 舰船电子工程, 2021, 41（8）: 51-53, 109.

[79] 赖春廷. 决策树分类算法研究[J]. 信息与电脑（理论版）, 2020, 32（14）: 59-62.

[80] 李春生, 焦海涛, 刘澎, 等. 基于 C4.5 决策树分类算法的改进与应用[J]. 计算机技术与发展, 2020, 30（5）: 185-189.

[81] 肖文. 基于机器学习的农户信用评估研究[D]. 安徽: 安徽财经大学, 2020.

[82] 何洋, 朱金福, 周秦炎. 基于支持向量机回归的机场航班延误预测[J]. 中国民航大学学报, 2018, 36（1）: 30-36, 41.

[83] 王语桐, 朱金福, 马思思. 基于支持向量回归和线性回归的航班延误组合预测[J]. 武汉理工大学学报（交通科学与工程版）, 2019, 43（3）: 426-431.

[84] 周凯. 民航旅客延误评估与行程优化方法研究[D]. 南京: 南京航空航天大学, 2021.

[85] WANG W, PAN S J, DAHLMEIER D, XIAO X. Coupled multi-layer attentions for co-extraction of aspect and opinion terms[C]. Proceedings of the Thirty-First AAAI Conference on Artificial Intelligence. 2017: 3316-3322.

[86] 廖祥文，许洪波，孙乐，等. 第三届中文倾向性分析评测（COAE2011）语料的构建 与分析. 中文信息学报，2013，27（1），56-63.

[87] SUJATHA DAS GOLLAPALLI, XIAO-LI LI, PENG YANG. Incorporating Expert Knowledge into Keyphrase Extraction[C]. AAAI'17: Proceeding of the Thirty-First AAAI International Conference on Artificial Intelligence （AAAI），2017：3180-3187.

[88] HAIYUN PENG, LU XU, LI DONG, et al. Knowing what, how and why: A near complete solution for aspect-based sentiment analysis[C]. Proceedings of the AAAI Conference on Artificial Intelligence 34（5），2020：8600-8607.

[89] YUXIANG ZHANG, YAOCHENG CHANG, XIAOQING LIU, et al. MIKE: Keyphrase Extraction by Integrating Multidimensional Information. CIKM'17: Proceedings of the 2017 ACM on Conference on Information and Knowledge Management（CIKM），2017：1349-1358.

[90] ZHEN WU, CHENGCAN YING, ZHAO FEI, et al. Grid tagging scheme for aspect-oriented fine-grained opinion extraction. In: Findings of the Association for Computational Linguistics: EMNLP. 2020：2576-2585.

[91] JACOB DEVLIN, MING-WEI CHANG, KENTON LEE, KRISTINA TOUTANOVA. BERT: Pre-training of Deep Bidirectional Transformers for Language Understanding. NAACL-HLT （1）2019：4171-4186.

[92] 提速不掉点：基于词颗粒度的中文 WoBERT, https://kexue. fm/archives/7758, last accessed 2020/9/18.

[93] 中国民用航空局飞行标准司. 关于全面深化运输航空公司飞行训练改革的指导意见[Z]. 民航发（2019）39 号. 2019.

[94] 尹嘉男，马园园，胡明华. 机场飞行区资源调度问题研究（一）：基本概念与框架[J]. 航空工程进展，2019，10（3）：289-301.

[95] 张浩. 针对飞行训练科目本场训练空域安排的探究与优化[J]. 中国新通信，2020，22（5）：231.

[96] 郝旭东，罗军. 四川省低空空域协同管理改革试点综述[J]. 科技和产业，2020，20（8）：115-120, 125.

[97] 张俊俊，刘正牌. 飞院川内航线网络优化浅析[J]. 中国民航飞行学院学报，2012，23（3）：49-51，55.

[98] 闫克斌. 学院初教机目视转场训练问题探讨[J]. 中国民航飞行学院学报，2005（6）：44-46.

[99] 黄瑛. 飞行教员综合素质评估系统的设计与实现[D]. 成都：电子科技大学，2012.

[100] 洪文森. 从一起事故看航油管道安全管理工作[J]. 民航管理，2021（9）：58-60.

[101] 刘洁. 东方航空公司航油成本管控研究[D]. 长春：长春工业大学，2021.

[102] 胡晴晴，孙宏. 基于因子分析的 PPL 训练效率评价[J]. 交通科技与经济，2022，24（4）：30-36.

[103] 米磊. 基于 DEA 的防空兵分队军事训练质量效益评估研究[D]. 长沙：国防科学技术大学，2016.

[104] N ADLER, B GOL ANY. Including principal component wcights to improve discrimination in data Envelopment analysis[J]. Journal of the Operational Research Society, 2002, 53（9）：985-991.

[105] NICOLE ADLER，BOAZ GOLANY. Evaluation of deregulated airline networks using data envelopment analysis combined with principal component analysis with an application to Western Europe[J]. European Journal of Opcrational Rescarch，2001，132（2）：260-273.

[106] 邹玉婷. 基于 PCA-DEA 的城市轨道交通效能评价研究[D]. 大连：大连交通大学，2021.

[107] 匡海波. 中国港口效率测度研究[D]. 大连：大连理工大学，2008.

[108] 王春芝，王凯，马庆国. 基于因子分析与 DEA 的港口行业上市公司经营效率评价[J]. 西安电子科技大学学报（社会科学版），2008（1）：110-116.

[109] 刘玥. 基于 PCA-DEA 的第三方物流企业经营效率评价研究[D]. 天津：天津师范大学，2020.

[110] 魏林红. 中国航线运输飞行员的素质与培养模式选择[J]. 中国民用航空，2006（10）：83-85.

[111] 中国民用航空局飞行标准司. 循证训练（EBT）评分系统建设指南[Z]. IB-FS-OPS-006. 2022.

[112] 吉新民. 私照及仪表等级实践考试中发现的飞行技术问题分析[J]. 中国民航飞行学院学报，2018，19（6）：17-19.

[113] International Civil Aviation Organization. Manual of Evidence-based Training. DOC9995. 2013.

[114] 戴长靖，蔡志洲，戴长靖，等，无人机理论与飞行培训——多旋翼[M]. 北京：高等教育出版社.

[115] ZHONG ZHOU，YI ZHOU，JIANG JIAN XIAO. Survey on augmented virtual environment and augmented reality. SCIENTIA SINICA Informationis，2015，45（2）：157-180.

[116] GRIGORE C. BURDEA，PHILIPPE COIFFET. Virtual Reality Technology. Wiley-IEEE Press，1994.

[117] 国际民用航空组织. 培训开发指南-基于能力的培训方法[Z]. Doc. 9941 号文，2011.

[118] 国际民用航空组织. 空中航行服务程序-培训[Z]. Doc. 9868 号文，2020.

[119] 毛红保，张凤鸣，冯卉，吕慧刚. 基于参数重要度的多元时间序列相似性查询[J]. 计算机工程，2009，35（24）：54-56.

[120] 毛红保，张凤鸣，冯卉，吕慧刚. 多元飞行数据相似模式查询[J]. 计算机工程与应用，2011，47（16）：151-155.

[121] 李鸿利，单征，郭浩然. 基于 MDTW 的飞行动作识别算法[J]. 计算机工程与应用，2015，51（09）：267-270.

[122] 张玉叶，王颖颖，王春歆，彭海军. 分析参数相关和时序特征的飞行动作识别方法[J]. 计算机工程与应用，2016，52（05）：246-249.

[123] 周超，樊蓉，张戈，黄震宇. 基于多元时间序列融合的飞行动作识别方法[J]. 空军工程大学学报（自然科学版），2017，18（04）：34-39.

[124] 张建业，潘泉，张鹏，梁建海. 基于斜率表示的时间序列相似性度量方法[J]. 模式识别与人工智能，2007，20（02）：271-274.

[125] 张鹏，张建业，杜军，李学仁. 基于神经网络的时间序列相似模式发现方法[J]. 模式识别与人工智能，2008，21（03）：401-405.

[126] 谢川，倪世宏，张宗麟，王彦鸿. 基于状态匹配与支持向量机的飞行动作识别方法[J]. 弹箭与制导学报，2004：240-242+245.

[127] 杨俊，谢寿生. 基于模糊支持向量机的飞机飞行动作识别[J]. 航空学报，2005（06）：84-88.

[128] 谢川，倪世宏，张宗麟，王彦鸿. 一种基于知识的特技飞行动作快速识别方法[J]. 计算机工程，2004（12）：116-118.

[129] 倪世宏，史忠科，谢川，王彦鸿. 军用战机机动飞行动作识别知识库的建立[J]. 计算机仿真，2005（04）：23-26.

[130] 孟光磊，陈振，罗元强. 基于动态贝叶斯网络的机动动作识别方法[J]. 系统仿真学报，2017，29（S1）：140-145.

[131] Turney P D. Learning algorithms for keyphrase extraction [J]. Information retrieval, 2000, 2(4): 303-336.

[132] Hulth A. Improved automatic keyword extraction given more linguistic knowledge[C]. Proceedings of the 2003 conference on Empirical methods in natural language processing. Association for Computational Linguistics, 2003: 216-223

[133] Song M, Song I Y, Hu X. KPSpotter: a flexible information gain-based keyphrase extraction system [C]. Proceedings of the 5th ACM international workshop on Web information and data management. ACM, 2003: 50-53

[134] Li D, Li S, Li W, et al. A semi-supervised key phrase extraction approach: learning from title phrases through a document semantic network[C]. Proceedings of the ACL 2010 conference short papers. Association for Computational Linguistics, 2010: 296-300

[135] Li D, Li S. Hypergraph-based inductive learning for generating implicit key phrases[C]. Proceedings of the 20th international conference companion on World wide web. ACM, 2011: 77-78

[136] Lynn H M, Choi C, Choi J, et al. The method of semi-supervised automatic keyword extraction for web documents using transition probability distribution generator[C]. Proceedings of the International Conference on Research in Adaptive and Convergent Systems. ACM, 2016: 1-6

[137] Wang L, Ren Y, Wu C. Effects of flare operation on landing safety: A study based on ANOVA of real flight data [J]. Safety science, 2018, 102: 14-25.

[138] Wang L, Zhang J, Dong C, et al. A method of applying flight data to evaluate landing operation performance [J]. Ergonomics, 2019, 62(2): 171-180.

[139] 祁明亮，邵雪焱，池宏. QAR 超限事件飞行操作风险诊断方法[J]. 北京航空航天大学学报，2011，37（10）：1207-1210.

[140] Lv H, Yu J, Zhu T. A Novel Method of Overrun Risk Measurement and Assessment Using Large Scale QAR Data[C]. 2018 IEEE Fourth International Conference on Big Data Computing Service and Applications (BigDataService). IEEE, 2018: 213-220.

[141] Li L, Das S, John Hansman R, et al. Analysis of flight data using clustering techniques for detecting abnormal operations[J]. Journal of Aerospace information systems, 2015, 12(9): 587-598.

[142] Li L, Hansman R J, Palacios R, et al. Anomaly detection via a Gaussian Mixture Model for flight operation and safety monitoring[J]. Transportation Research Part C: Emerging Technologies, 2016, 64: 45-57.

[143] 吴奇，储银雪. 基于深度学习的航空器异常飞行状态识别[J]. 民用飞机设计与研究，2017，3：68-78.

[144] Janakiraman V M, Matthews B, Oza N. Finding precursors to anomalous drop in airspeed during a flight's takeoff[C]. Proceedings of the 23rd ACM SIGKDD International Conference on Knowledge Discovery and Data Mining. ACM, 2017: 1843-1852.

[145] Xu Li, Jiaxing Shang, Linjiang Zheng, Qixing Wang, Dajiang Liu, Xiaodong Liu, Fan Li, Weiwei Cao, Hong Sun. IMTCN: An Interpretable Flight Safety Analysis and Prediction Model Based on Multi-Scale Temporal Convolutional Networks, IEEE Transactions on Intelligent Transportation Systems, 2024, 25(1): 289-302.

[146] Chakraborty S, Balasubramanian V, Sun Q, et al. Active batch selection via convex relaxations with guaranteed solution bounds[J]. IEEE transactions on pattern analysis and machine intelligence, 2015, 37(10): 1945-1958.

[147] 蔡文彬，张娅. 一种基于主动学习的回归分析系统及方法[P]. CN103514369A，2014-01-15.

[148] Wu D. Pool-based sequential active learning for regression[J]. IEEE transactions on neural networks and learning systems, 2018, 30(5): 1348-1359.

[149] Wu D, Lin C T, Huang J. Active learning for regression using greedy sampling[J]. Information Sciences, 2019, 474: 90-105.

[150] Park S H, Kim S B. Robust expected model change for active learning in regression[J]. Applied Intelligence, 2019: 1-18.

[151] Elreedy D, F Atiya A, I Shaheen S. A Novel Active Learning Regression Framework for Balancing the Exploration-Exploitation Trade-Off[J]. Entropy, 2019, 21(7): 651.

[152] Yang Y, Loog M. Single shot active learning using pseudo annotators[J]. Pattern Recognition, 2019, 89: 22-31.